辽河流域典型河流健康评价

吴计生　吕　军　刘洪超　著

中国环境出版集团·北京

图书在版编目（CIP）数据

辽河流域典型河流健康评价/吴计生，吕军，刘洪超著.
—北京：中国环境出版集团，2019.5
ISBN 978-7-5111-3986-3

Ⅰ. ①辽… Ⅱ. ①吴…②吕…③刘… Ⅲ. ①辽河流域—河流—水环境质量评价 Ⅳ. ①X824

中国版本图书馆 CIP 数据核字（2019）第 090138 号

出版人 武德凯
责任编辑 葛莉 曹玮
责任校对 任丽
封面设计 彭杉

出版发行 中国环境出版集团
（100062 北京市东城区广渠门内大街 16 号）
网 址：http://www.cesp.com.cn
电子邮箱：bjgl@cesp.com.cn
联系电话：010-67112765（编辑管理部）
010-67113412（第二分社）
发行热线：010-67125803，010-67113405（传真）
印 刷 北京建宏印刷有限公司
经 销 各地新华书店
版 次 2019 年 5 月第 1 版
印 次 2019 年 5 月第 1 次印刷
开 本 787×1092 1/16
印 张 13.5
字 数 240 千字
定 价 48.00 元

编写委员会

主　编:

吴计生（松辽流域水资源保护局松辽水环境科学研究所）

吕　军（松辽流域水资源保护局松辽水环境科学研究所）

刘洪超（松辽流域水资源保护局松辽水环境科学研究所）

参加编写人员:

邵文斌（松辽流域水资源保护局松辽水环境科学研究所）

汪雪格（松辽流域水资源保护局松辽水环境科学研究所）

魏春凤（松辽流域水资源保护局松辽水环境科学研究所）

张　正（松辽流域水资源保护局松辽水环境科学研究所）

张　宇（松辽流域水资源保护局松辽水环境科学研究所）

霍堂斌（中国水产科学研究院黑龙江水产研究所）

李　颖（中国科学院东北地理与农业生态研究所）

吴文吉（水利部松辽水利委员会）

作者简介:

吴计生，女，1981 年出生，理学硕士，高级工程师，籍贯四川宜宾。主要从事流域水资源保护、水生态保护与修复、规划环境影响评价等相关规划、科研工作，完成项目累计达到 50 余项。获得松辽水利委员会科技进步奖 7 项，获吉林省省直机关“青年岗位能手”荣誉称号。已发表学术论文 16 篇，参编专著 7 本。

前　言

河流水系是水资源的主要载体，是维系河湖生态系统健康的重要因子，也是哺育人类历史文明的摇篮。辽河流域河流众多，流域内河网发育、水系纵横。开展流域重要河流健康评价是《国务院关于实行最严格水资源管理制度的意见》（国发〔2012〕3号）、《水利部关于加快推进水生态文明建设工作的意见》（水资源〔2013〕1号）和《关于全面推行河长制的意见》（厅字〔2016〕42号）明确要求的一项重要工作，也是一项长远而艰巨的任务。

辽河流域是我国七大流域之一，包含西辽河、东辽河、辽河干流、浑太河等主要河流，流域面积22.11万km^2，占全国国土面积的2.3%。辽河流域是我国重要的老工业基地、粮食基地、牧业基地和林业基地。近年来，随着人类活动和气候变化等多重因素的影响，辽河流域水资源短缺、水环境污染、水生态系统退化、水域岸线侵占等河流生态环境问题凸显。人多水少、水资源时空分布不均、水土资源与生产力布局不匹配的基本水情决定了流域的河流水系保护工作将继续面临巨大的压力。本书针对不同流域河流水系环境特征，识别典型河流水系健康状况、有针对性地提出河流系统保护与治理的策略，对实现流域生态修复、实行“一河一策”具有极为重要的意义。

本书以辽河流域重要河流为研究对象，从流域自然地理、社会经济、水资源及水能资源开发利用等河流水系基本特征出发，分析了西辽河、东辽河、辽河干流、浑太河等主要河流水环境质量、鱼类资源、湿地及生态敏感区等水生态环境现状，揭示了流域存在的主要水生态问题；从河流健康概念出发，研究了河流健康评价理论与评价方法，构建了基于水文水资源、物理形态、水质状况、水生生物、社会服务功能5个准则层14项指标的河流健康评价指标体系和评价标准；以辽河干流为例，制定河流分段方案开展大量野外调查与监测工作，评估辽河流域典型河流的健康状况，分析河流健康压力与表征，提出流域重要河流健康保护对策措施。

本书是在水利部水资源费项目“全国重要河湖健康评估”（126205002003150001）课题基础上进行提炼总结，并借鉴前人的一些研究成果编著完成的。

全书共分为6章，由吴计生、吕军、刘洪超负责统稿、文字修订和图表设计。每章的具体内容及分工如下：

前言由吴计生撰写；第一章辽河流域概况，由吕军、吴计生撰写；第二章流域水生态环境现状，由吴计生、刘洪超撰写；第三章河流健康概念与进展，由吴计生、魏春凤撰写；第四章河流健康评价方法，由吴计生、吕军、刘洪超、汪雪格撰写；第五章辽河干流典型河流健康评价，由吴计生、邵文斌、魏春凤、张正、霍堂斌、汪雪格、李颖、张宇、吴文吉撰写；第六章辽河流域重要河流健康保护对策，由吴计生、魏春凤撰写。

本书对辽河流域典型河流健康状况进行了评价，基本摸清了流域水生态环境状况，其研究成果对辽河流域生态环境保护和河流生态管理具有重要意义，对流域河流系统治理、水资源保护、水生态保护与修复研究具有一定的借鉴作用。本书可供生态学、环境科学与工程、水文水资源、流域规划与管理等专业的教学、科研工作者借鉴和参考。

本书在编写过程中历经数十稿，最终成书。尽管作者力争使本书科学、清晰和完善，但由于各种局限，错误和不足之处在所难免，敬请广大读者和同行批评指正。

著　者

2018年8月

目　录

1 辽河流域概况

1.1 自然概况

1.1.1 地理位置

辽河是我国七大江河之一，发源于河北省七老图山脉之光头山（海拔 1 490 m），流经河北、内蒙古、吉林、辽宁 4 省区，至盘山注入渤海，河流全长 1 345 km。辽河流域地处我国东北地区西南部，东以长白山与第二松花江、鸭绿江流域为界，西以大兴安岭南端与内蒙古高原为界，南邻滦河、大凌河及渤海，北邻松花江流域，地理位置位于东经 116°54′～125°32′、北纬 40°30′～45°17′，总面积 22.11 万 km^2。流域面积为整个东北地区面积的 17.7%，约占全国总面积的 2.3%。

1.1.2 地形地貌

辽河流域地貌基本特征为东、西和西南部三面环山。东部为长白山地余脉吉林哈达岭、龙岗山和千山山脉，山势较缓，河流发育，森林茂盛，高程为 200～1 000 m；西部为冀热山地和大兴安岭南端，高程为 1 000～2 000 m，山脉起伏连绵，以构造剥蚀地貌为主；西南部有七老图山、医巫闾山和努鲁尔虎山，高程 500～1 500 m，河流切割较强烈，地形较零散，属燕山山脉的东延部分，山岭较陡峻，山麓常有较厚的第四纪风积或残积物堆积；北部松辽分水岭为第四纪堆积物组成的宽缓岗丘，高程 200～300 m；中部是广阔的辽河平原，地势低平，河流蜿蜒，沉积物深厚，滨海一带多有沼泽洼地。西辽河平原风沙地貌形态明显，分布有半固定梁窝状沙和固定草灌丛沙堆沙丘，呈沙丘与坨甸湿地相间的沙坨平原地貌，有著名的科尔沁沙地。南部为沿海低地，整个地形由北向南倾斜。

辽河流域中部辽河平原人口稠密，城市集中，是本流域工农业发达地区。全流域山地占 35.7%，丘陵占 23.5%，平原占 34.5%，其他占 6.3%。

1.1.3 气候气象

辽河流域地处中温带大陆性季风气候区，冬季严寒漫长，夏季湿热多雨，春季干燥多风沙，秋季历时短。温度变化较大，四季寒暖、干湿分明。辽河流域多年平均气温自下游平原向上游山区逐渐降低，气温年际变化也较大。流域年平均气温为 4～9℃，7 月最高，平均在 20～30℃，1 月最低，平均在−18～−10℃。绝对最高温度达 42.5℃，最低为−41.1℃。

流域年降水量及其季节分配主要受季风环流、水汽来源及地形等因素控制，多年平均降水量在 300～1 000 mm。降水量自西北向东南递增，东部辽东山地丘陵区年降水量高达 1 000 mm 以上，属湿润地区；西北部内蒙古草原，年降水量在 300 mm 左右，为干旱地带，是流域降水最少的区域；中部平原降水量比较适中，年平均在 600 mm 左右。降水量年际变化较大，丰、枯水年降水量比值一般为 2.1～3.5，年内分配的差异也比较明显，主要集中在 6—9 月，约占全年降水量的 75%，多以暴雨形式出现。

全流域蒸发量为 500～1 200 mm，由东南向西北呈递增状态。西辽河上游老哈河等地可达 1 200 mm 以上，中部辽河平原地区水面蒸发量为 800～1 000 mm，东部山区在 800 mm 之下。多年平均风速为 2～4 m/s，年最大风速出现在春季，为 20～40 m/s。全年日照时数 1 100～2 500 h，无霜期为 150～180 d。结冰期为 110～130 d，开始于 10 月中旬至 12 月上旬。河流的封冻期一般在 10 月中旬至 11 月下旬，解冻期一般在 3 月中旬至 4 月中旬。

1.1.4 河流水系

辽河流域水系为树枝状，东西宽、南北窄，河流全长 1 345 km，由两个水系组成：一个为辽河水系，包括东辽河、西辽河和辽河干流，流域面积 19.38 万 km^2；另一个为浑太水系，包括浑河和太子河，流域面积 2.73 万 km^2。

辽河上源老哈河发源于河北省境内七老图山脉的光头山北麓，地势西高东低，波状倾斜，河网发育，河道比降较大，植被覆盖稀疏，水土流失严重。老哈河与西拉木伦河在海流图相汇后称西辽河，西辽河由西向东流，纳入新开河和教来河，沿河两岸地势平坦，气候干旱，暴雨集中，植被不良，水土流失严重，河流含沙量较大，枯水时期有断流情况出现。西辽河在福德店与东辽河汇合后称辽河。辽河向南流，分别纳入左侧支流招苏台河、清河、柴河、泛河和右侧支流秀水河、养畜牧河、柳河等至六间房处分为两股，一股西行称为双台子河，在盘山纳入右侧支流绕阳河后注入渤海，另一股南行，称为外辽河，在三岔河同时纳入左侧支流浑河和太子河后，称大辽河，经营口入海。1958年外辽河被人工堵截，大辽河成为相对独立水系。

西辽河水系绝大部分位于内蒙古自治区东北部，除河源部分在河北省外，上游在内蒙古自治区的赤峰市境内，为山区；下游在内蒙古自治区通辽市境内，为冲积平原。西辽河全长 829 km，流域面积 13.52 万 km^2，是内蒙古自治区农牧业较发达的地区之一。

东辽河是辽河上游左侧的大支流，发源于吉林省辽源市境内的萨哈岭山，全长 360 km，流域面积 1.04 万 km^2。东辽河大致分为三段，二龙山水库以上为上游，二龙山水库坝下至长大铁路桥为中游，长大铁路桥至平齐线三江口铁桥为下游。

辽河干流系指东西辽河汇合后福德店至双台子河口段河流，河长 516 km，流域面积 4.82 万 km^2。辽河干流地势平坦，河道蜿蜒曲折，河势多变，两岸是辽宁省广大农业区，是辽河平原的主要组成部分。

自 1958 年外辽河于六间房处截断后，浑河、太子河为辽河流域的独立水系，二者在三岔河附近汇合后，经大辽河于营口入渤海，流域面积 2.73 万 km^2。浑河发源于辽宁省清原县甸子镇长白山支脉滚马岭西侧，因水流湍急，水色浑浊而得名，全长 415 km；太子河分南北两支，北支发源于辽宁省新宾县平顶山乡红石砬子，南支发源于辽宁省本溪县东营坊乡羊湖沟草帽顶子山麓，南北两支在本溪县下崴子汇合后称太子河，全长 413 km。浑河、太子河河道弯曲，水资源比较丰富，地表水与地下水交换活跃，流域内工农业比较发达。

表 1.1-1 辽河流域主要河流基本情况表

河流名称	河长/km	面积/万 km^2		主要支流
		流域面积	平原区面积	
西辽河	829	13.52	5.26	英金河、西拉木伦河、教来河、新开河、乌力吉木仁河
东辽河	360	1.04	0.60	卡伦河、小辽河

<table>
<tr><th colspan="2" rowspan="2">河流名称</th><th rowspan="2">河长/km</th><th colspan="2">面积/万 km²</th><th rowspan="2">主要支流</th></tr>
<tr><th>流域面积</th><th>平原区面积</th></tr>
<tr><td colspan="2">辽河干流</td><td>516</td><td>4.82</td><td>2.74</td><td>招苏台河、清河、柴河、泛河、秀水河、养息牧河、柳河、绕阳河</td></tr>
<tr><td rowspan="3">浑太河</td><td>浑　河</td><td>415</td><td>1.15</td><td rowspan="3">0.85</td><td>苏子河、社河、蒲河</td></tr>
<tr><td>太子河</td><td>413</td><td>1.39</td><td>细河、北沙河、海城河</td></tr>
<tr><td>大辽河</td><td>94</td><td>0.19</td><td>劳动河、新开河</td></tr>
</table>

1.1.5 植被与土壤

1.1.5.1 自然植被

辽河流域植被地处长白、华北和内蒙古三大植被分布区的交叉地带，自然植被具有明显的过渡性和混杂性，各植物区的代表树种相互渗透，交错分布。流域天然植被分布亦呈现地带性规律：辽南辽西山地是以辽东栎、油松、槲树、槲栎为代表的暖温带落叶阔叶林；东部辽东低山丘陵是以杉松、红松、油松为代表的温带针阔混交林；中部平原区为半湿润半干旱的草甸草原和半干旱的草原地带。受人类活动影响，该区的原始森林已破坏殆尽，大部分的森林分布在辽宁东部，均为天然次生林和人工林。中部平原区为东部森林向西部草原植被的过渡带，原生的草原植被已被农业植被（水稻、玉米杂粮、果园等）和以杨树为主的各类防护林所替代，目前是我国重要的商品粮生产基地（农田生态系统）。西北部平原的地带性植被为羊草草原（草地生态系统），以多年生根茎禾草和从生禾草占优势，但由于沙地的广泛覆盖，西辽河平原典型草原发育微弱，主要分布着各种沙生植被和草甸、沼泽。辽河口地区分布有大面积的芦苇沼泽。

各子流域的自然植被也具有明显差异。西辽河流域以草甸草原为主，沙地覆盖广，主要分布沙生植被、草甸和沼泽，沙质草丛中以冰草和隐子草类最多，针茅类次之。东辽河流域原有的羊草草甸草原几乎全部被开垦为农田，种植大豆、高粱等一年一熟的农作物，在固定沙地干燥处散生着白榆、黄榆和栓皮春榆，形成独特的疏林植被。辽河中下游地区以温带森林草原、草甸草原和温带针阔混交林为主，大部分现已开垦成农田，仅在局地丘陵残留次生落叶阔叶林。在近海湿地，主要分布着大面积的沼泽和草甸，主要有獐茅草甸、盐地碱蓬草甸和芦苇沼泽。流域内现有珍稀濒危植物约 13 种。

1.1.5.2 土壤

辽河流域成土条件复杂，土壤类型繁多，流域内分布的土壤类型主要有棕色森林土、褐色森林土、暗棕壤、黑土、灰色森林土（灰黑土）、黑钙土、栗钙土等地带性土壤，以及红黏土、风沙土、新积土、石质土、粗骨土、草甸土、潮土、山地草甸土、沼泽土、泥炭土、白浆土、盐土、滨海盐土、碱土、水稻土等隐域性土壤。棕色森林土主要分布在辽东低山丘陵及其山前台地和倾斜平原、辽西山地丘陵及其台地平原，分布范围广；褐色森林土主要分布在辽西地区，是华北褐土带向东北延伸的一部分；风沙土主要分布在西辽河平原地区，以及辽河和柳河沿岸；草甸土分布在辽河中部冲积平原，属隐域性土壤。河道区分布有风沙土及泥炭沼泽土，下游及低洼地区分布有滨海氯化物盐土和内陆苏打盐土。草甸土、滨海盐土及盐化草甸土和河谷分布的草甸棕壤土在长期人为活动下，发育成较大面积的水稻土。

从空间分布来看，西辽河地区土壤主要包括山地暗灰色森林土、黑钙土型沙土、风沙土、栗钙土及褐色土等类型。辽河中下游地区分布较多的是棕色森林土、草甸土及盐渍化土壤等类型。由于农业灌溉的发展，盐渍化土壤部分已改良为稻田和苇田，经脱盐形成盐化草甸土和脱盐水稻土。

1.2 社会经济概况

1.2.1 行政区划与人口

辽河流域是我国重要的老工业基地和商品粮基地，行政区划涉及内蒙古、吉林、辽宁和河北四省区的 20 个市（盟），主要城市有赤峰、通辽、辽源、四平、沈阳、抚顺、鞍山、本溪、辽阳、营口、铁岭、盘锦等，人口超过 100 万的特大城市有沈阳、鞍山、抚顺和本溪，是我国除京津唐、长江三角洲和珠江三角洲之外城市相对集中的地区之一。到 2015 年年底，全流域总人口 3 394.22 万人，其中城镇人口 2 113.87 万人，城镇化率 62.28%，人口密度 153.52 人/km^2，高于全国平均水平。其中，浑太河地区地势低平，水热资源充足，为辽中南城市群集中分布地，人口密度和城镇化率都远高于其他地区；西辽河地区由于深处内陆，自然条件恶劣，人口密度和城镇化率远低于全国平均水平。

1.2.2 经济状况

辽河流域是我国重要的老工业基地和商品粮基地，有丰富的石油、天然气、煤、铁、铅、锌、镁矿等和丰富的海洋资源。特别是辽河中下游地区工业、农业、交通十分发达。有沈阳、抚顺、鞍山等重要工业城市，有钢铁、化工、机械制造等重工业，有京哈、沈大等十几条铁路干线，有连接省内外城市间的高速公路和国家级、省级公路干线 30 多条，形成了以沈阳为中心的发达的铁路、公路、航空交通网络。

流域工业基础雄厚，能源、重工业产品在全国占有重要的地位，石油、化工、煤炭、电力、钢材等工业地位突出。2015 年国内生产总值为 20 280.14 亿元，工业总产值 9 693.19 亿元，农业总产值为 2 069.86 亿元，第三产业总产值为 8 517.09 亿元，三产结构比例为 10∶48∶42（一产∶二产∶三产）。流域内经济发展极不平衡，西辽河流域面积占全流域面积的 61.15%，而 GDP 仅占全流域的 11.27%；浑太河流域面积仅占全流域面积的 12.35%，而 GDP 占全流域的 62.97%，远高于其他地区。从空间分布来看，浑太河流域的工业产值占整个辽河流域工业产值的 66.53%。

辽河流域森林、草地、土地资源丰富，光热条件适宜，是我国粮食主产区。农业正逐步从以农为主、农牧结合向农牧并重、协调发展方面转变，初步形成了以辽河平原为中心，以玉米、大豆、小麦为主的国家级粮（料）生产基地和以通辽市、赤峰市的草甸草原为中心的肉乳生产基地。全流域耕地面积 7 795.2 万亩，人均占有耕地面积约 2.29 亩，有效灌溉面积 3 335.68 万亩。主要作物是水稻、玉米、小麦和大豆等，粮食总产量 3 314.58 万 t，人均粮食产量 0.98 t/人。辽河上游沙地草原以畜牧为主，下游平原是中国开发较早的地区，土地肥沃、气候适宜，盛产大豆、小麦、高粱、玉米、水稻等，沿海地区有苇田。总面积达 1.172 万 km^2 的辽河三角洲开发区是国家重点农业开发区，地跨辽宁西南、吉林南部、内蒙古东部的辽河玉米带是全国流域种植面积和产量最大的玉米带。

辽河流域中、下游地区交通运输比较发达，铁路和公路密度位于全国前列，以铁路为主轴线，干线铁路几乎连结了所有的大中城市和工矿点。航空运输也很发达，可通往全国主要城市。辽河的内河航运不发达，仅在大辽河通航小型货轮。

1.3 水资源及其开发利用状况

1.3.1 水资源分区与水资源总量

1.3.1.1 水资源分区

辽河流域为辽河区的一级亚区，分为西辽河、东辽河、辽河干流、浑太河 4 个二级区，8 个三级区，20 个四级区。各分区情况详见表 1.3-1。

表 1.3-1 辽河流域水资源分区

二级区	三级区	四级区	计算面积/km^2	涵盖地市
西辽河	西拉木伦河及老哈河	查干木伦河	11 908	赤峰市、锡林郭勒盟
		西拉木伦河（不含查干木伦河）	18 867	赤峰市、通辽市
		英金河	11 018	赤峰市、承德市
		老哈河（不含英金河）	19 455	朝阳市、承德市、赤峰市、通辽市
	乌力吉木仁河	黑木伦河河口以上	18 485	赤峰市、通辽市、锡林郭勒盟
		黑木伦河河口以下	18 540	白城市、通辽市、兴安盟
	西辽河下游区间（苏家堡以下）	新开河	10 640	赤峰市、四平市、松原市、通辽市
		教来河	18 576	赤峰市、通辽市
		西辽河下游干流区间	7 704	四平市、通辽市
东辽河	东辽河	二龙山水库以上	3 028	辽源市、铁岭市
		二龙山水库以下	7 336	四平市、通辽市
辽河干流	柳河口以上	石佛寺水库以上	18 602	抚顺市、沈阳市、四平市、铁岭市、通辽市
		柳河	7 554	阜新市、沈阳市、通辽市
		石佛寺水库以下区间	8 765	阜新市、铁岭市、沈阳市、通辽市
	柳河口以下	绕阳河	9 946	鞍山市、阜新市、锦州市、盘锦市、沈阳市
		柳河口以下区间	3 346	鞍山市、锦州市、盘锦市、沈阳市
浑太河	浑河	大伙房水库以上	5 437	抚顺市
		大伙房水库以下	6 044	鞍山市、抚顺市、辽阳市、沈阳市、铁岭市
	太子河及大辽河干流	太子河	13 883	鞍山市、本溪市、丹东市、抚顺市、辽阳市、沈阳市
		大辽河	1 963	鞍山市、盘锦市、营口市

1.3.1.2 水资源总量

辽河流域多年平均水资源总量约为 221.9 亿 m^3，仅占全国水资源总量的 0.7%。其中，地表水资源量为 137.2 亿 m^3，地下水资源量为 139.57 亿 m^3，地表水资源量和地下水资源量重复计算水量 54.87 亿 m^3，见表 1.3-2。产水系数最大的是浑太河，为 0.34，产水模数为 25.25 万 m^3/km^2；产水系数最小的是西辽河，产水系数仅为 0.14，产水模数为 5.19 万 m^3/km^2，土地干旱，水资源严重缺乏。辽河流域水资源可利用总量 115.04 亿 m^3，其中地表水资源可利用量为 64.46 亿 m^3，地表水资源可利用率为 47%；平原区地下水可开采量为 89.73 亿 m^3。

辽河是我国七大水系中地表水资源量最小的河流，是黄河的 22%，长江的 1.6%，松花江的 19.4%；辽河流域人均地表水资源占有量约为 405 m^3，仅为全国人均占有水量的 1/5，亩均水资源占有量约 277 m^3/亩，仅为全国的 1/8，是我国严重贫水地区之一。流域内地表水资源量年际年内分配不均，最大年与最小年地表水资源量比值，西辽河、东辽河在 20 倍以上，辽河干流极值比一般为 10～20 倍，浑太河在 10 倍左右；汛期 6—9 月地表水资源量占全年的 60%～80%。

表 1.3-2　辽河流域水资源总量表　　单位：亿 m^3

水资源二级区	地表水资源量	地下水资源量	不重复量	水资源总量
西辽河	29.59	53.75	40.57	70.16
东辽河	8.25	6.89	4.57	12.82
辽河干流	40.43	44.17	29.50	69.93
浑太河	58.94	34.76	10.07	69.01
辽河流域	137.21	139.57	84.71	221.92

1.3.2 水环境质量

辽河流域的水污染在七大水系中位居首位，污染历史较长。根据松辽流域地表水资源质量年报（2015 年度），对辽河流域 4 个水资源二级区的主要干、支流河段按汛期、非汛期和全年期分别进行了评价。评价结果见表 1.3-3。

2015 年，对辽河流域 4 030.1 km 的河流水质状况进行了全年、汛期和非汛期评价，水质总体为中。全年评价河长 4 030.1 km，Ⅰ～Ⅲ类水质河长占 40.3%，Ⅳ～Ⅴ类占 30.9%，劣Ⅴ类占 28.8%；按符合或优于Ⅲ类水质标准河长占比情况比较，西辽河水质优于浑太河、辽河干流，东辽河水质最差。汛期评价河长 4 030.1 km，Ⅰ～Ⅲ类水质河长占 46.2%，Ⅳ～Ⅴ类占 40.4%，劣Ⅴ类占 13.4%；按符合或优于Ⅲ类水质标准河长占比情况比较，西辽河、浑太河水质优于辽河干流，东辽河水质最差。非汛期评价河长 3 922.1 km，Ⅰ～Ⅲ类水质河长占 45.1%，Ⅳ～Ⅴ类占 18.1%，劣Ⅴ类占 36.8%；按符合或优于Ⅲ类水质标准河长占比情况比较，西辽河水质优于浑太河、东辽河，辽河干流水质最差。全年主要超标项目为氨氮、化学需氧量和五日生化需氧量。

表 1.3-3 辽河流域各水资源分区水质状况

时段	水系名称	评价河长/km	水质类别比例/%					
			Ⅰ类	Ⅱ类	Ⅲ类	Ⅳ类	Ⅴ类	劣Ⅴ类
全年期	西辽河	1 184.5	0.0	12.8	32.9	27.3	8.7	18.3
	东辽河	321.0	0.0	0.0	21.8	18.1	12.1	48.0
	辽河干流	701.6	0.0	15.6	11.4	19.4	39.1	14.5
	浑太河	837.5	0.0	27.1	9.8	14.7	0.0	48.4
汛期	西辽河	1 184.5	0.0	15.5	42.4	10.0	14.7	17.4
	东辽河	321.0	0.0	0.0	0.0	67.5	0.0	32.5
	辽河干流	701.6	0.0	11.4	28.3	37.3	19.0	4.0
	浑太河	837.5	0.0	24.8	30.6	27.7	6.7	10.2
非汛期	西辽河	1 116.5	0.0	22.8	35.2	15.1	7.4	19.5
	东辽河	321.0	0.0	0.0	21.8	18.1	12.1	48.0
	辽河干流	661.6	0.0	9.0	12.1	28.1	18.9	31.9
	浑太河	837.5	17.2	9.9	9.8	0.0	5.8	57.3

总体来看，辽河流域城市密集、工业发达，受城市、工业等点源持续排污影响，夏季农业面源影响减弱，故其汛期水质略好于非汛期水质。流域内水污染问题尚未得到根本治理。

1.3.3 水资源开发利用现状及趋势

根据 2015 年松辽流域水资源公报，2015 年辽河流域总供水量为 147.88 亿 m^3，其中地表水 61.9 亿 m^3，占 41.86%；地下水 83.86 亿 m^3，占 56.71%；其他水源 2.12 亿 m^3，占 1.43%。浅层地下水超采 9.86 亿 m^3，深层承压水超采 0.55 亿 m^3。从用水结构来看，生产用水量为 129.1 亿 m^3，占 87.30%；生活用水量为 13.46 亿 m^3，占 9.10%；生态环境补水量为 5.32 亿 m^3，占 3.60%。在生产用水中，第一产业用水量为 105.78 亿 m^3，第二产业用水量为 19.50 亿 m^3，第三产业用水量为 3.82 亿 m^3。

全流域现状水资源开发利用程度为 76.76%，其中地表水开发利用程度为 53.51%，地下水开发利用程度高达 92.04%。辽河流域水资源短缺，水资源开发利用程度偏高，尤其在西辽河、浑太河和辽河干流，平原区浅层地下水开发程度分别达到97.72%、75.24%、113.14%。随着人口增长、经济社会发展和人民生活水平的提高，全社会对水资源的需求也越来越高，辽河流域将面临着较为严峻的水资源问题。

1.3.4 水能资源开发

辽河流域是我国水能资源相对贫乏地区之一。根据《中华人民共和国水力资源复查成果》，辽河流域水能资源理论蕴藏量 1 174.48 MW，技术可开发水电站总装机容量 451.45 MW，占理论蕴藏量的 38.44%，年发电量为 12.65 亿 kW·h。

辽河流域水能资源分布比较集中，且多集中在支流上，西辽河及浑太河水能资源蕴藏量占全流域的 81.43%，技术可开发量占全流域的 90.74%，年发电量占全流域的 92.77%。流域水利枢纽的工程任务多是以防洪、灌溉为主，兼顾发电，故均是以“大水库，小装机”为特点，已开发、正开发（0.5 MW 及以上）水电站 39 座，总装机容量 195.38 MW，占技术可开发量的 47.99%，年发电量为 4.97 亿 kW·h，占技术可开发电量的 43.83%。装机容量在 10 MW 以上的水电站仅 3 座，即太子河上的参窝水电站和观音阁水电站，以及浑河上的大伙房水电站，装机容量分别为 37.84 MW、20.75 MW、32.00 MW，年发电量分别为 0.83 亿 kW·h、0.71 亿 kW·h、0.52 亿 kW·h。西辽河流域已建、在建水电站 16 座，总装机容量 49.30 MW，年发电量 1.31 亿 kW·h，占技术可开发量的 57.96%，水电开发仍具有较大潜力。浑太河已开发水电站 18 座，总装机容量 126.45 MW，年发电量 3.24 亿 kW·h，占技术可开发量的 39.23%。

1.4 生态区域

1.4.1 生态功能区划

根据《全国生态功能区划》，辽河流域主要涉及千山山地水源涵养功能区、辽河源水源涵养功能区、大兴安岭南部生物多样性保护与水源涵养功能区、科尔沁沙地防风固沙功能区、阴山北部防风固沙功能区、辽河三角洲湿地生物多样性保护功能区、通辽农产品提供功能区、辽河平原农产品提供功能区、西辽河上游丘陵平原农产品提供功能区、辽中南城镇群人居保障区等生态功能区。其中，流域涉及的辽河源水源涵养区、长白山区水源涵养与生物多样性保护重要区、辽河三角洲湿地生物多样性保护区、科尔沁沙地防风固沙区、浑善达克沙地防风固沙区被列为全国重要生态功能区。

1.4.1.1 辽河源水源涵养重要区

该区位于辽河上游的老哈河和西拉木伦河上游，包含 1 个功能区——辽河源水源涵养功能区，行政区主要涉及内蒙古自治区的赤峰，辽宁省的朝阳、葫芦岛以及河北省的承德市，面积为 51 525 km^2。该区植被类型主要为暖温带落叶阔叶林，以蒙古栎和油松为代表，多以白桦、山杨、油松和栎的不同组合形成的呈片状形式分布，具有重要的涵养水源功能，在保持土壤和保护生物多样性方面也有重要作用。

主要生态问题：森林生态系统退化严重，大部分为砍伐后形成的次生林和灌丛；水源涵养能力低，水土流失较严重。

主要生态保护措施：加强天然林保护和退化生态系统恢复重建的力度；严格草地管理，实施禁牧或限牧；严格控制新建水利工程项目；加强矿产资源开发监管力度。

1.4.1.2 长白山区水源涵养与生物多样性保护重要区

该区位于我国东北长白山脉地区，纵贯吉林、辽宁、黑龙江三省东部，是松花江、图们江、鸭绿江的发源地和重要水源涵养区，包含 2 个功能区——长白山山地水源涵养功能区和千山山地水源涵养功能区，行政区主要涉及黑龙江省的牡丹江、哈尔滨，吉林省的延边、白山、吉林、通化，辽宁省的铁岭、抚顺、本溪、丹东、辽阳、鞍山、营口、大连，面积为 186 900 km^2。该区地貌类型复杂，丘陵、山地、台地和谷地相间分布，主要植被类型有红松—落叶阔叶混交林、落叶阔叶林、针叶林和岳桦矮曲林等，属于“长白植物区系”的中心部分，野生动植物种类丰富，特有物种数量多，也是我国生物多样性保护重要区域。

主要生态问题：天然林采伐程度高，生态系统功能降低；森林破坏导致生境改变，威胁多种动植物物种生存与繁衍；局部地区地质灾害较严重。

主要生态保护措施：加强天然林保护和自然保护区建设与监管力度；禁止森林砍伐，继续实施退耕还林工程；加强对已受到破坏的低效林和新迹地的森林生态系统恢复与重建；发展林果业、中草药、生态旅游及其相关产业。

1.4.1.3　辽河三角洲湿地生物多样性保护重要区

该区位于辽宁省辽河下游三角洲地带，包含 1 个功能区——辽河三角洲湿地生物多样性保护功能区，行政区主要涉及辽宁省盘锦和锦州，面积为 3 994 km^2。该区分布有我国最大的一片湿地芦苇，近海湿地鱼、虾、贝、蟹、蜇等资源丰富，停留或过境的鸟类有 170 多种，是丹顶鹤、黑嘴鸥等鸟类迁徙的重要停留栖息地，是湿地生物多样性保护极重要区域。

主要生态问题：石油资源开发导致海水倒灌、水体污染、湿地生态功能衰退；湿地保护与资源利用的矛盾突出，苇田部分被开发为水田，导致湿地面积减小、生态功能衰退。

主要生态保护措施：禁止湿地的进一步开发，严格控制石油开发生产用地扩张及其环境污染；合理调度流域水资源，严格控制新上蓄水工程，保障河口生态需水量；大力发展生态旅游和生态农业。

1.4.1.4　科尔沁沙地防风固沙重要区

该区位于内蒙古东部，坐落在老哈河、西拉木伦河、乌力吉木伦河下游冲积平原，包含 1 个功能区——科尔沁沙地防风固沙功能区，行政区涉及内蒙古自治区的赤峰、通辽，面积为 39 545 km^2。该区处于温带半湿润与半干旱过渡带，气候干旱，多大风，属于沙漠化极敏感和防风固沙极重要区域。

主要生态问题：过度放牧与不合理的草地开发利用导致草场退化与盐渍化问题突出，土地沙漠化面积大，成为沙尘暴的重要源区，对我国东北和华北地区生态安全构成严重威胁。

主要生态保护措施：实行围封、禁牧和退耕还草；以草定畜，划区轮牧或季节性休牧；禁止滥挖滥采野生植物；禁止任何导致生态功能继续退化的人为破坏活动；改变耕种方式，提倡和推广免耕技术，发展生态农业。

1.4.1.5 浑善达克沙地防风固沙重要区

该区地处阴山北麓东部半干旱农牧交错带、燕山山地、坝上高原，包含 1 个功能区——浑善达克沙地防风固沙功能区，行政区主要涉及内蒙古自治区的锡林郭勒、乌兰察布、赤峰等盟（市），以及河北省北部的承德市，面积为 193 325 km^2。该区气候干旱，多大风，沙漠化敏感性程度极高，属于防风固沙重要区，是北京市乃至华北地区主要沙尘暴源区。

主要生态问题：长期以来草地资源的不合理开发利用带来的草原生态系统严重退化，表现为退化草地面积大、土地沙化严重、耕地土壤贫瘠化、干旱缺水，对华北地区生态安全构成威胁。

主要生态保护措施：停止导致草地生态系统退化的人为活动，控制农垦范围北移，坚持退耕还草方针；以草定畜，划区轮牧、退牧、禁牧和季节性休牧；改变农村传统的能源结构，减少薪柴砍伐；对人口已超出生态承载力的地方实施生态移民，改变粗放的牧业生产经营方式，走生态经济型发展道路。

1.4.2 动物资源

辽河流域野生动物资源十分丰富，拥有麝鼠、旱獭、马鹿、野猪、狼、豹、熊、黄羊、狐、獾、雉、雪鸡等多种珍贵野生动物，其中国家一级保护动物 13 种，二级保护动物 52 种。尤其是辽河三角洲湿地，有 250 多种鸟类繁衍生息，包括黑嘴鸥、黑脸琵鹭、白鹳等世界濒危鸟类；占地 5 600 hm^2 的黑嘴鸥繁殖地更是世界上唯一的黑嘴鸥繁殖地。动物类群主要以农田草地动物类群和居民点动物类群为主，居民点动物类群主要分布在位于河漫滩上的居民点及其附近的人工林区域内，常见种类有黑斑蛙、北方狭口蛙、无蹼壁虎、红点锦蛇等。

辽河流域鱼类资源丰富，共有 13 科 57 属 77 种。主要鱼种有：鲢鱼、鳙鱼、鲫鱼、雅罗鱼、白鱼、鳊鱼、鲇鱼、鲚鱼、梭鱼、鲈鱼等，其中鲢鱼和鳙鱼是经济价值较大的鱼种，占总渔产量的 80%。流域内银瓢鱼为特有鱼类，东北七鳃鳗和雷氏七鳃鳗为易危鱼类，细鳞鱼为国家二级保护鱼类。受水利工程建设、水体污染、过度捕捞等因素影响，辽河渔业资源受损较为严重，渔获量明显下降。

辽河流域现建有 9 个国家级自然保护区和 19 个省级自然保护区，为流域动植物生存繁衍提供了重要的栖息地，保护了流域生物多样性。

1.5 水功能区划及水质达标情况

1.5.1 水功能区划

辽河流域纳入全国重要江河湖泊水功能区划的河流有 55 条，共划分一级水功能区 103 个，区划河长 8 826 km。其中，保护区 39 个，长度 1 519 km；保留区 4 个，长度 288 km；缓冲区 14 个，长度 446 km；开发利用区 55 个，长度 6 573 km。一级水功能区划成果见表 1.5-1。

表 1.5-1 一级水功能区划成果表

单位：km

分 区	保护区		保留区		开发利用区		缓冲区		合 计	
	长度	个数	长度	个数	长度	个数	长度	个数	长度	个数
西辽河	844.0	18	288	4	2 773.5	24	194	7	4 099.5	53
东辽河	86.2	2	0	0	307.8	2	87	1	481.0	5
辽河干流	228.0	8	0	0	1 874.3	15	159	5	2 261.3	28
浑太河	361.0	11	0	0	1 617.0	14	6	1	1 984.0	26
合 计	1 519.2	39	288	4	6 572.6	55	446	14	8 825.8	112

开发利用区划分为 163 个二级水功能区，区划河长为 6 573 km。其中，饮用水水源区 45 个，长度 1 487 km；工业用水区 9 个，长度 248 km；农业用水区 71 个，长度 4 328 km；渔业用水区 2 个，长度 47 km；景观娱乐用水区 4 个，长度 75 km；过渡区 17 个，长度 237 km；排污控制区 15 个，长度 150 km。二级水功能区划成果见表 1.5-2。

表 1.5-2 二级水功能区划成果表

单位：km

分 区	饮用		工业		农业		渔业		景观		过渡		排污控制		合计	
	个数	长度	个数	长度	个数	长度	个数	长度	个数	长度	个数	长度	个数	长度	个数	长度
西辽河	3	102.0	0	0	29	2 487.5	0	0	0	0	4	121	5	63	41	2 773.5
东辽河	2	37.0	0	0	3	237.6	0	0	1	7.2	1	26	0	0	7	307.8
辽河干流	18	848.3	0	0	20	941.0	2	47	0	0	2	20	2	18	44	1 874.3
浑太河	22	500.0	9	248	19	662.0	0	0	3	68.0	10	70	8	69	71	1 617.0
合 计	45	1 487.3	9	248	71	4 328.1	2	47	4	75.2	17	237	15	150	163	6 572.6

1.5.2 水功能区水质达标情况

水功能区水质达标评价因子分全因子和双因子（化学需氧量、氨氮），评价标准采用《地表水环境质量标准》（GB 3838—2002）；评价方法采用单因子评价法。

全因子评价结果：2015 年辽河流域全因子评价水功能区 173 个，达标水功能区 58 个，占评价总数的 33.5%。水功能区全年总评价河长 5 245.7 km，达标河长 1 896.0 km，河长达标率为 36.1%，评价湖泊水面面积 79.9 km^2，达标面积 55.5 km^2，达标率为 69.5%。不达标水功能区的主要超标项目是总磷、氨氮和五日生化需氧量。

双因子评价结果：2015 年辽河流域双因子评价水功能区 173 个，达标水功能区 104 个，占评价总数的 60.1%。总评价河长 5 245.7 km，达标河长 3 270.0 km，河长达标率为 62.3%，评价湖泊水面面积 79.9 km^2，达标面积 55.5 km^2，达标率为 69.5%。不达标水功能区的主要超标项目是氨氮、高锰酸盐指数和化学需氧量。与 2014 年相比，水功能区限制纳污红线评价达标率上升了 3.5%。水功能区一级区和二级区达标率分别上升了 7.0%和 1.9%。水功能区二级区中，工业用水区、农业用水区和过渡区分别上升了 26.7%、0.8%和 5.0%；渔业用水区和景观娱乐用水区达标率与 2014 年持平；饮用水水源区达标率下降了 2.0%。

从评价结果看，双因子达标率明显高于全因子达标率。辽河流域水功能区水质达标率较低，主要有三方面的原因。

一是部分地区水资源短缺，污径比大。西辽河流域天然来水较少，河流断流，河流水量几乎都来自城市退水，导致水功能区水质超标。

二是重点城市及下游点源污染较重。在经济发达的辽河干流、浑太河流域，城市群集中，受城镇污水排放及沿河农业灌区排水影响，污染物入河量明显超过纳污能力，使水体受到污染，水功能区水质超标。

三是部分地区面源污染较重。西拉木伦河翁牛特旗河段、阿鲁科尔沁旗河段、新开河的开鲁县河段、东辽河的东辽县河段、辽河干流的招苏台河梨树县河段等受禽畜养殖和灌区退水影响，水质超标。

2 流域水生态环境现状

辽河流域人类活动频繁，水资源开发利用程度高，水体受到污染，水域生态系统脆弱。流域东、中和西部自然环境特征、土地利用方式以及产业结构显著不同，流域水生态问题及产生原因也存在着地域性差异。

2.1 西辽河流域

2.1.1 河流环境与鱼类资源

2.1.1.1 河流环境

据有关资料记载，历史上西辽河上游的老哈河河源森林茂密，支流西拉木伦河上游亦呈草原生态，西辽河为窄深式河道。但 19 世纪后期清朝政府推行放荒招垦政策，造成严重的水土流失，流域森林、草原变为沙漠。西辽河具有明显的摆动型和季节性河流的特征。春、夏汛一到，大水来时，河道下切，洪水历时越长，冲淘越深，最深可达 6～8 m。洪水过后，淤沙满槽，河道干涸，300～500 m 宽的河滩地内白沙成片。1964 年以后，西辽河呈枯水周期，加上上游红山水库等近 10 处控制性工程控制了洪水，下游河道流量变小，河道面貌开始变化。现在河道两侧杨柳和杂草丛生。西辽河地区，由于植被较差，水土流失严重，河流多年平均含沙量很大，一般在 5～40 kg/m^3。西辽河郑家屯站多年平均含沙量为 9.78 kg/m^3。

西辽河地处半干旱气候区，降水量少，土地“三化”严重，除河源区生态环境良好外，流域整体生态环境恶劣，属于生态脆弱区。在流域水资源缺乏的条件下，蓄水、引水工程分布较多，地表水资源开发率达 52.66%，河流纵向连通性受损。河流原有的水文情势发生改变，河道生态需水严重不足，泥沙淤积，河流断流现象突出，不少河流已变成“沙河”。

1980—2000 年，西辽河流域发生河道断流的河流共有 14 条，其中老哈河、西辽河、教来河、西拉木伦河、查干木伦河的断流河长，分别占各自河流总长度的5.55%、20.83%、1.26%、73.86%、24.47%；发生断流次数最多的河流是西拉木伦河，为 136 次，其次为召苏河 127 次；累计断流天数最多的河流是召苏河，为 5 595 天，其次为西拉木伦河达 3 733 天。西辽河干流最大断流河段长度 400 km，累计断流次数 20 次，累计断流天数 3 040 天。断流河流基本位于半湿润、半干旱气候区，土地资源丰富，水资源缺乏，而且时空分布极不均匀，属于水土资源不平衡的农牧交错区，其生境具有天然脆弱性，原生植被破坏，沟壑纵横，河道淤积，水土流失严重。

降水是河流的主要补给来源，20 世纪 90 年代初期和中期，降水量偏少，连续干旱，加之区内大量开垦荒地，广种薄收，用水量增加，截留分水现象严重等原因引起河道断流。河流断流导致西辽河水生生态环境的破坏和水生物种的丧失。

2.1.1.2 土地沙化

根据遥感解译，20 世纪 50 年代以来，西辽河一级阶地以下的水成沙地面积，已由 1 540.43 km^2 发展到现在的 3 619.38 km^2，扩展了 2 078.95 km^2，受上游缺乏植被、水土流失严重影响，河流含沙量大，泥沙淤积，河床变浅，河床中大片沙地形成，加之多年风沙的侵袭，以及引蓄水、垦荒等人类活动，河道枯水干涸，西辽河已成为一条河床流沙遍布的沙子河。河流生境已完全改变，原有水生生物难以生存。

2.1.1.3 鱼类资源

西辽河流域鱼类资源贫乏，以鲤科中的小型杂鱼为主，主要鱼类有 28 种（含引进种），其中鲤形目鱼类最多，有 20 种；鲈形目 4 种，鲇形目 2 种；刺鱼目、鳉形目最少，只有 1 种。鲤科 19 种，鳅科 3 种。鲇、黄颡鱼等物种在该流域分布较少，北方条鳅、鲫鱼、棒花鱼、泥鳅、麦穗鱼等物种分布范围较广。青、草、团头鲂、尖头红鲌等大型经济鱼类为水库引进种，主要分布在库区，河流中鲜有分布。代表性鱼类主要是对恶劣环境较适应的鲫鱼、鲤鱼、鲢鱼、鳙鱼、青鱼、草鱼、鲇鱼、柳根子、泥鳅等鲤科和鳅科鱼类，没有珍稀保护鱼类。由于干旱、用水量增加以及点面源污染原因，导致流域内湖库水位下降，水面面积缩小，湖泊盐碱化、富营养化日益严重，大型经济鱼类大大减少，鱼类普遍趋于小型化、低龄化和性早熟。除河源区外，西辽河水生态系统已遭到了严重破坏。

2.1.2 湿地资源及水生态敏感区

西辽河流域湿地分布较少。受气候变化和人类活动影响，西辽河科尔沁沙地沼泽湿地呈现大面积萎缩，湿地景观破碎化趋于严重，栖息地减少导致生物多样性下降。1950—2000 年，流域沼泽湿地面积减少了 315 km^2，年平均萎缩 6.31 km^2，现有湿地约占 20 世纪 50 年代沼泽湿地总面积的 80%。50 多年间流域内科尔沁沼泽湿地有增有减，总体趋势是大面积的萎缩，一方面，人为开发利用沼泽湿地和争夺沼泽湿地的补给水源，导致部分沼泽湿地面积萎缩或消亡；另一方面，人们拦坝蓄水、新建水库和向天然泡塘引水，导致局地新的沼泽湿地形成和面临消亡沼泽湿地的再生。

在老哈河下游分布有小河沿自治区级湿地鸟类自然保护区，乌力吉木仁河分布有内蒙古阿鲁科尔沁国家级自然保护区和扎鲁特旗荷叶花湿地珍禽自治区级自然保护区。西辽河流域重要湿地及重点保护对象见表 2.1-1。

表 2.1-1 西辽河流域重要湿地及重点保护对象

序号	保护地	行政区域	面积/hm^2	重要保护对象	始建时间
1	阿鲁科尔沁国家级自然保护区	阿鲁科尔沁旗	136 794	沙地草原、湿地生态系统及珍稀鸟类	1998 年 2 月
2	高格斯台罕乌拉国家级自然保护区	阿鲁科尔沁旗	106 284	森林、草原、湿地生态系统及珍稀动物	1997 年 11 月
3	松树山省级自然保护区	翁牛特旗	42 377	湿地生态系统及野生动植物	1999 年 4 月
4	小河沿省级自然保护区	敖汉旗	1 800	内陆湿地生态系统、珍禽	1998 年 9 月
5	荷叶花湿地珍禽省级自然保护区	扎鲁特旗	52 823	内陆湿地生态系统及水禽	2000 年 2 月
6	乌力吉木伦河国家湿地公园	赤峰市	4 239	湿地生态环境	2016 年 12 月
7	奈曼孟家段国家湿地公园	通辽市	3 176	湿地生态环境	2015 年 12 月
8	科左后旗胡力斯台淖尔国家湿地公园	科左后旗	586	湿地生态环境	2015 年 12 月

2.1.3 水资源及其开发利用程度

西辽河流域已建各类蓄水工程 206 座，其中大型工程 7 座，中型工程 13 座。已建引水工程 128 处，其中大型引水工程 6 处，已建提水工程 22 处。现状年地表水供水量 11.74 亿 m^3，地表水资源开发率为 52.66%；地下水总供水量 30.35 亿 m^3，地下水开发利用率为 97.53%，地下水已严重超采；水资源开发利用总量 48.26 亿 m^3，水资源开发利用率为 75.65%。

西辽河流域位于辽河流域西北部，北部和西部为大兴安岭的南端，山脉连绵起伏，南部属燕山山脉的东延部分，山岭陡峻，中东部是广阔的西辽河平原，地势低平，河流蜿蜒。西辽河段水能资源理论蕴藏量占辽河全流域的 45.92%，技术可开发水电站 42 座，可开发装机容量 73.17 kW，年发电量 2.26 亿 kW·h。其水力开发主要集中在内蒙古自治区境内的西拉木伦河、老哈河、乌力吉木仁河上，多数电站坝址位于山区或平原峡谷当中，库区人烟稀少，交通便利，电站入网方便，开发条件很好。流域内目前已建、在建水电站 16 座，总装机容量 49.30 MW，占技术可开发量的 67.38%，年发电量 1.31 亿 kW·h，占技术可开发量的 57.96%，水电开发仍具有较大潜力。红山水库是西辽河干流上的唯一控制性水利枢纽工程，水电站装机容量 7.12 MW，年发电量 0.104 亿 kW·h。

2015 年西辽河流域全年期总评价河长 1 184.5 km，优于Ⅲ类水质占总评价河长的 45.7%；劣于Ⅲ类水质占 54.3%，其中劣Ⅴ类水质占 18.3%。西辽河干流的麦新段水质较差，为劣Ⅴ类水质；支流老哈河的甸子段为Ⅱ类水质，兴隆坡段为Ⅳ类水质，太平庄段为劣Ⅴ类水质；支流乌尔吉木河的福山地段为Ⅲ类水质，梅林庙段为劣Ⅴ类水质。主要超标项目为：化学需氧量、氨氮、总磷。流域重要水功能区水质现状达标率为 32.3%。

总体来看，西辽河流域存在的主要水生态问题突出表现为河道断流、地下水超采及其引发的湿地萎缩、水生生物物种丧失和水生态系统破坏，河流生态需水未得到满足，河流纵向及横向连通性受损严重。

2.2 东辽河流域

2.2.1 河流环境与鱼类资源

2.2.1.1 河流环境

东辽河二龙山水库以上流域属于低山丘陵区，支流发育，河流两岸开阔，多耕地，河道弯曲，河流底质为沙砾石，河水含沙量较大，多年年平均输沙量为 3.56 kg/m^3。中游二龙山水库以下至大榆树铁路桥间属于丘陵地区，河流水量主要受二龙山水库下泄流量控制，河流底质为泥质和少量卵石。下游平原地区除受上游来水控制外，还有小辽河支流汇入，沿岸为农业耕作区，河流底质为泥沙，河水浑浊，王奔站多年平均含沙量为 1.7 kg/m^3。

东辽河从上游低山丘陵到下游平原区，河道弯曲、河床平浅，多为沙砾石，水量小。近几十年来，经济社会用水量日益增加，地表水资源开发率高达 66.62%，二龙山等水库调度方式存在一定的缺陷，河流生态用水无法保证，枯水期基本断流，河流生态系统严重退化。

20 世纪 80 年代以来，东辽河流域河道干涸、断流现象时有发生。据统计，1981—1985 年、1988—1994 年、2003—2007 年，东辽河干流（王奔站）日平均流量小于 0.5 m^3/s 的天数分别为 93 天、75 天、184 天，个别年份可达 239 天，各月均有断流，5 月、6 月断流天数最多。

2.2.1.2 鱼类资源

由于河流水量减少，加之水污染严重，导致东辽河流域河流生态系统脆弱，栖息鱼类较少。东辽河鱼类区系基本属于江河平原复合体和古代第三纪复合体，代表性鱼类为鲤鱼、鲫鱼、鲇鱼、草鱼、鲢鱼、花鱼骨、餐条、花鳅、雅罗鱼、黄颡鱼等，主要栖息在流域上游，没有珍稀保护鱼类。

二龙山水库是东辽河上游干流上的主要控制性工程，是一座以防洪、排涝、灌溉为主，兼顾养鱼、发电综合利用的大型水利枢纽工程。二龙山水库养鱼水面 8.2 万亩，最大水深 28 m，一般水深 5～7 m。二龙山水库主要经济鱼类有花鲢、白鲢、鲤鱼、鲫鱼、红鳍鲌、餐条等。水库的渔业生产在 1964 年以前主要捕捞天然鱼类，年产量可达 10 t，1965 年以后逐渐转为捕捞养殖鱼类，主要捕捞花鲢、白鲢和鲤鱼。2010 年，农业部批准建立二龙湖国家级水产种质资源保护区，主要保护对象是黄颡鱼。

2.2.2 湿地资源与水生态敏感区

东辽河流域湿地资源稀少。由于人类过度占用，原本不多的天然湿地破坏殆尽，萎缩率高达 97%。河滨湿地的破坏，对东辽河河流生态系统的完整性构成威胁。

东辽河流域重要湿地及重点保护对象见表 2.2-1。

表 2.2-1 东辽河流域重要湿地及重点保护对象

序号	保护地	行政区域	面积/hm^2	重要保护对象	始建时间
1	双辽白鹤省级自然保护区	双辽县	6 603	白鹤、东方白鹳、丹顶鹤、黑鹳等珍稀濒危水禽和湿地生态系统	2014 年 4 月
2	架树台湖国家湿地公园	四平市	2 046	湿地生态环境	2016 年 12 月
3	凤鸣湖国家湿地公园	辽源市	862	湿地生态环境	2013 年 12 月

2.2.3 水资源及其开发利用程度

东辽河流域已建各类蓄水工程 329 座，其中大型工程 2 座，中型工程 12 座。已建引水工程 12 处，已建提水工程 85 处。现状年地表水供水量 3.87 亿 m^3，地表水资源开发率为 66.62%；地下水总供水量 2.47 亿 m^3，地下水开发利用率为 58.84%，地下水已超采；水资源开发利用总量 6.34 亿 m^3，水资源开发利用率为 67.38%。

东辽河流域位于辽河流域东北部，地势低平，河流蜿蜒。东辽河水能资源理论蕴藏量约为 30.07 MW，技术可开发水电站 3 座，可开发装机容量 10.8 kW，年发电量 0.23 亿 kW·h。二龙山水库是东辽河干流上的控制性水利枢纽工程，水电站装机容量 8.4 MW，年发电量 0.16 亿 kW·h。

2015 年东辽河流域全年期总评价河长 321 km，优于Ⅲ类水质占总评价河长的 21.8%；劣于Ⅲ类水质占 78.2%，其中劣Ⅴ类水质占 48%。河流整体水质较差，主要超标项目为：化学需氧量、氨氮、五日生化需氧量。流域重要水功能区水质现状达标率为 28.6%。

总体来看，东辽河流域存在的主要水生态问题突出表现为水资源短缺、河道干涸和断流、地下水超采、河流水体污染、水生生物物种丧失和水生态系统破坏，河流生态需水未得到满足，河流连通性受损。

2.3 辽河干流流域

2.3.1 河流环境与鱼类资源

2.3.1.1 河流环境

辽河福德店至双台子河口段习惯称作辽河干流，河流沿岸地势平坦，地貌单元较为单一，均属辽河冲积平原，河道局部蛇曲发育，沿河两岸多为废弃的河道及牛轭湖地段。河道两岸是辽宁省广大农业区，是辽河平原的主要组成部分。辽河干流流域支流众多，左侧汇入的主要支流有招苏台河、清河、柴河、巩河等，是辽河干流洪水的主要来源；右侧汇入的主要支流有秀水河、养息牧河、柳河、绕阳河等，属多泥沙河流，是除西辽河以外辽河干流主要泥沙的来源。

辽河干流是一条多沙河流，流域水土流失现象严重，通江口、铁岭、巨流河和六间房四站多年平均含沙量在 2.35～4.39 kg/m^3，含沙量较高。河道泥沙淤积，水体混浊。辽河干流流域地表水资源开发率为 49.13%，水利工程造成河流的纵向连通受阻，影响了鱼类季节性洄游；大量废污水排入河道导致河流水质恶化，辽河干流由通江口段经沿程的铁岭段、沙宝台段、珠尔山段、马虎山段水质污染较重，河流水生态系统退化严重。

据统计，1980—2000 年辽河干流共发生过 8 次断流，累计断流 123 天，河流最大断流长度为 60 km。2000 年以来，由于气候偏干，上游来水减少，加之透支用水形成恶性循环，辽河干流断流现象越发严重，2000 年、2001 年、2002 年、2003 年、2004 年河道断流天数分别为 138 天、142 天、183 天、126 天、100 天。连续枯水年造成辽河河道干枯，失去了地下水补给、输沙、排盐的作用，河流断流对河道水生态环境造成了极大破坏。

2.3.1.2 鱼类资源

辽河干流流域鱼类按其起源、地理分布和生态特性可大体分为三大类。第一类是早第三纪鱼类，系发生在第三纪以前的比较古老的一些鱼类，如鲤、鲫、麦穗鱼、棒花、赤眼鳟、鳑鲏、泥鳅和鲇等鱼类属于这一类。第二类是中印区鱼类，起源于中印区（又称印度—马来亚区或东洋区）水域。其中包括两个类群，一是江河平原类群，发生中心是在中国东部的江河平原水域，多是一些适于开阔水域的中上层鱼类，如鲢、鲌、鳊、鲂、鳘、鲴、鲭、细鲫、蛇鮈、颌须鮈、突吻鮈、条纹似白鮈和鳜等，是辽河淡水鱼类的主体；二是热带沼泽类群，是原产于南岭以南水域的鱼类，一般具有适高温、耐缺氧的特点，属于这一类群的鱼类有乌鳢、黄鳝、青鳉、斗鱼、黄颡鱼和塘鳢等。第三类是古北区鱼类，起源于古北区的中亚以北的欧亚地区。根据相关文献资料，辽河干流流域鱼类为 12 目 27 科 90 种，其中淡水鱼类为 12 目 27 科 58 种，河口鱼类为 9 目 77 科 32 种。辽河干流代表性鱼类有鲫鱼、鲤鱼、雅罗鱼、长春鳊、棒花鱼、麦穗鱼、草鱼、鲇鱼，没有珍稀保护鱼类。

辽河干流流域内已无天然渔场，鱼类洄游通道主要在辽河干流盘山闸以下河段。在柴河、清河、泛河等支流上游山区为鱼类产卵密集区，鱼类越冬场在干流深水区。2009 年，农业部批准建立双台子河口海蜇中华绒螯蟹国家级水产种质资源保护区，保护区位于辽宁省盘锦市境内双台子河口及其流域水域，主要保护对象为海蜇、中华绒螯蟹，栖息的其他物种有鲈鱼、毛虾、脊尾白虾、刀鲚、凤鲚、梭鱼、鲻鱼、兰蛤等。

2.3.2 湿地资源与水生态敏感区

辽河干流湿地主要分布在柳河口以下。1950—2000 年，辽河干流区沼泽湿地面积增加了 312 km^2，达到 885 km^2。辽河三角洲沼泽湿地的消长以人类活动影响为主要因素，其湿地面积的变化主要是区域开发造成。特别是 20 世纪 80 年代开发规模越来越大，原有湿地面貌发生很大变化，表现为自然湿地面积逐渐减少，半人工芦苇湿地面积逐渐增加的趋势。在柳河口以下辽河口附近出现了大片的半人工芦苇湿地，主要是由于芦苇加工业的兴起，促进人们把大量零星分布的滨海湿地开发成芦苇生产基地，形成现在大范围的连片半人工沼泽湿地。

辽河干流拥有双台河口和卧龙湖等重要湿地。双台河口是国家级湿地自然保护区，也是海蜇中华绒螯蟹国家级水产种质资源保护区，生态功能和生态价值十分重要。河口湿地由于农业生产和油田的过度开采导致天然湿地面积被大量侵占，上游工农业用水挤占生态用水，使得辽河干流下泄水量减少，加之海水入侵等原因，打破了原有的水盐平衡和水沙平衡，造成天然湿地退化；辽河口每年接纳大量废污水，使河口区受到严重污染，已超出水体本身的自净能力，生物栖息地环境发生变化，生物多样性下降，有的种类已濒临绝迹，河口生态系统遭到破坏。卧龙湖湿地受上游农业用水的影响，生态需水不足，湖泊面积缩小，加上沿湖的几万亩滩涂被水田和水产养殖区所侵占，使一些鸟类等失去了栖息的场所。根据本次规划统计计算，与 20 世纪五六十年代相比，流域内双台河口重要湿地现状保留率约为 86%。

辽河干流流域重要湿地及重点保护对象见表 2.3-1。

表 2.3-1　辽河干流流域重要湿地及重点保护对象

序号	保护地	行政区域	面积/hm^2	重要保护对象	始建时间
1	辽河口国家级自然保护区	盘山县、大洼县	128 000	丹顶鹤、黑嘴鸥珍稀水禽及沿海湿地生态系统	1985 年 9 月
2	卧龙湖省级自然保护区	康平县	12 750	湿地生态系统及鸟类	2001 年 5 月
3	汎河省级自然保护区	铁岭县	51 205	内陆湿地生态系统及水源涵养林	2007 年 12 月
4	大麦科省级自然保护区	台安县	7 190	内陆湿地生态系统与野生动植物资源	2002 年 8 月
5	莲花湖国家湿地公园	铁岭市	2 000	莲花湖湿地生态环境	2009 年 12 月
6	盘锦辽河国家湿地公园	盘锦市	921	湿地生态环境	2016 年 12 月
7	昌图辽河国家湿地公园	昌图县	2 192	湿地生态环境	2015 年 12 月
8	康平辽河国家湿地公园	康平县	2 724	湿地生态环境	2015 年 12 月
9	盘山绕阳湾国家湿地公园	盘山县	3 764	河流湿地生态环境	2015 年 12 月
10	七星国家湿地公园	沈北新区	573	湿地生态环境	2013 年 12 月
11	獾子洞国家湿地公园	法库县	2 799	湿地生态环境	2012 年 12 月

2.3.3 水资源及其开发利用程度

辽河干流已建各类蓄水工程 914 座，其中大型工程 5 座，中型工程 25 座。已建引水工程 159 处，提水工程 265 处。现状年地表水供水量 16.26 亿 m^3，地表水资源开发率为 40.25%，地表水水资源可利用量 16.24 亿 m^3，流域地表水已开发殆尽；浅层地下水开采量 24.05 亿 m^3，深层地下水开采量 0.48 亿 m^3，地下水开采率为 54.45%，地下水资源可开发量 31.1 亿 m^3，地下水不超采；水资源开发利用总量 40.89 亿 m^3，水资源开发利用率为 58.5%。

辽河干流段河道坡度平缓，水能资源主要集中在支流，其理论蕴藏量为 635.19 MW，占全流域的 54.08%。技术可开发水电站 72 座，总装机容量 333.95 MW，年发电量 9.08 亿 kW·h。辽河干流中下游段右侧支流秀水河、养息牧河、柳河和绕阳河 4 条河流，均发源于中西部黄土丘陵区，植被较差，虽然水量丰沛，但河道坡度较缓，落差小，可开发水力资源受到限制。左侧支流东辽河、招苏台河、清河、柴河、凡河等 5 条河流，均发源于中东部山区，上游河道落差大，水量丰沛，尤其以浑河、太子河水力资源相对丰富。辽河干流周边支流水库，二龙山、南城子、柴河、榛子岭等水库均配有发电机组，尚有清河、闹得海水库及石佛寺水库一期工程等未配套电站。

2015 年辽河干流水系全年期总评价河长 701.6 km。Ⅱ类、Ⅲ类水质占总评价河长的 27.0%；劣于Ⅲ类水质占 73.0%，其中劣Ⅴ类水质占 14.5%。辽河干流由通江口段经沿程的铁岭段、沙宝台段、珠尔山段、马虎山段水质污染较重，为Ⅳ类～劣Ⅴ类水质；其支流招苏台河的王宝庆段和条子河的四平段均为劣Ⅴ类水质。主要超标项目为：化学需氧量、氨氮、总磷。流域重要水功能区水质现状达标率为 25.0%。

总体来看，辽河干流自东北向西南贯穿辽河平原，于双台河口入渤海。辽河平原地势低平，有深厚的河流沉积物，间有沼泽分布，河流两侧为国家商品粮生产基地，农业开发程度高，面源污染严重，流域存在的主要水生态问题表现为水土流失、水质污染及河口湿地萎缩等。

2.4 浑太河流域

2.4.1 河流环境与鱼类资源

2.4.1.1 河流环境

浑河发源于辽宁省清原县长白山支脉滚马岭，因水流湍急，水色浑浊而得名。浑河古称沈水，历史上曾是辽河最大的支流，现为辽宁省水资源最丰富的内河。浑河流经抚顺、沈阳、鞍山、营口等市，在海城古城子附近接纳太子河，二者汇合后称大辽河，向南流至营口市入辽东湾。浑河全长 495 km，平均比降 0.42‰，流域面积 28 260 km^2。浑河流域地势总体东南高，西北低，流域地貌特征上游为山区，以构造侵蚀地貌为主，东北部为低山丘陵区，至抚顺市附近地形较缓，为丘陵地带，流域西南部沈阳以下进入平原区，地貌以堆积地形为主。浑河属不对称水系，西侧支流较少，水量小；东侧支流密集，坡度陡，河谷深，水量丰富。支流多集中在沈阳以上的中、上游河段。浑河流经辽宁中部城市群，这里重工业发达、人口稠密，基本上成为沿岸城市废水排放的主要渠道。近年来，经过浑河沿岸的各市及企业的共同努力，浑河水质不断改善。

太子河为浑河左岸的支流，位于辽宁省东南部，流域呈东西走向。太子河发源于辽宁省新宾县平顶山乡红石砬子，依次流经本溪、鞍山及辽阳三市，至三岔河处汇入浑河。河道干流全长 363 km，控制流域面积 13 493 km^2，太子河支流较多，左侧支流发育。太子河流域内建有观音阁、葠窝及汤河三座大型水库，其中观音阁水库和葠窝水库位于河道干流上，汤河水库位于支流汤河上。小汤河和小夹河为太子河观音阁—葠窝水库区间河段的支流，分别建有关门山和三道河两座中型水库。

2.4.1.2 鱼类资源

浑河和太子河是辽河流域含沙量相对较小的河流，沈阳和邢家窝堡多年平均含沙量在 0.32～0.36 kg/m^3。据调查，浑河流域共有鱼类 7 目 11 科 34 种，优势种为洛氏鱥、棒花鱼、宽鳍鱲和鲫鱼，分别占鱼类总个体数的 38.5%、16.6%、12.3%、6.4%。太子河流域共有鱼类 9 目 12 科 44 种，鲤科占绝对优势，其物种数占总物种的 53%；其次为鰕虎鱼科，占 13%；鳅科为 11%。太子河流域冷水性鱼类种类较丰富，洛氏鱥、花江鱥、东北雅罗鱼、北方条鳅、北方花鳅、花杜父鱼等，优势种类为洛氏鱥、宽鳍鱲和清徐胡鮈。

浑太河源区及上游河段森林茂密，河流生境类型可分为山溪水流、急流、缓流、深潭，水质较为清洁，水质多为Ⅱ～Ⅲ类，河流生态系统受影响程度较小。河源区代表性鱼类主要为洛氏鱥、棒花鱼、宽鳍鱲、东北七鳃鳗、中华多刺鱼、细鳞鱼、黄颡鱼、乌鳢、重唇鱼、鲴鱼、雅罗鱼、鲤、鲫、鲇、泥鳅、鲇鱼、餐条、麦穗鱼等，此外还分布有具有很高的营养价值的两栖类动物中国林蛙。2016 年 12 月，农业部批准建立辽宁浑河源细鳞鱼国家级水产种质资源保护区，主要保护物种细鳞鱼、七鳃鳗、北方须鳅。

浑太河地表水资源开发率为 65.13%，河流原有的水文情势发生较大改变，河流纵向连通性变差，阻隔了上下游水生生物活动区域，浑太河城区段水质较差，生境退化，分布有鲤、鲫、白鲢、鳙、鲇、乌鳢、餐条鱼、麦穗鱼等十几种天然鱼类，主要是耐污型的鲤科和鲫科鱼类，且小型化特征。

2.4.2 湿地资源与水生态敏感区

浑太河流域湿地主要分布在流域下游河口地区。1950—2000 年，流域沼泽湿地面积减少了 168 km^2，年平均萎缩速率为 3.35 km^2/a，现有湿地约占 20 世纪 50 年代沼泽湿地总面积的 33%。浑太河由于降水偏少和人类过度开发利用，造成下游地区沼泽湿地发生大面积退化和一定程度的破碎化，使生境完整性和生物多样性受到不同程度影响。

流域内有大伙房水库、汤河水库、观音阁水库 3 处国家重要饮用水水源地，分别给辽宁中部城市群供水，区域水源涵养功能较好。有辽宁大伙房水库水源省级自然保护区、浑河源省级自然保护区、大汤河国家湿地公园、蒲河国家湿地公园等景观区域，景观保护程度为良好。浑太河流域重要湿地及重点保护对象见表 2.4-1。

表 2.4-1 浑太河流域重要湿地及重点保护对象

序号	保护地	行政区域	面积/hm^2	重要保护对象	始建时间
1	大伙房水库水源省级自然保护区	抚顺县	530 000	水源涵养林	1990 年 4 月
2	浑河源省级自然保护区	清原县	18 127	华北、长白植物区系森林生态系统	2003 年 9 月

序号	保护地	行政区域	面积/hm^2	重要保护对象	始建时间
3	三岔河湿地市级自然保护区	海城市	18 568	内陆天然河水沼泽湿地及珍稀野生动植物资源	2004年12月
4	大伙房国家湿地公园	抚顺县	2 670	湿地生态环境	2011年12月
5	蒲河国家湿地公园	辽中县	8 142	河流湿地生态环境	2012年12月
6	大汤河国家湿地公园	辽阳	282	湿地生态环境	2012年12月

2.4.3 水资源及其开发利用程度

浑太河流域已建各类蓄水工程716座，其中大型工程4座，中型工程16座。已建引水工程387处，其中大型工程4处，已建提水工程375处。现状年地表水供水量38.36亿m^3，地表水资源开发率为65.13%，地表水可利用量28.32亿m^3；浅层地下水开采量27.16亿m^3，深层地下水开采量0.12亿m^3，地下水开采率为78.11%，地下水可开采量23.22亿m^3；水资源开发利用总量65.64亿m^3，水资源开发利用率为95.13%。

浑太河流域上游，山峦起伏，径流丰沛，河道落差大，地质条件好，人口密度小，具有优越的开发条件，是辽宁省水能资源重点开发地区。浑河水系已开发水电站10座，总装机容量49.89 MW，占技术可开发量的27.9%，年发电量1.14亿kW·h，占技术可开发量的23.46%。太子河水系已开发水电站8座，总装机容量76.56 MW，占技术可开发量的65.33%，年发电量2.10亿kW·h，占技术可开发量的61.76%，浑太河流域规模较大电站的还有红河二级电站、穆家电站、松树台电站等，水电开发潜力较大。

2015年浑太河水系全年期总评价河长837.5 km，Ⅱ类、Ⅲ类水质占总评价河长的36.9%；劣于Ⅲ类水质占63.1%，其中劣Ⅴ类水质占48.4%。太子河的小市段至水洞段为Ⅱ类水质；辽阳段为Ⅴ类水质；本溪段、由小林子段沿程唐马寨段、小河口段和小姐庙均为劣Ⅴ类水质。浑河的北口前至抚顺段为Ⅴ类水质；东陵大桥段沿程浑河大闸段、黄腊坨桥段至邢家窝棚段均为劣Ⅴ类水质。支流东洲河的东洲段和李石河的李石段为劣Ⅴ类水质。主要超标项目为：化学需氧量、氨氮、五日生化需氧量。流域重要水功能区水质现状达标率为40.7%。

浑太河流域是辽河流域社会经济发展的中心区域，分布有沈阳、抚顺、鞍山、辽阳、本溪等多个大城市，高强度的城乡、交通建设和密集的工业生产，导致污染物入河排放量很大。河流水质污染问题突出，现状年地下水呈超采状态。

2.5 主要河流水生态评价

2.5.1 评价范围及评价单元划分

针对国务院批复的全国重要江河湖泊水功能区，涉及省级以上自然保护区、国家级水产种质资源保护区等重要生态敏感目标的水域以及水量短缺、人类干扰严重且生态问题突出的水域开展水生态调查评价，共调查评价河流 15 条、水库 9 座、湖泊湿地 1 个，评价总河长 4 414.5 km，评价湖库总面积 699.41 km^2。评价河流包括西辽河、辽河、浑河、太子河等大江大河干流及其一级支流。评价水库包括二龙山水库、清河水库、石佛寺水库、柴河水库、闹得海水库、大伙房水库、观音阁水库、葠窝水库、汤河水库等 9 座大型水库，评价湖泊湿地——卧龙湖。

考虑河流生态系统在空间分布上呈现显著地域性差异，为便于评价，在综合考虑河流上、中、下游不同河段自然特征、水生态功能类型、开发利用状况及水生态问题的基础上，将调查评价的 15 条河流进一步划分为 25 个评价河段。辽河流域水生生态调查评价河湖（库）情况见表 2.5-1，主要湖库情况见表 2.5-2，各评价河段划分情况见表 2.5-3。

表 2.5-1 辽河流域水生生态调查评价河湖统计表

水资源二级区	河流			水库		湖泊湿地		调查评价河湖小计
	条数	河段个数	长度/km	个数	面积/km^2	个数	面积/km^2	
西辽河	9	15	2 299.5	0	0	0	0	15
东辽河	1	2	393	1	103	0	0	3
辽河干流	3	4	970	4	182.3	1	112	9
浑太河	2	4	752	4	302.1	0	0	8
合计	15	25	4 414.5	9	587.4	1	112	35

表 2.5-2　辽河流域主要湖库基本情况

水资源二级区	规划湖泊/水库	涉及省区	湖泊/水库基本情况	
			蓄水量/库容/亿 m^3	水面面积/km^2
东辽河流域	二龙山水库	吉林	17.92	103
辽河干流流域	卧龙湖	辽宁	0.96	112
	清河水库	辽宁	9.71	60.8
	石佛寺水库	辽宁	1.85	54.49
	柴河水库	辽宁	6.14	38.9
	闹得海水库	辽宁	2.17	28.11
浑太河流域	大伙房水库	辽宁	22.68	124
	观音阁水库	辽宁	21.68	81.36
	葠窝水库	辽宁	7.91	52.6
	汤河水库	辽宁	7.23	44.15

表 2.5-3　辽河流域主要河流水生态现状评价河段情况表

水资源二级区	规划河流	规划单元	涉及省区	河段范围			主要生态保护对象
				起始	终止	长度/km	
西辽河	查干木伦河	查干木伦河上段	内蒙古	源头	前进	179	西拉木伦河水源涵养区，林地、草地和河流生态系统
		查干木伦河下段	内蒙古	前进	入西拉木伦河口	60	沙丘坨甸间草原湿地
	西拉木伦河	西拉木伦河上段	内蒙古	源头	桥头	96	潢源自治区级自然保护区、辽河上游水源涵养重要区
		西拉木伦河下段	内蒙古	桥头	苏家堡	284	河流基本生态功能
	百岔河	百岔河	内蒙古	源头	入西拉木伦河口	99.5	桦木沟自治区级自然保护区
	黑里河	黑里河	内蒙古	源头	入老哈河河口	50	内蒙古黑里河国家级自然保护区、老哈河支流水源涵养区
	老哈河	老哈河上段	内蒙古	源头	马家地	251	草、鲤、鲫、花白鲢鱼等
		老哈河下段	内蒙古	马家地	苏家堡	129	小河沿自治区级湿地自然保护区
	乌力吉木仁河	乌力吉木仁河上段	内蒙古	源头	天合龙	304	内蒙古阿鲁科尔沁国家级自然保护区，乌力吉木仁河水源涵养区
		乌力吉木仁河下段	内蒙古	天合龙	四家子	177	扎鲁特旗荷叶花湿地珍禽自治区级自然保护区
	哈黑尔河	哈黑尔河	内蒙古	源头	敖勒吉尔	89	高格斯台罕乌拉国家级自然保护区、森林水源涵养区
	教来河	教来河上段	内蒙古	源头	下洼水文站	103	内蒙古大黑山国家级自然保护区、森林水源涵养区
		教来河下段	内蒙古	下洼水文站	东明	155	河流基本生态功能

水资源二级区	规划河流	规划单元	涉及省区	河段范围			主要生态保护对象
				起始	终止	长度/km	
西辽河	西辽河	西辽河上段	内蒙古	苏家堡	总办窝堡	85	河流基本生态功能
西辽河	西辽河	西辽河下段	内蒙古	总办窝堡	蒙吉省界	238	河流基本生态功能
东辽河	东辽河	东辽河上段	吉林	源头	二龙山水库	130.2	二龙湖国家级水产种质资源保护区
东辽河	东辽河	东辽河下段	吉林	二龙山水库	汇入辽干口	262.8	河流基本生态功能
辽河干流	清河	清河	辽宁	源头	入辽河河口	171	河源区水源涵养、清河水库重要水源地
辽河干流	辽河干流	辽河干流柳河口以上	辽宁	东、西辽河汇合口	柳河入河口	285	河流基本生态功能
辽河干流	辽河干流	辽河干流柳河口以下	辽宁	柳河入河口	入海口	231	双台河口国家级自然保护区、双台子河口海蜇中华绒螯蟹国家级水产种质资源保护区
辽河干流	绕阳河	绕阳河	辽宁	源头	入双台子河河口	283	河流基本生态功能
浑太河	浑河	浑河大伙房以上	辽宁	英额河入河口	大伙房水库出口	92	细鳞鲑等上游山区冷水性鱼类、浑河源省级自然保护区、辽宁大伙房水库水源省级自然保护区、大伙房水库重要水源地
浑太河	浑河	浑河大伙房以下	辽宁	大伙房水库出口	三岔河口	247	河流基本生态功能、沈阳浑河国家水利风景区
浑太河	太子河	太子河葠窝以上	辽宁	源头	葠窝水库出口	200	上游山区细鳞鱼等冷水性鱼类、辽宁省本溪水洞国家级风景名胜区
浑太河	太子河	太子河葠窝以下	辽宁	葠窝水库出口	三岔河口	213	河流基本生态功能

2.5.2 评价指标及方法

辽河流域位于我国东北地区西南部，东、西、西南三面环山，中部为宽阔的辽河平原，南部为沿海低地，是我国重要的重工业基地和商品粮生产基地。区域气候、地貌类型复杂，地区之间降水分布差异大，形成了复杂的生态系统和丰富的生物多样性，另外流域开发利用程度的区域差异，导致目前流域内不同区域水生态系统特征差异更加明显。

综合考虑各水资源分区或区域不同河流水系生态特征、水生态保护目标及敏感生态问题的差异性，本次规划在深入分析已有各类水生态评价指标科学性、适用性和可操作性的基础上，结合流域水生态相关基础数据，分别选取生态需水满足状况、水功能区水质达标率、湖库富营养化状况、纵向连通性、重要湿地保留率及重要水生生境状况等6项指标（表2.5-4），对本次规划的评价河湖开展有针对性的水生生态状况调查评价。不同河湖所选择的评价指标见表2.5-5，其中：（1）针对7条河流、4个湖库的13个重要控制断面开展生态基流及敏感生态需水满足程度评价；（2）针对34个评价河湖（段）开展水功能区水质达标率满足程度评价；（3）针对9个湖库开展富营养化状况评价；（4）针对25个河流（段）开展纵向连通性满足程度评价；（5）针对涉及重要湿地的2个评价河湖（段）开展重要湿地保留率评价；（6）针对35个涉及鱼类生境的河段和湖库开展重要水生生境状况评价。

在上述6项评价指标中，生态需水满足状况、水功能区水质达标率、湖库富营养化指数、纵向连通性、重要湿地保留率为定量指标，重要水生生境状况为定性指标，并按照指标阈值区间或参照系统对各指标进行进行优、良、中、劣、差的评价。

表2.5-4　水生态状况评价指标表

序号	指标名称	准则层	指标说明
1	生态需水满足状况	水文水资源	评估河流实测流量是否满足根据河流生态功能及敏感生态保护目标需求确定的生态基流或敏感生态需水目标流量值。 河道内实测流量占生态流量目标值的比例，其值=100%为优，95%～100%为良，95%～90%为中，90%～80%为差，＜80%为劣
2	水功能区水质达标率	水环境状况	水功能区水质达到其水质目标的数量（河长、面积）占水功能区总数（总河长、总面积）的比例，其值≥90%为优，70%～90%为良，60%～70%为中，40%～60%为差，＜40%为劣
3	湖库富营养化状况		评价湖泊、水库水体富营养化程度，按照规范计算湖库富营养化指数，指数1～5分别对应“优、良、中、差、劣”
4	纵向连通性	河湖生境形态	在河流系统内生态元素在空间结构上的纵向联系，用河流纵向连通性指数表征（河流上已建拦河闸坝个数/河流长度），其值＜0.3为优，0.3～0.5为良，0.5～0.8为中，0.8～1.2为差，≥1.2为劣
5	重要湿地保留率	生物及栖息地状况	评价区内重要湿地在不同水平年的总面积与20世纪80年代前代表年份湿地总面积的比值，其值≥90%为优，70%～90%为良，60%～70%为中，30%～60%为差，＜30%为劣
6	重要水生生境状况		国家重点保护的、珍稀濒危的、土著的、特有的、重要经济价值的鱼类种群生存繁衍的栖息地状况，采用专家判定法进行“优、良、中、差、劣”评价

表 2.5-5 不同河段和湖库评价指标选择情况表

评价指标	河段和湖库情况
生态需水满足状况	7 条河流、4 个湖库 13 个生态基流控制断面，2 个敏感生态需水控制断面
水功能区水质达标率	25 个河流或河段，9 个水库
湖库富营养化状况	9 个水库
纵向连通性	25 个河流或河段
重要湿地保留率	2 个涉及重要湿地的河段和湖泊
重要水生生境状况	35 个涉及鱼类生境的河流（段）和湖库

2.5.3 水生态状况总体评价

2.5.3.1 生态需水满足状况

生态需水包括生态基流和敏感生态需水。生态基流是指为维持河流基本形态和基本生态功能的河道内最小流量；敏感生态需水则指维持河湖生态敏感区正常生态功能的需水量及其需水过程。

评价结果表明，在 13 个生态基流控制断面中，生态基流满足程度为优和良的有 2 个，主要分布在浑河、太子河上游；生态基流满足程度为差和劣的 6 个，主要分布在西辽河、东辽河、辽河干流、清河。总体上，辽河流域东南部的浑太河的生态基流满足程度较好，西北部的西辽河、东辽河、辽河干流的生态基流满足程度较差。

在 2 个敏感生态需水控制断面中，敏感生态需水满足程度为中的有 1 个，占 50.0%，为卧龙湖；满足程度为劣的有 1 个，占 50.0%，为辽河干流柳河口以下河段。

2.5.3.2 水环境状况评价

水环境的优劣对水生生物及鱼类生存起着至关重要的影响。采用水功能区水质达标评价来反映水环境质量的总体优劣。参与评价的 34 个河段与湖库，水质达标率满足程度为优的有 6 个，占 17.6%；满足程度为良的 2 个，占 5.9%；满足程度为中的 0 个；满足程度为差、劣的 26 个，占 76.5%。从水质分布来看，水质达标率满足程度为优、良的河段与湖库主要分布在浑太河上游及西辽河源头。水质较差的河段与湖库主要分布在西辽河、辽河干流、东辽河、浑太河等水资源二级区。流域水功能区水质达标率较低，大部分河流存在水质污染问题，在河流中下游平原区尤为突出。

表 2.5-6 各评价河湖（段）现状水功能区水质达标率评价成果表 单位：个

水资源二级区	优	良	中	差	劣	小计
西辽河	3	0	0	7	5	15
东辽河	0	0	0	0	3	3
辽河干流	1	1	0	1	5	8
浑太河	2	1	0	3	2	8
合计	6	2	0	11	15	34

2.5.3.3 湖库富营养化状况

本次共有清河水库、石佛寺水库、柴河水库、闹得海水库、大伙房水库、观音阁水库、葠窝水库、汤河水库、二龙山水库等 9 个湖库参与富营养化评价。评价结果表明，大伙房水库、观音阁水库、汤河水库为中度营养，石佛寺水库为中度富营养，清河水库、柴河水库、闹得海水库、葠窝水库、二龙山水库均为轻度富营养状态。

2.5.3.4 河流纵向连通性

河流纵向连通是河流能量及营养物质的传递、鱼类等生物物种迁徙的基本条件。通过河流纵向连通性可以反映河流生态要素在纵向空间的连通程度和水工程建设对河流纵向连通的干扰状况。

辽河流域河流纵向连通性阻隔较为严重，河道拦河闸、塘坝、橡胶坝建设较多。在 25 个评价河流（段）中，纵向连通性满足程度为优、良的有 6 个，占 24.0%；满足程度为中的 6 个，占 24.0%；满足程度为差、劣的 13 个，占 52.0%。从空间分布上看，纵向连通性满足程度为差、劣的评价河段主要分布在浑江、大凌河、浑太河、西辽河等梯级电站开发或河道拦河闸、橡胶坝比较密集的河流。河道阻隔导致河流水文情势及生境形态发生变化，影响鱼类生存繁殖条件，造成鱼类资源衰减。

表 2.5-7 各评价河段纵向连通性状况评价成果表 单位：个

水资源二级区	优	良	中	差	劣	小计
西辽河	1	0	6	1	7	15
东辽河	1	0	0	0	1	2

水资源二级区	优	良	中	差	劣	小计
辽河干流	1	2	0	0	1	4
浑太河	1	0	0	0	3	4
合计	4	2	6	1	12	25

2.5.3.5 重要湿地保留率

重要湿地保留率是指规划区域内重要湿地在不同水平年的总面积与20世纪80年代前代表年份湿地总面积的比值，主要评估其湿地面积的变化情况。

本次选取评价范围内双台河口、卧龙湖湿地 2 个重要湿地，进行重要湿地保留率评价，涉及辽河干流、卧龙湖 2 个评价河湖。评价结果表明，卧龙湖湿地保留率为 88%，双台河口湿地保留率为 96.6%，参评河段重要湿地保留率均处于优、良状态，说明近年来辽河流域重要湿地得到了较好保护，重要湿地退化得到相应控制。

2.5.3.6 重要水生生境状况

本次评价重点关注国家重点保护的、珍稀濒危的、土著的、特有的、有重要经济价值的鱼类种，鱼类生境重点关注产卵场、索饵场、越冬场。参评的 35 个涉及鱼类生境的河段和湖库，重要水生生境满足程度为优的河段、湖库 1 个，占 2.9%；满足程度为良的 8 个，占 22.8%；满足程度为中的 7 个，占 20%；满足程度为差、劣的 19 个，占 54.3%（表 2.5-8）。评价结果为差、劣的河流主要分布在查干木伦河、西拉木伦河、老哈河、教来河、西辽河、乌力吉木仁河、东辽河、辽河干流、浑太河下游等河流。造成生境破坏的因素很多，闸坝建设导致河流连通性及鱼类洄游通道阻隔，水库淹占及河道采砂等活动破坏鱼类产卵场，堤防及护岸建设导致岸线、洪泛区变化及河漫滩生境多样性的下降，水体污染及生态水量不足等也会导致水生生境的破坏。

辽河流域大部分河段水生生境状况处于中等～差劣状态，鱼类生境被分割或遭到破坏，尤其在西辽河流域，受气候及人类活动影响，河道断流，水分、养分条件不能满足鱼类生存需求。

表 2.5-8 各评价河湖（段）重要水生生境状况评价成果表 单位：个

水资源二级区	优	良	中	差	劣	小计
西辽河	0	0	4	9	2	15
东辽河	0	1	0	0	2	3
辽河干流	0	3	3	3	0	9
浑太河	1	4	0	3	0	8
合计	1	8	7	15	4	35

2.5.3.7 评价河段湖库水生态问题类型划分

根据评价结果，将辽河流域主要河湖的水生态状况划分为生态良好型（轻微扰动型）、水量不足型、污染破坏型、生境萎缩型，以及复合失衡型五种类型：

（1）生态良好型（轻微扰动型）：主要包括未受人类大规模开发活动影响、或者受人类活动扰动较小以及实行严格保护、现状水生态状况良好的国家主体功能区划中的禁止开发区、大江大河源头区以及重要水源涵养区等。

（2）水量不足型：水资源开发利用程度较高以及引水式电站、闸坝等不合理引水，挤占河道内生态环境用水，导致河湖湿地萎缩、河湖生态功能退化、入海水量减少甚至河道断流等。

（3）污染破坏型：由于水体污染严重、湖库富营养化等导致河湖生态功能退化、重要生境及水生生物资源遭受破坏、生物多样性降低等。

（4）生境萎缩型：由于围垦、灌区开发等土地资源开发、堤防及闸坝建设引起的湿地面积萎缩、河湖滨带退缩、横向连通性减少、洄游通道受阻，导致生境空间范围萎缩、质量下降、河湖生态功能退化等。

（5）复合失衡型：由于生态水量不足、水体严重污染以及生态空间萎缩等综合作用，导致河湖生态空间萎缩、功能退化、生物多样性减少、河湖生态系统失衡、河湖健康遭到破坏。

这五种类型分布情况见表 2.5-9 和图 2.5-1。其中，生态良好型的评价河段、湖库占 8.6%，生态水量不足型占 8.6%，水体污染破坏型占 25.7%，生境萎缩型占 11.4%，复合失衡型占 45.7%。水体污染和复合失衡成为河湖水生态的突出问题。

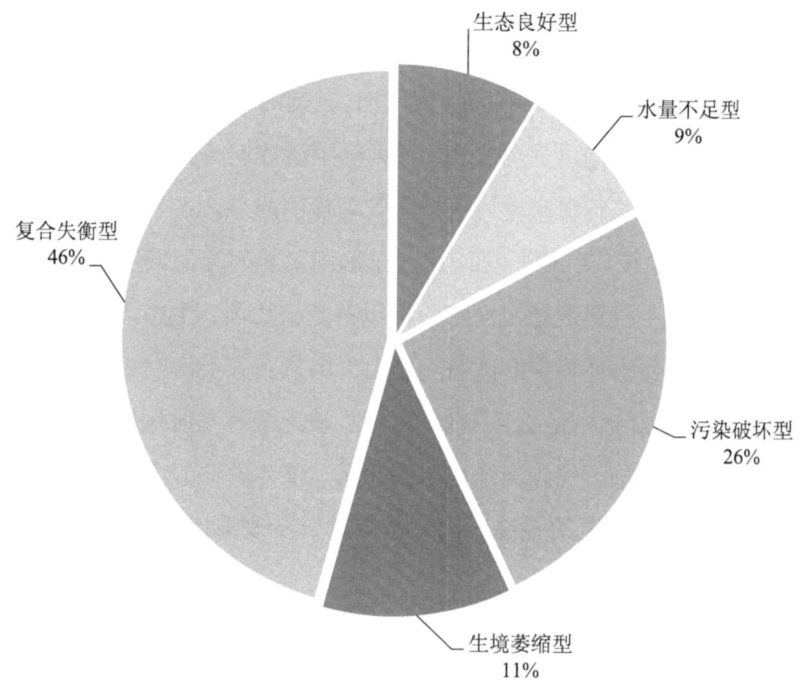

图 2.5-1 辽河流域主要河湖不同水生态类型占比图

从全流域分布来看，生态良好型河湖主要分布在浑河、太子河等辽宁东部山区水源涵养区；水量不足型主要分布在教来河、清河、卧龙湖等；污染破坏型分布范围较广，主要分布在辽河干流、太子河、绕阳河、二龙山水库等河湖；生境萎缩型主要分布在西辽河支流西拉木伦河、黑里河等；复合失衡型主要集中分布在西辽河、东辽河、辽河干流等河流中下游地区。

表 2.5-9 各评价河湖（段）评价单元类型划分表 单位：个

水资源二级区	生态良好型	水量不足型	污染破坏型	生境萎缩型	复合失衡型	小计
西辽河	0	2	0	2	11	15
东辽河	0	0	1	0	2	3
辽河干流	0	1	6	1	1	9
浑太河	3	0	2	1	2	8
合计	3	3	9	4	16	35

辽河流域主要河湖(库)水生态状况评价结果表明,生态较好河流主要分布在浑河、太子河上游等辽宁东部山区水源涵养区;西辽河、东辽河流域由于缺水和水污染加剧导致河流生境萎缩和生态系统恶化;西辽河、教来河、清河等河流存在生态水量不足问题;水质污染问题在河流中下游地区尤为突出;浑太河下游等河流存在鱼类生境阻隔及鱼类资源衰退问题。近年来,随着辽河凌河保护区管理局的成立,辽河干流河道两侧实行自然封育、退耕还草还林政策,万泉河、西小河、羊肠河及长河支流汇入口营造人工湿地,辽河干流药王庙段、蔡牛段建设稳定河势的梯级石笼植物坝、生态柔性坝等,河岸带自然植被恢复明显,沿岸生态环境得到改善。但由于自然及人类活动因素,总体上辽河流域水生态安全状况仍面临较大压力,山水林田湖草缺乏统筹系统保护,影响资源可持续利用和经济社会可持续发展。保障河道内生态流量、维持通畅的水系循环和良好的水质是维护河流生态系统良性发展的关键,因此亟待进一步改善辽河流域主要河湖水环境,完善流域生态流量管理措施。

2.6 流域水生态存在的问题

2.6.1 水资源短缺且时空分布不均

受自然地理条件制约,辽河流域水资源非常短缺,人均占有量只有全国人均水资源量的 30%,不及松花江流域人均水资源量的 1/2。地表水资源主要由上游山丘区产生,下游平原区基本不产流。该区水资源时空分布不均,产水系数最大的是浑太河,其次为东辽河,西辽河水资源严重缺乏,土地干旱,生态环境极为脆弱。辽河流域也是我国重要的重工业、能源和商品粮生产基地,水资源匮乏已严重制约当地经济发展和环境改善。

2.6.2 水质污染严重

辽河流域水污染问题十分严重。根据 2015 年辽河流域地表水评价监测结果,在所监测的 4 030.1 km 河长中,Ⅰ~Ⅲ类水质仅占 40.3%,Ⅳ~Ⅴ类不合格水质占 30.9%,劣Ⅴ类水质高达 28.8%,辽河流域的西辽河、东辽河、辽河干流和浑太河污染严重。生活供水已无Ⅰ类水,近半数的水库呈富营养化状态。

平原区地下水水质也受到严重污染,不合格率在 80%以上。尤其在辽河平原区,受农业生产过程中大量施用氮肥、喷洒农药、污水灌溉以及农村生活污水、垃圾的排放影响，致使大量氮随着地表水渗入地下，造成地下水的面状污染，主要表现为氨氮、铁等污染。此外，大多数城镇周围的地下水都受到生活污水的点状污染，在排污河流两岸地下水都受到线状污染。辽河流域劣于Ⅲ类地下水面积达 58.55%，其中轻污染区占 27.33%，重污染区占 31.22%。

2.6.3 水土流失严重，土地沙化、盐碱化不断扩展

由于自然因素和人类不合理开发行为，辽河流域水土流失十分严重。目前流域水土流失面积已达 10.5 万 km^2，占流域总面积的 47.5%。其中，黑土区水土流失面积 2.21 万 km^2，占流域黑土区总面积的 23.02%。水土流失主要发生在西辽河，水土流失剥蚀黑土层，侵蚀沟吞噬农田，造成黑土资源流失和土壤结构恶化，淤塞下游水库河闸及河道淤积，削弱水利工程的调蓄功能，严重威胁流域生态系统安全、粮食安全和防洪安全。此外，水土流失导致区域生态环境日趋恶化，加剧旱灾、涝灾、风灾、冻害和冰雹等自然灾害的发生频率，对流域可持续发展构成严重威胁。

辽河流域西部为生境脆弱的农牧交错带，气候干旱少雨，由于人类长期大规模无序无度的农牧活动，以土地次生盐碱化、土地沙化为主的土地退化问题日益突出。前者在形式上表现为盐碱地面积的扩大和盐渍化程度的增强，后者则主要表现为西辽河科尔沁沙地的扩展。1950—2000 年该区次生盐碱地面积 3 516.88 km^2，增长 185 倍；新增沙化土地面积 1 917.73 km^2，增长 1 倍。土地盐碱化和土地沙化造成土地资源面积减小、质量下降，区域景观系统受损，生态系统服务功能被削弱，对辽河流域的经济发展、生态安全以及社会稳定构成威胁。

2.6.4 河流断流、湿地萎缩、湖泊变化等与水资源开发利用相关的生态环境问题突出

受全球气候变暖及人类对水资源过度利用和不合理开发的影响，辽河流域已有 16 条河流发生断流，包括辽河干流、西辽河、东辽河等干流或一级支流。断流河段多出现在水土资源不平衡的农牧交错带，生态环境具有天然脆弱性，一旦无水，生境极易恶化。河流断流破坏流域生态系统的完整性，导致河道水生态系统结构和功能的根本改变，对下游湿地生态环境及其生物多样性产生较大的负面影响，并造成湿地潜在萎缩。此外，

气候变干和人类过度开发也造成湿地面积大幅减少，湿地蓄洪、纳污能力显著下降，生物多样性损失严重。湿地萎缩主要发生在西辽河科尔沁沼泽湿地。

辽河流域湿地主要为沼泽湿地，50 多年间湿地减少了 257.59 km^2，现存湿地面积约为 20 世纪 50 年代初的 89.7%。50 多年间湿地分布发生变化，目前集中分布在西辽河和辽河干流。湿地萎缩主要发生在西辽河的科尔沁沼泽湿地区。

辽河区湖泊主要分布在西辽河和辽河干流右岸。由于人类大量垦荒，利用天然湖泊、洼地蓄水灌溉耕地和草原，造成西辽河水资源二级区内湖泊面积增加了 165.71 km^2，其他水资源二级区湖泊面积均有不同程度的减少。

2.6.5 地下水超采引发地面沉降、地下水质污染等环境问题

辽河流域地下水超采主要发生在吉林省的四平市、辽宁省的沈阳市、辽阳市和内蒙古自治区的通辽市等集中取水量大的城市。地下水大量开采已形成了城市区地下漏斗，漏斗面积达 1 102 km^2。地下水超采引起地面沉降、地表干化等地质灾害和生态问题，并导致城区临江（河）段地下水水质遭受严重污染。此外，沿海地区由于地下水超采引起海水入侵，地下水水质变差，失去了利用价值。各水资源二级区流域层次主要水生态问题见表 2.6-1。

表 2.6-1 辽河流域主要水生态问题分析

水资源二级区	主要水生态问题
西辽河	除河源区生态环境较好外，流域整体生态环境恶劣； 水资源过度开发，河流断流，水质污染严重； 河流纵向连通性受损，改变了河流原有的水文情势，破坏了西辽河流域水资源循环，生态需水严重不足，泥沙淤积，不少河流已变成“沙河”；经济鱼类普遍趋于小型化和低龄化
东辽河	水资源过度开发，河流水质恶化，河流生态系统脆弱，水生生物生境状况较差
辽河干流	水资源过度开发，河流水质恶化，流域水土流失严重；河道渠化、硬化明显，鱼类生境状况恶化，生物多样性下降；河口地区湿地萎缩，河口生态系统遭到破坏；重要湿地生态需水不足。 辽河干流处于辽河流域下游，承接了上游东辽河、西辽河的污废水，来水水质较差；另外接纳了沿岸城镇污废水，水质及水生态现状较差，多数河段属于污染破坏类型
浑太河	水资源过度开发，河流水质污染严重，地下水超采严重； 水利工程建设导致河流纵向连通性差，阻隔了上下游水生生物活动区域，鱼类资源减少；河流中下游主要是耐污型鱼类，且小型化，鱼类资源减少。 浑太河沿岸为辽宁省中部城市群，经济发达，城市建设及水工程建设对水生态的影响较大，城市河段水质较差，河流生境萎缩较为严重

3 河流健康概念与进展

3.1 河流健康概念

河流健康是河流生态系统健康概念的一种衍生。1972 年，美国《清洁水法令》首次提出了“河流健康”的概念。“河流健康”源自人们对河流生态环境持续退化的关注，并且由于自然环境、国情状况以及人类价值观的差异，不同国家的学者们对“河流健康”这一概念有不同的理解。

美国的 Karr 认为河流健康等同于生态完整性，强调生态系统的结构和功能不退化。Vugteveen 和 Meyer 综合了河流的自然属性和社会属性，认为健康河流除维持生态系统的结构与功能外，还应该包括生态系统的社会价值。Schofield 和 Melzer 等从生态系统观出发，强调河流生态系统的自然属性，将河流未受干扰前的原始状态作为健康状态。Fairweather 和 Boulton 提出河流健康应包括社会、经济和政治方面的因素，河流健康应适度为人类服务。澳大利亚新南威尔士州健康河流委员会认为河流健康应与其环境、社会和经济特征相适应，能够支撑社会希望，健康的河流应同时满足完整的生态系统、合理的人类行为和社会功能三个条件。Vugteveen 等认为除河流的自然属性以外，河流健康还需要考虑人类社会、经济方面的需求。总体来看，从最早的 20 世纪 70 年代美国提出的“河流健康”概念，到 90 年代发展完善，国外研究学者对河流健康的定义从最开始的仅考虑河流生态系统的自然属性，逐渐发展至包含社会期望，考虑人类需求，拓展至河流的社会服务功能，为后续的研究者们提供了广泛借鉴。

国内关于河流健康的研究起步于 2002 年前后，唐涛、蔡庆华等引入了河流生态系统健康评价的含义。其后，国内多位学者相继提出了河流健康概念（表 3.1-1）。2004 年，李国英从工程角度提出了黄河治理的终极目标是维持黄河健康生命，并系统地提出了黄河水资源统一管理与调度、调水调沙等维持黄河生命行动的治河措施。2005 年，董哲仁认为河流健康不是严格意义上的科学概念，而是一种河流管理的评估工具，其作用是建立相对基准点和评估准则体系，对于在自然力与人类活动双重作用下的河流生态系统状况进行动态监测与评估，以研究其演进趋势并通过管理促其向良性方向发展。同年，刘恒认为河流健康的基本范畴表现在水、土、植物和功能 4 个方面，河流健康还应体现河流的社会经济价值（满足人们生产生活需要）。

表 3.1-1 国内机构和学者提出的河流健康概念一览表

学者或机构	时间	主要内容	特点
李国英	2004 年	维持黄河健康生命就是要维护黄河的生命功能	工程角度的河流健康
董哲仁	2005 年	河流健康是一种河流管理的评价工具	将河流健康作为工具
刘恒等	2005 年	河流健康的基本范畴表现在水、土、植物和功能 4 个方面，社会经济价值体现在满足生产生活需要上	提出社会经济价值的体现
杨文慧等	2005 年	河流生态系统保持自身结构的完整性和正常服务功能，并满足一定的人类社会发展需求	河流结构完整性与满足人类需求并重
赵彦伟等	2005 年	保持生态学意义上的完整性，包括生态服务功能	将河流自然生态特征与生态服务功能的持续供给相协调
文伏波等	2007 年	健康河流是在持续满足人类需求的同时，不至对人类健康和社会经济发展的安全构成威胁	强调人类需求
吴阿娜	2008 年	河流健康是河流系统特定的良好状况，能维持其系统结构完整性并发挥其自然生态功能，同时满足一定人类社会需求	河流健康是特定的良好状况，为河流管理服务
水利部	2010 年	河湖健康是指河湖自然生态状况良好，并具有可持续的社会服务功能	河流的完整性和社会服务功能并重
何兴军等	2011 年	河流健康应包含两方面内容，一是河流生态功能的完整性；二是河流为人类社会提供服务	河流生态功能与服务功能并重
韩玉玲等	2012 年	河流健康包含河流自然结构健康、河流生态系统健康和社会服务健康 3 个方面	提出三方面的健康内容
毛建忠等	2013 年	健康的河流应包含自然属性的健康和社会属性的健康，即自身功能稳定，也能满足人类社会发展合理需求	河流自身功能与满足人类合理需求
冯文娟等	2015 年	河流健康的概念是基于河流的自然属性和社会属性，既要有稳定的生态结构以维持自身的可持续发展，又能提供合理的社会服务以维持社会经济可持续发展	将河流对人类的服务价值纳入河流健康的概念范畴
高凡等	2017 年	特定时期，一定社会公众价值体系判断下，在保障河流自身基本的生存需求的前提下，持续为人类社会提供生态服务功能，并实现综合价值最大化	强调人类社会的需求

河流健康是指河流生态系统处于良好状态。目前，虽然不同专家、学者对河流健康的概念仍然有不同的理解和认识，但基本上关于河流健康的内涵应包括两方面的内容：一方面，是河流生态系统结构与功能的完整性，体现了河流的自然属性，反映了河流生命系统与其赖以生存的非生命系统的相互关系，常用河流的水质状况（化学属性）、河岸带状况（物理结构属性）、水生态状况（水生生物属性）3个方面的完整性来表达其自然生态状况；另一方面，河流应该为人类社会提供服务功能，应当具有可以持续为人类社会提供服务的能力，如水资源供给、防洪、灌溉、提供旅游资源等。

3.2　河流健康研究进展

3.2.1　国外研究进展

确定合理的河流健康评价方法可以使河流健康的理论研究具有现实意义，能够在一定程度上帮助各地政府进行河流健康管理，促进河流生态系统和人类可持续发展。19世纪末期，欧洲少数水质污染严重的河流评价主要集中在水质评价工作上（陈静生，1992），但在评价河流生态系统完整性等方面显示出其存在的问题，随着河流健康的理论研究和实践工作的不断深入，逐渐从传统的物理、化学参数评价发展到生物监测、综合评价等方法。

选择指示生物是河流健康评价的关键因素，不同专家、学者在不同地区开展了关于鱼类、底栖动物、着生藻类、大型水生生物为指示物种的河流健康评价，见表 3.2-1～表 3.2-5。其中，河流着生藻类（以硅藻为主）因具有较为固定的生境，且处于食物链底端，生长周期短，对河流水体污染反应敏感，可为水质变化提供早期预警，从而成为河流健康监测的指示物种之一。河流底栖动物因具有生活周期长、物种多样性较丰富、形态易于辨别、对水质反映灵敏等优点，其监测与研究成为近年来的热点。

此外，Cude 等（2001）提出了美国俄勒冈州的河流水质指数，利用 8 项水质参数反映对河流水质的损害作用，但这种基于水质的物理化学分析方法，不能全面反映河流健康状况。1999 年，Kingsford 采用航空监测，分析河流周围水鸟数量与分布变化趋势，用以研究具有较大河漫滩河流的健康状况。

表 3.2-1　国外学者提出的河流健康评价——鱼类监测

序号	主要内容	学者及时间
1	鱼类生物完整性指数（IBI）	Karr，1981
2	鱼类健康指数（HAI）	Goede & Barton，1990
3	塞纳河鱼类的 IBI	Oberdorff & Hughes，1992
4	鱼类集合体完整性指数（FAII），主要用于评价河流的现状、趋势与变化原因	Kleynhans，1999
5	美国马里兰州第一个鱼类 IBI，并进行优化	Roth 等，1998
6	河口鱼类群落指数（EFCI）	Harrison&Whitfield，2006
7	南美洲巴拉那河土著鱼类指标的应用	Casatti 等，2009
8	栖息地鱼类指数（HFI）	Franco 等，2009
9	美国新英格兰南部河流基于鱼类的双 MMI 评价体系	Kanno 等，2010
10	地中海鱼类群落完整性指数（ICI）	Hermosoa 等，2010
11	特殊地带基于鱼类的河口生物指数（Z-EBI）	Breine，2010
12	墨西哥的 IBIs	Mathuriau 等，2011

表 3.2-2　国外学者提出的河流健康评价——底栖动物监测

序号	主要内容	学者及时间
1	特伦特生物指数	Woodiwis，1964
2	计分制生物指数	Chandle，1970
3	连续比较指数	Caimns，1971
4	河流无脊椎动物预测和分类系统（RIVPACS）	Wright，1989
5	底栖大型无脊椎动物生物完整性指数（B-IBI）	Kerans & Karr，1994
6	澳大利亚河流评价计划（AusRivAS）	Smith，1999
7	南非计分系统（SASS）	Chutter，1998
8	底栖生物完整性指数（B-IBI）	Karr，1999
9	营养完全指数（ITC）	Pavluk，2000
10	欧盟针对欧洲 28 条河流的基于底栖动物的 AQEM 评价系统	Hering 等，2004
11	无脊椎动物物种指数（ISI）	Haase & Nolte，2008
12	针对不同流域面积河流的大型无脊椎动物多指标指数（MMIF）	Gabriels 等，2010
13	9 项指标构成的多指标指数（GMMI）	Oliveira 等，2011
14	以法国的无脊椎动物为基础的复合指数	Mondy 等，2012

表 3.2-3 国外学者提出的河流健康评价——藻类监测

序号	主要内容	学者及时间
1	污水生物指数	日本水道协会，1970
2	硅藻生物指数	津田松苗，1964
3	藻类丰富度指数	Marsden，1997
4	污染敏感性指数（IPS）	Sladecek，1986
5	类属硅藻指数（GDI）	Kwandrans，1998
6	营养硅藻指数	Kelly，1998
7	硅藻集群属指数（GDI）	Wu，1999
8	南美大草原硅藻指数（IDP）	Gómez & Licursi，2001
9	硅藻模型关联（DMA）	Passy & Bode，2004
10	澳大利亚河流硅藻种类指数（DSIAR）	Chessman，2007
11	法国生物硅藻指数（BDI）改进版	Coste 等，2009
12	硅藻多指标指数（DIATMIB）	Delgado 等，2012
13	硅藻在大型河流的健康评价应用	Bere & Tundisi，2012
14	利用硅藻生态功能团响应功能评价河流生态状况	Stenger-Kovacs 等，2013

表 3.2-4 国外学者提出的河流健康评价——大型水生生物监测

序号	主要内容	学者及时间
1	水生植物营养指数评价河流污染状况	Haslam 等，1978
2	建立了 MTR（Mean Trophic Rank）指数	Dawson 等，1999
3	利用 MTR 指数评价波兰河流生态状况	Szoszkiewicz 等，2002
4	开发了 TIM 指数（Trophic Index with Macrophytes）评价德国水域的营养状况	Schneider 等，2003
5	建立了参考样点指数 RI（Reference Index）检测河流营养状况	Fabris 等，2009
6	建立了水生植物营养指数用以评价葡萄牙河流的营养状况	Dodkins 等，2012
7	伊比利亚多指标植物指数（IMPI）	Ferreira 等，2005

表 3.2-5 国外学者提出的河流健康评价——综合指数法

序号	主要内容	学者及时间
1	RCE 评分，适用农业区河流，包含 16 指标，分为 5 个等级	Petersen，1992
2	溪流状况指数（ISC）包含河流水文学、物理构造特征、河岸区状况、水质及水生生物等 5 个要素共计 19 项指标，用打分方法对河流进行对比性评价	Ladson，1999
3	利用模型预测流域土地利用对生态过程的影响，综合评判新西兰河健康状况	Townsend，1999
4	以总初级生产力、呼吸作用测定与同位素分析方法来研究有机碳的输入、输出及迁移，以此来判别河流生态系统对流域干扰	Bunn，1993

序号	主要内容	学者及时间
5	意大利受农业影响区域的河岸、河道、环境清单（RCE），包含16 个指标：水生植被、鱼类、大型底栖生物、河岸带完整性、理化性质等	Bain 等，2000
6	对城市边缘地区河流进行健康评价，指标包括藻类、菌类、含碳氮量等生物化学指标	Pinto & Maheshwari，2007
7	利用自然栖息地健康、化学水健康、鱼类生物健康等应激源模型评价了韩国洛东江河流生态系统健康状况	Ji Yoon Kim & Kwang-Guk An，2015

水生生物的生理功能、丰度、种群密度、群落结构与功能会受到水生态系统的各种变化影响。水生生物的生物学、生态学与生理学特征是反映水体状况好坏的重要指标（黄玉瑶，2001）。通过监测某些特定生物或其类群的分布、数量、生物量、生产力、结构指标、功能指标及其一些生理生态状况的动态变化，即生物监测，可用来描述河流生态系统的健康状况，并逐步得到了较多的应用。但指示生物在许多文献中的筛选指标并不一致，增加了大量的工作，因此也存在重大缺陷（马克明，2001）。20 世纪 50 年代后，生物指数和物种多样性指数得到了较多的应用。鱼类由于捕捞方便、容易鉴别，对人为干扰表现敏感，对不同时空尺度自然条件的变化表现不敏感（Noges 等，2009），各种鱼类相关的生物指数得到了应用，欧洲 12 个欧盟国家发起了基于鱼类的评价方法为欧盟水框架指令提供直接支持（Thierry 等，2002）。水生植物的评价也在世界各地被广泛应用（刘勇丽等，2017）。底栖动物和藻类也在河流健康评价中发挥了一定的作用。河流健康评价中的生物监测方法较为常用，但其存在的缺点也显而易见，选择不同的监测对象、地点等均会得出不同的评价结果，综合了物理—化学、生物、水文和社会经济等多种指标的综合指标评价法是未来河流健康评价的重要发展方向（孔红梅，2002）。

3.2.2 国内研究进展

现阶段，我国河流保护工作的重点仍在水质恢复阶段，水质评价工作发展较为成熟（王超，2002；董哲仁，2004；杨文慧，2005），评价指标逐渐从理化指标为主转向采用部分生物指标（王锦国，2002；尤平，2001）。李虹等（2013）基于溶解氧监测对沣河的河流健康状况进行了评价研究。郑海涛（2006）在怒江贡山、福贡、六库和保山 4 个江段应用基于鱼类的 IBI 进行了研究。裴雪娇等（2010）采用赋值法和比值法计算采样点的 IBI 分值评价了辽河流域健康状况。黄亮亮等（2013）建立了基于鱼类生物完整性指数（IBI）的河流健康评价指标体系对东苕溪的河流健康进行了评价研究。

国内应用硅藻评价河流生态状况主要是借鉴国外成熟的方法，缺乏结合国内实际情况的研究和探索（周上博等，2013）。齐雨藻等（1998）采用硅藻群集指数（DAI）和河流污染指数（RPI）对珠江广州段水质进行了评价。赵湘桂等（2009）通过比较特定污染敏感指数（SPI）、硅藻生物指数（DBI）、我国现有河流理化监测结果，发现 3 种方法结果不一致。殷旭旺等（2012）采用硅藻生物指数（DBI）和着生藻类生物完整性指数（PIBI）评价辽宁省太子河健康状况。沈强等（2012）采用 P-IBI 对浙江省 4 座大中型水库型水源地生态健康状况进行了评价。

在大型无脊椎动物的河流健康评价方法上，刘保元等（1981）应用了 Trent 生物学指数、Shannon 多样性指数等评价了图们江污染状况。杞桑等（1982）比较分析了大型底栖动物对水质的评价结果和理化水质检测结果。杨莲芳等（1992）应用 EPT 分类单元数及科级生物指数（FBI）评价水质状况。王备新等（2005）应用 B-IBI 评价了安徽黄山地区河流健康状况。渠晓东等（2012）应用 B-IBI 指数对浑太河河流健康状况进行了评价。霍堂斌等（2012）利用大型底栖动物群落结构对松花江干流水质进行了评价。冷龙龙（2016）将大型底栖动物快速生物评价指数（BMWP）在太子河流域的河流健康评价中进行了应用研究。盛萧等（2016）基于东江流域 24 个采样点的底栖无脊椎动物监测数据构建了生物完整性指数，并在东江河流域河流健康评价中进行了应用研究。陈凯等（2017）基于底栖动物预测模型构建了生物完整性指数对浙江省中北部的 4 个流域进行了河流健康评价。

近些年，综合指标法评价河流健康在国内应用较多，该评价方法能够反映不同尺度信息，未来将成为河流健康评价主要手段（周林飞等，2011）。刘永等（2004）对云南滇池进行了包含环境要素状态指标、生态指标和外部指标共 3 方面的指标体系的河流健康评价。耿雷华等（2006）提出了包含 25 个指标的河流健康评价体系。孙雪岚等（2007）提出了包含河道健康、生态系统健康和社会经济价值等方面 24 个指标的评价体系。刘昌明等（2008）构建了黄河健康评价指标体系。冯琳（2010）构建了由社会发展、生态安全、环境保障和人群健康 4 个方面量度，19 个单项指标组成的评价指标体系，并对和田河流域中游进行了应用。汪兴中等（2010）选用底栖动物多样性、底栖藻类自养指数、河流水文、河流形态、河岸带、水体理化性质等指标组成指标体系，评价了南水北调工程中线水源区溪流的河流健康状况。陈毅等（2011）构建了包含水量、水质、水生生物、河岸带完整性、河床形态结构和社会功能等 6 方面指标的河流健康评价体系评价潮白河健康状况。龚雷婷（2012）将河流的健康评价体系分为目标层、指标层和要素层等 3 个层次，评价太湖流域典型入湖河流。

近 10 年来，国内学者对河流健康评价的研究较多，开展了基于层次分析法、模糊数学法等多种模型的河流健康评价研究和应用。秦鹏等（2011）引入可变模糊集理论，张又等（2012）基于模糊物元分析原理，高宇婷等（2012）应用模糊关系合成原理，闫峰等（2012）采用隶属度向量分析法，山成菊等（2012）基于博弈论的组合赋权法得到永定河河流健康评价指标体系的最终权重值。王劲修等（2012）运用层次分析法构建了山西汾河源头河岸带生态状况评价体系。朱卫红等（2014）运用层次分析法和加权平均法对图们江流域河流生态系统健康进行了评价。于志慧等（2014）基于熵权物元模型对湖州市区不同城市化水平下的河流进行了河流健康评价。贾磊（2016）采用多元因子分析模型对苏子河进行河流健康评价。傅春和李云翊（2017）基于层次分析法对抚河抚州段进行了河流健康综合评价研究。

在综合评价生态系统完整性方面，综合指标体系中各项具体指标的量化和权重度量仍未形成统一的标准，尚需以大量研究工作为支撑进行完善。近 10 年来，我国政府对河流健康状况更加重视，修正、出台了一系列的河流环保相关法律、法规和政策，但对河流水质的影响评估较为缺乏。

综合来看，河流健康评价的总体目标是要了解河流的生态状况，进而了解导致河流健康出现问题的原因，掌握河流健康变化规律。河流健康是指河湖自然生态状况良好，同时具有可持续的社会服务功能。自然生态状况包括河流的物理、化学和生态 3 个方面，用完整性来表述其良好状况；可持续的社会服务功能是指河流不仅具有良好的自然生态状况，而且具有可以持续为人类社会提供服务的能力。河流健康评价是指对河流系统物理完整性（水文完整性和物理结构完整性）、化学完整性、生物完整性和服务功能完整性以及它们的相互协调性的评价。

河流健康评价应满足以下技术要求：

（1）评价结果能完整准确地描述和反映某一时段河流的健康水平和整体状况，能够提供现状代表性图案，以判断其适宜程度，为河湖管理提供综合的现状背景资料；

（2）评价结果可以提供横向比较的基准，对于不同区域的类似河流，评价结果可用于互相参考比较；

（3）评价指标可以长期监测，能够反映河流健康状况随时间的变化趋势，尤其是通过对比，评估管理行为的有效性；

（4）通过河流评估，能够识别河流所承受的压力和影响，对河流内各类生态系统的生物物理状况和人类胁迫进行监测和评估，寻求自然、人为压力与河流系统健康变化之间的关系，以探求河流健康受损的原因；

（5）能够定期为政府决策、科研及公众要求等提供河流健康现状、变化及趋势的统计总结和解释报告，以便识别在河流系统框架下合理的流域综合开发和管理活动。

4 河流健康评价方法

4.1 河流健康分区与分段

4.1.1 水生态分区

根据流域地形地貌、气候特征、土壤植被等非生物要素确定的具有生态相似性的地理分区，处于同一水生态分区的河流其生物群落及变化过程基本相似。《水工程规划设计标准中关键生态指标体系研究与应用》（水利部水利水电规划设计总院，2009）提出了全国水生态区划成果。依据该成果，辽河流域涉及辽河平原、环渤海丘陵、内蒙古高原等 3 个水生态分区。各水生态分区的具体情况见表 4.1-1。

表 4.1-1 辽河流域水生态分区表

序号	水生态分区	分区面积/万 km^2	涉及的省级行政区	气候分区	降雨量/mm	人口密度/（人/km^2）	城市名称（50 万人口以上）	主要生态功能类型
1	辽河平原	11.79	辽宁、内蒙古、吉林	中温带	400～800	465	沈阳市、鞍山市、辽阳市、盘锦市、四平市、通辽市、辽源市	农畜产品提供、防风固沙
2	环渤海丘陵	15.45	山东、辽宁、吉林	暖温带	400～1 000	590	大连市、青岛市、烟台市、锦州市、潍坊市、济宁市、阜新市、临沂市、营口市	水土保持、农畜产品提供
3	内蒙古高原	58.69	内蒙古、河北	中温带	50～500	102	赤峰市	水土保持、农畜产品提供

4.1.2 河流纵向分段与横向分区

4.1.2.1 河流纵向分段

（1）划分评价河段

因河流规模不一，尤其是一些大江大河，流经的地貌单元、气候特征以及人类活动影响程度具有明显的差异，对河流进行分段评价将更真实地反映河流的自然状况和人类干扰程度，有利于评价工作的开展。根据每条河流的水文特征、河床及河滨带状况、水质状况、水生生物特征以及流域经济社会发展特征的相同性和差异性将评价河流划分为若干评价河段。评价河段分段点位置应综合考虑以下方式后确定：

1）河道地貌形态变异点，一般根据河流地貌形态差异性进行分段：按照平面形态分段，即按河型分类分段，分为顺直型、弯曲型、分汊型、游荡型河段；按照按地区分类，分为山区（包括高原）河流和平原河流两类河段；

2）河流流域水文分区点，如河流上游、中游、下游等；

3）水文及水力学状况变异点，如闸坝、大的支流入汇断面、大的支流分叉点；

4）河岸邻近陆域土地利用状况差异分区点，如城市河段、乡村河段等。

由于流域不同区域，河流水文、地形地貌、生态等方面的特征差异较大，评价河段长度尚不能给出合理的最大长度规定。

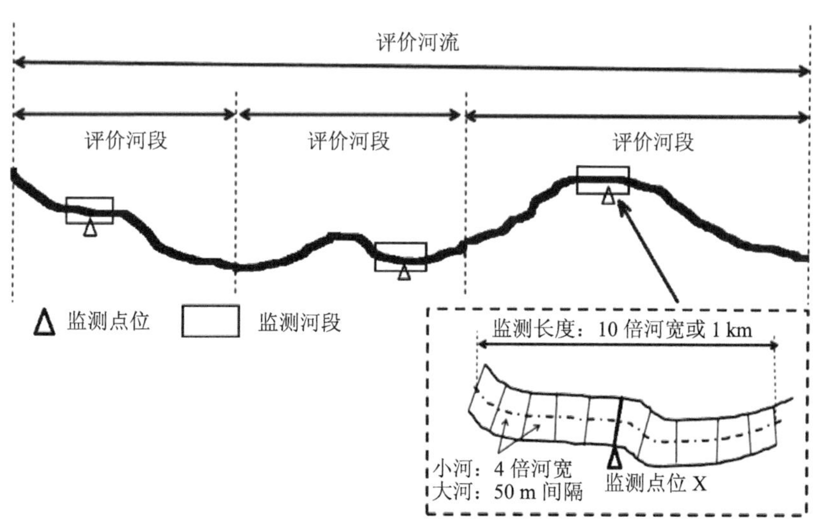

图 4.1-1 河流健康评价分段示意

（2）确定监测点位

划定评价河段后，需要对河流健康评价指标进行数据调查和监测，部分指标的评估数据可以从现有监测数据或统计数据中获取，部分指标的评估数据需要开展专项监测。

专项监测调查指标的监测：在评估河段设置 1 个或多个监测点位进行采用现场勘察或取样监测，以获取评估数据。基于监测点位获取的数据作为整个评估河段的代表数据。

评估河段监测点位的设置应考虑代表性、监测便利性和取样监测安全保障。监测点位设置应根据相关资料确定多个备选点位，再通过现场勘察，最终确定合适的监测点位。

4.1.2.2 河流横向分区

（1）河岸带

河流健康评价包括河道水面部分及左河岸带、右河岸带三部分（图 4.1-2）。

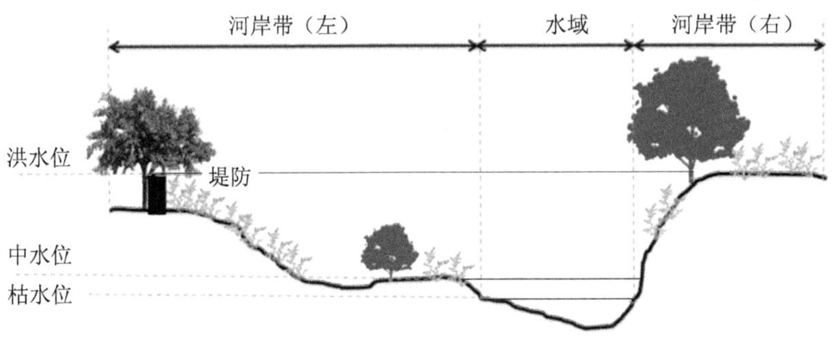

图 4.1-2 评估河流横向分区

河岸带（或河滨带）是指河流水域与陆地相邻生态系统之间的过渡带，其特征由相邻生态系统之间的相互作用的空间、时间和强度所决定。

河岸带一般根据植被变化差异进行界定。由于河滨带清晰辨认存在一定困难，采用观察地形、土壤结构、沉积物、植被、洪水痕迹和土地利用方式来确定。如上述方法仍然无法明确界定，根据《河道管理条例》的相关规定，其范围可用以下原则确定：

1）有经地方政府批准划定河道具体管理范围的河流，河岸带为河道管理范围以内除枯水位水域的区域，以及河道管理范围向两侧延伸 10 m 的陆向区域；

2）没有划定河道具体管理范围的河流；

3）有堤防的河道，河岸带为两岸堤防之间除枯水位水域以外的区域、两岸堤防及护堤地（护堤地宽度不足 10 m 的延伸至 10 m 范围）；

4）无堤防的河道，河岸带为历史最高洪水位或者设计洪水位确定的范围除枯水位水域以外的区域，外加向两侧延伸 10 m 的陆向区域。

（2）河流断面形态

按照《游荡型河流演变及模拟》，河床由床面和河岸两部分组成，床面即河底部分，河岸为水流所能淹没的河谷、堤防及滩地等的边坡。

山区河流发育过程一般以下切为主，河谷断面呈现 V 形或 U 形，坡面呈直线或曲线，河槽狭窄，中水河槽和洪水河槽无明显分界线。平原河流流经地势平坦、土质疏松的平原区，河谷中存在深厚的冲积层，河谷断面形态多样，显著特点是具有较为宽广的河漫滩。

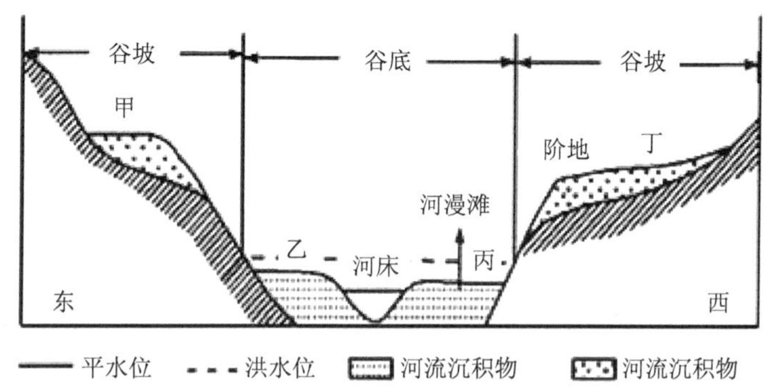

图 4.1-3 河谷断面形态

4.2 河流健康评价指标体系

4.2.1 河流健康评价指标体系构建的基本原则

河流生态系统由生物和非生物环境两部分组成，其具有动态性、复杂性和不确定性等特点。河流健康评价指标的选择是构建河流健康评价体系的基础，各指标的计算和赋值在很大程度上决定了评价的可行性和结果的可靠性。在选取具体评价指标时，需要遵从科学性、代表性、适应性、可操作性等原则。

（1）科学性原则

评估指标应尽可能清晰地指示河流健康—环境压力的响应关系，能识别河湖健康状况并揭示受损成因；宜选取较为成熟的水文计算、水质评价、河岸带调查、水生生物调查方法，以科学、客观、真实地反映河流生态系统的变化规律。采用统一、标准化方法开展取样监测，准确反映河湖健康状况随时间和空间的变化趋势。

（2）代表性原则

评估指标应具有代表性，能反映河流水系的水文水资源、水质状况、水生生物及河岸带结构状况的特征。同时需在评估河流的代表性水域或断面开展相关调查、监测，能完整描述河流健康状况。因为河流生态系统的复杂性，同时受各类人类活动的干扰作用，应选择信息量大、综合性强、最具代表性的评价指标。

（3）适应性原则

应密切结合地方水资源管理任务需求开展评估，可为河流水系保护、河长制管理提供支持；体现普适性与区域差异性特点，可为不同地区和类型的河流健康评价互相参考比较提供支持；形成兼顾专业与公众需求的评估成果表述体系，可为考核问责与社会监督提供支持。

（4）可操作性原则

评估指标要易于测量和监测，并且尽可能量化，便于统计和计算数据，具有可操作性。需考虑所拥有的人力、资金和后勤保障等条件，充分利用现有资料和成果；根据河流环境条件以及评估指标特点，选择效率高、成本低的调查监测方法。

4.2.2 河流健康评价指标体系的构建

根据辽河流域河湖水系特点，考虑评价指标的代表性、科学性和数据获得性，选择若干个评估指标，建立流域河流健康评价指标体系。河流健康评价指标体系采用层次分析法中目标层（河流健康状况）、准则层（河流某方面的准则表达）和指标层（具体评估指标）3 级体系。准则层包括水文完整性、物理结构完整性、化学完整性、生物完整性和服务功能完整性 5 个方面。指标层包括基本指标和根据流域特点增加的指标。其中流量过程变异程度、河岸带状况、DO 水质状况、鱼雷生物保有指数等 12 项指标为必选指标，天然湿地保留率、重金属污染状况 2 项指标为增加指标，如表 4.2-1 所示。

表 4.2-1 河流健康评价指标体系

<table>
<tr><th>目标层</th><th colspan="2">准则层</th><th>指标层</th><th>指标尺度</th><th>指标选择</th><th>评估数据取样调查监测位置或范围</th></tr>
<tr><td rowspan="14">河流健康</td><td rowspan="10">河流生态完整性</td><td rowspan="2">水文水资源（以 2 个指标加权赋分）</td><td>生态流量保障程度</td><td>河段</td><td>必选</td><td>位于评估河段内的水文站</td></tr>
<tr><td>流量过程变异程度</td><td>河段</td><td>必选</td><td>位于评估河段内的水文站</td></tr>
<tr><td rowspan="3">物理结构（以 3 个指标加权赋分）</td><td>河岸带状况</td><td>断面</td><td>必选</td><td>监测河段监测断面所在左右岸样方</td></tr>
<tr><td>河流连通阻隔状况</td><td>河段</td><td>必选</td><td>评估河段及其下游至河口河段</td></tr>
<tr><td>天然湿地保留率</td><td>河段</td><td>增加</td><td>评估河段，有水力联系、列入名录的天然湿地</td></tr>
<tr><td rowspan="3">水质（以 3 个评估指标的最小分值为准则层赋分）</td><td>溶解氧水质状况</td><td>断面</td><td>必选</td><td>评估河段监测点位所在的监测断面</td></tr>
<tr><td>耗氧有机污染状况</td><td>断面</td><td>必选</td><td>评估河段监测点位所在的监测断面</td></tr>
<tr><td>重金属污染状况</td><td>断面</td><td>增加</td><td>评估河段监测点位所在的监测断面</td></tr>
<tr><td rowspan="2">生物（以 2 个评估指标的最小分值作为赋分）</td><td>大型无脊椎动物生物完整性指数</td><td>断面</td><td>必选</td><td>监测河段所有监测断面取样区</td></tr>
<tr><td>鱼类生物保有指数</td><td>断面</td><td>必选</td><td>监测河段所有监测断面取样区</td></tr>
<tr><td rowspan="4">社会服务功能</td><td rowspan="4">社会服务功能（以多个指标加权赋分）</td><td>水功能区达标指标</td><td>河流</td><td>必选</td><td>评估河流</td></tr>
<tr><td>水资源开发利用指标</td><td>流域</td><td>必选</td><td>评估河流流域</td></tr>
<tr><td>防洪指标</td><td>河流</td><td>必选</td><td>评估河流</td></tr>
<tr><td>公众满意度指标</td><td>河流</td><td>必选</td><td>评估河流</td></tr>
</table>

河流健康评价指标包括 3 种尺度：

（1）断面尺度指标：评估指标数据来自监测断面的取样监测；

（2）河段尺度指标：评估指标数据来自评估河段内的代表站位或评估河段整体情况；

（3）河流流域尺度指标：评估指标数据来自评估河流及其流域的调查和统计数据。

社会服务功能的指标属于河流、流域尺度指标，其他准则层的指标为河段或断面指标。

4.3 指标释义与评估标准

4.3.1 水文水资源指标

4.3.1.1 流量过程变异程度（FD）

（1）内涵与定义

流量过程变异程度指现状开发状态下，评估河段评估年内实测月径流过程与天然月径流过程的差异，反映评估河段监测断面以上流域水资源开发利用对评估河段河流水文情势的影响程度。

流量过程变异程度由评估年逐月实测径流量与天然月径流量的平均偏离程度表达。计算公式如下：

$$\mathrm{FD}=\left\{\sum_{m=1}^{12}\left(\frac{q_m-Q_m}{\overline{Q_m}}\right)^2\right\}^{1/2}, \quad \overline{Q_m}=\frac{1}{12}\sum_{m=1}^{12}Q_m \tag{4.3-1}$$

式中，q_m —— 评估年实测月径流量，m^3；

Q_m —— 评估年天然月径流量，m^3；

$\overline{Q_m}$ —— 评估年天然月径流量年均值，天然径流量按照水资源调查评估相关技术规划得到的还原量，m^3。

（2）指标赋分

流量过程变异程度值越大，说明相对天然水文情势的河流水文情势变化越大，对河流生态的影响也越大。根据全国重点水文站 1956—2000 年实测径流与天然径流，统计计算获得流量过程变异程度指标的赋分标准，如表 4.3-1 所示。

表 4.3-1　流量过程变异程度指标赋分标准表

流量过程变异程度	0.05	0.1	0.3	1.5	3.5	5
赋分	100	75	50	25	10	0

4.3.1.2 生态流量满足程度（EF）

（1）内涵与定义

生态流量满足程度是指为维持河流生态系统的不同程度生态系统结构、功能而必须维持的流量过程。采用最小生态流量进行表征。EF 指标表达式为：

$$\mathrm{EF}_1=\min\left[\frac{q_d}{\overline{Q}}\right]_{m=4}^{9}，\quad \mathrm{EF}_2=\min\left[\frac{q_d}{\overline{Q}}\right]_{m=10}^{3} \tag{4.3-2}$$

式中，q_d —— 评估年实测日径流量，m^3；

$\overline{Q}$ —— 多年平均径流量，m^3；

EF_1 —— 4—9 月日径流量占多年平均流量的最低百分比，%；

EF_2 —— 10 月—次年 3 月日径流量占多年平均流量的最低百分比，%。

多年平均径流量采用不低于 30 年系列的水文监测数据推算。

（2）指标赋分

生态流量满足程度评估标准采用水文方法确定的基流标准。基于水文方法确定生态基流时，按照鱼类产卵育幼期和一般水期两个时段计算 EF_1 和 EF_2 赋分值（表 4.3-2），取其中赋分最小值为本指标的最终赋分。

表 4.3-2 分期基流标准与赋分表

分级	栖息地等定性描述	推荐基流标准（年平均流量百分数）/%		赋分
		EF_1：鱼类产卵育幼期（4—9 月）	EF_2：一般水期（10 月—次年 3 月）	
1	最大	200	200	100
2	最佳	60～100	60～100	100
3	极好	60	40	100
4	非常好	50	30	100
5	好	40	20	80
6	一般	30	10	40
7	差	10	10	20
8	极差	＜10	＜10	0

4.3.1.3 水文水资源准则层赋分

水文水资源准则层（HD）包括 2 个指标（FD 和 EF），其赋分（HD_r）按照下式计算：

$$HD_r = FD_r \times FD_w + EF_r \times EF_w \tag{4.3-3}$$

式中变量如表 4.3-3 所示。

表 4.3-3 水文水资源准则层赋分公式变量说明

河流指标层	指标赋分	赋分范围	指标权重	建议权重值
流量变异程度	FD_r	0～100	FD_w	0.3
生态流量保障程度	EF_r	0～100	EF_w	0.7

4.3.2 物理结构指标

4.3.2.1 河岸带状况（RS）

河岸带状况评估包括河岸稳定性、河岸带植被覆盖度、河岸带人工干扰程度 3 个方面。

（1）河岸稳定性（BKS）

1）内涵与定义

按照构成河岸的地貌类型划分，河流河岸分为三类：

a. 河谷河岸，多位于山区河流，河岸由河谷谷坡构成，河道断面呈 V 形结构。

b. 滩地河岸，由枯水季节河漫滩边坡构成，常见于冲击河流的下游河段。

c. 堤防河岸，由洪水季节河道堤防的边坡构成。

河岸基质可以划分为：

a. 基岩河岸，河岸由基岩组成；

b. 岩土河岸，河岸下部由近代基岩，上部由近代沉积物组成；

c. 土质河岸，河岸由更新世纪沉积物或近代沉积物组成。

土质河岸可以进一步分为：

a. 非黏土河岸，河岸土体组成在垂向上的分层结构不明显，主要由沙和沙砾组成，中值粒径大于 0.1 mm；

b. 黏土河岸，河岸土体组成在垂向上的分层结构不明显，主要由细沙、粉粒、黏粒和胶粒组成，中值粒径小于 0.1 mm；

c. 混合土河岸，河岸土体组成在垂向上的分层结构明显，一般上部为非黏土层，下部为黏土层。

河岸失稳的动力因素包括 2 类：

a. 河岸冲刷，指近岸水流对河岸坡脚的泥沙颗粒或团粒冲蚀；

b. 河岸坍塌，水面以上岸坡的土块在内外各种因素的作用下失稳乃至发生坍塌。

河岸稳定性指标根据河岸侵蚀现状（包括已经发生的或潜在发生的河岸侵蚀）评估。河岸易于侵蚀可表现为河岸缺乏植被覆盖、树根暴露、土壤暴露、河岸水力冲刷、坍塌裂隙发育等。

河岸岸坡稳定性评估要素包括斜坡倾角、斜坡高度、基质类别、植被覆盖度和河岸冲刷强度。指标表达式为：

$$BKS_r = \frac{SA_r + SC_r + SH_r + SM_r + ST_r}{5} \tag{4.3-4}$$

式中，BKS_r—— 河岸岸坡稳定性指标赋分；

SA_r—— 斜坡倾角分值；

SC_r—— 植被覆盖度分值；

SH_r—— 斜坡高度分值；

SM_r—— 基质类别分值；

ST_r—— 河岸冲刷强度分值。

2）指标赋分

河岸稳定性评估的各指标赋分标准如表 4.3-4 所示。

表 4.3-4　岸坡河岸稳定性评估指标赋分标准

岸坡特征	赋分	斜坡倾角/（°）（<）	植被覆盖率/%（>）	斜坡高度/m（<）	基质类别	河岸冲刷状况	总体特征描述
稳定	90	15	75	1	基岩	无冲刷迹象	近期内河岸不会发生变形破坏，无水土流失现象或水土流失现象十分轻微
基本稳定	75	30	50	2	岩土河岸	轻度冲刷	河岸结构有松动发育和水土流失迹象，但近期不会发生变形和破坏

岸坡特征	赋分	斜坡倾角/(°)(<)	植被覆盖率/%(>)	斜坡高度/m(<)	基质类别	河岸冲刷状况	总体特征描述
次不稳定	25	45	25	3	黏土河岸	中度冲刷	河岸松动裂痕发育趋势明显，一定条件下可导致湖岸变形和破坏，中度水土流失
不稳定	0	60	0	5	非黏土河岸	重度冲刷	河岸水土流失严重，随时可能发生大的变形和破坏，或已经发生破坏

（2）河岸带植被覆盖度（RVS）

1）内涵与定义

复杂多层次的河岸植被是河岸带结构和功能处于良好状态的重要表征。植被相对良好的河岸带对河流邻近陆地给予河流的胁迫压力具有较好的缓冲作用。河岸带水边线以上范围内乔木（6 m 以上）、灌木（6 m 以下）和草本植物的覆盖度是评估重点。

河岸带植被覆盖度是指植被（包括叶、茎、枝）在单位面积内植被的垂直投影面积所占百分比。重点调查河岸带水边线以上范围内乔木（6 m 以上）、灌木（6 m 以下）和草本植物的覆盖度，基于乔木、灌木及草本植物覆盖度变化状况计算赋分值。

2）指标赋分

河岸带植被覆盖度指标直接评估赋分标准如表 4.3-5 所示。

表 4.3-5　河岸带植被覆盖度指标直接评估赋分标准

植被覆盖度（乔木、灌木、草本）	说明	赋分
0	无该类植被	0
0～10%	植被稀疏	25
10%～40%	中度覆盖	25～50
40%～75%	重度覆盖	50～75
>75%	极重度覆盖	75～100

（3）河岸带人工干扰程度（RD）

1）内涵与定义

对河岸带及其邻近陆域典型人类活动进行调查评估，并根据其与河岸带的远近关系区分其影响程度。重点调查评估在河岸带及其邻近陆域进行的 9 类人类活动包括：河岸硬性砌护、采沙、沿岸建筑物（房屋）、公路（或铁路）、垃圾填埋场或垃圾堆放、河滨公园、管道、农业耕种、畜牧养殖等。

2）指标赋分

在河岸带调查范围内及邻近区域，观察到上述人类活动迹象，即为有人类扰动，并记录在不同的空间位置（河岸带邻近水域及河道内、河岸带、河岸带邻近陆域）内人类扰动类型。采用每出现一项人类活动减少其对应分值的方法对河岸带人类影响进行评估。无上述 9 类活动的监测点赋分为 100 分，根据所出现人类活动的类型及其位置减除相应的位置，直至 0 分。在河岸带及其邻近陆域的 9 类人类活动赋分值见表 4.3-6。

表 4.3-6 河岸带人类活动赋分标准

序号	人类活动类型	所在位置		
		河滨带近水区（水边线以内）	河岸带	河岸带临近陆域（50 m 以内区域）
1	河岸硬性砌护		−5	
2	采沙	−30	−40	
3	沿岸建筑物（房屋）	−15	−10	−5
4	公路（或铁路）	−5	−10	−5
5	垃圾填埋场或垃圾堆放		−60	−40
6	河滨公园		−5	−2
7	管道	−5	−5	−2
8	农业耕种		−15	−5
9	畜牧养殖		−10	−5

（4）河岸带状况指标赋分计算

河岸带状况指标包括 3 个分指标（BKS、RVS 和 RD），其赋分（RS_r）采用下式计算：

$$RS_r = BKS_r \times BKS_w + RVS_r \times RVS_w + RD_r \times RD_w \qquad (4.3\text{-}5)$$

式中变量如表 4.3-7 所示。

表 4.3-7 河岸带状况指标赋分计算表

指标	指标赋分	分指标	分指标赋分	指标权重	建议权重值
河岸带状况	RS_r	河岸稳定性	BKS_r	BKS_w	0.25
		河岸带植被覆盖度	RVS_r	RVS_w	0.5
		河岸带人工干扰程度	RD_r	RD_w	0.25

4.3.2.2 河流连通阻隔状况（RC）

（1）内涵与定义

河流连通阻隔状况主要调查评估河流对鱼类等生物物种迁徙及水流与营养物质传递阻断状况。重点调查监测断面以下至河口（干流、湖泊、海洋等）河段的闸坝阻隔特征，闸坝阻隔分为4类情况：

1）完全阻隔（断流）；

2）严重阻隔（无鱼道、下泄流量不满足生态基流要求）；

3）阻隔（无鱼道、下泄流量满足生态基流要求）；

4）轻度阻隔（有鱼道、下泄流量满足生态基流要求）。

对评估断面下游河段每个闸坝按照阻隔分类分别赋分，然后取所有闸坝的最小赋分，按照下式计算评估断面以下河流纵向连续性赋分。

$$\mathrm{RC}_r = 100 + \min\left[(\mathrm{DAM}_r)_i, (\mathrm{GATE}_r)_j\right] \tag{4.3-6}$$

式中，RC_r——河流连通阻隔状况赋分；

$(\mathrm{DAM}_r)_i$——评估断面下游河段大坝阻隔赋分（i=1，…，n），n 为下游大坝座数；

$(\mathrm{GATE}_r)_j$——评估断面下游河段水闸阻隔赋分（j=1，…，n），n 为下游水闸座数。

（2）指标赋分

闸坝阻隔赋分如表4.3-8所示。

表4.3-8 闸坝阻隔赋分表

鱼类迁移阻隔特征	水量及物质流通阻隔特征	赋分
无阻隔	对径流没有调节作用	0
有鱼道，且正常运行	对径流有调节作用，下泄流量满足生态基流	−25
无鱼道，对部分鱼类迁移有阻隔作用	对径流有调节作用，下泄流量满足生态基流	−50
无鱼道，对部分鱼类迁移有阻隔作用	对径流有调节作用，下泄流量不满足生态基流	−75
迁移通道完全阻隔	部分时间导致断流	−100

4.3.2.3 天然湿地保留率（NWL）

（1）内涵与定义

与河流有直接水力联系的天然湿地的形成和演变与河流系统的发展有密切关系。河流水文水资源、物理结构等方面的变异往往成为天然湿地退化的重要驱动因素。天然湿地面积大小可用于反映河流生态环境状态的优劣程度，湿地面积越大，意味着可为河流生物提供更多的生存空间，河流受干扰的程度越小，相应的自然化程度越高，河流的生态环境功能越健康。

天然湿地系指国家、地方湿地名录及保护区名录内与评估河流有直接水力连通关系的湿地，其水力联系包括地表水和地下水的联系，既包括现状有水力联系，也包括历史（20 世纪 80 年代以前）有水力联系的湿地。天然湿地保留率则指上述类型湿地面积与历史（20 世纪 80 年代）状况湿地面积的比例。如果评估河段无天然湿地，则不做评估。天然湿地保留率指标计算公式如下：

$$\mathrm{NWL}=\frac{\sum_{n=1}^{\mathrm{NS}}\mathrm{AW}_n}{\sum_{n=1}^{\mathrm{NS}}\mathrm{AWR}_n} \tag{4.3-7}$$

式中，NWL —— 天然湿地保留率；

AW —— 评估基准年天然湿地面积，km^2；

AWR —— 历史（20 世纪 80 年代）以前的湿地面积，km^2；

NS —— 与评估河段有水力联系的湿地个数。

（2）指标赋分

全国水资源综合规划调查评估成果表明，与 20 世纪 50 年代比较，2000 年全国天然陆域湿地面积减少 28%，因此，以减少 28%作为中度变化差异，以减少 28%的 2 倍和 3 倍作为较大差异及显著差异的判别标准，以 28%的 1/2 和 1/3 作为较少差异和极小差异的判别标准，其赋分标准如表 4.3-9 所示。

表 4.3-9 天然湿地保留率赋分标准表

天然湿地保留率/%	赋分	说明
93	100	接近参考状况
86	75	与参考状况有较小差异

天然湿地保留率/%	赋分	说明
72	50	与参考状况有中度差异
44	25	与参考状况有较大差异
16	0	与参考状况有显著差异

4.3.2.4 物理结构准则层赋分

物理结构层（PF）包括 3 个指标，其赋分 PF_r 通过下式计算：

$$PF_r = RS_r \times RS_w + RC_r \times RC_w + NWL_r \times NWL_w \quad (4.3\text{-}8)$$

式中变量如表 4.3-10 所示。对于无自然湿地的评价河段，按照河岸带和河流连通状况所占比重，将河岸带状况和河流连通状况的权重分别确定为 2/3 和 1/3。

表 4.3-10 物理结构赋分计算表

河流指标层	指标赋分	赋分范围	指标权重	建议权重值	建议权重值（无湿地）
河岸带状况	RS_r	0～100	RS_w	0.5	2/3
河流连通状况	RC_r	0～100	RC_w	0.25	1/3
湿地保留率	NWL_r	0～100	NWL_w	0.25	0

4.3.3 水质指标

4.3.3.1 溶解氧水质状况（DO）

（1）内涵与定义

DO 为水体中溶解氧浓度，单位为 mg/L。溶解氧对水生动植物十分重要，过高和过低的 DO 对水生生物均造成危害，适宜值为 4～12 mg/L。

采用全年 6 次监测月均浓度，按照汛期和非汛期进行平均，分别评估汛期与非汛期赋分，取其最低赋分为指标的赋分。

（2）指标赋分

地面水环境质量标准（GB 3838—2002）按水体功能高低依次划分为五类：

1）Ⅰ类主要适用于源头水、国家自然保护区；

2）Ⅱ类主要适用于集中式生活饮用水地表水水源地一级保护区、珍稀水生生物栖息地、鱼虾类产卵场、仔稚幼鱼的索饵场等；

3）Ⅲ类主要适用于集中式生活饮用水地表水水源地二级保护区、鱼虾类越冬场、洄游通道、水产养殖区等渔业水域及游泳区；

4）Ⅳ类主要适用于一般工业用水区及人体非直接接触的娱乐用水区；

5）Ⅴ类主要适用于农业用水区及一般景观要求水域。

等于及优于Ⅲ类的水质状况满足鱼类生物的基本水质要求，因此采用 DO 的Ⅲ类限值 5 mg/L 为基点，溶解氧状况指标赋分见表 4.3-11。

表 4.3-11 DO 水质状况指标赋分标准

DO/（mg/L）（>）	饱和率 90%（或 7.5）	6	5	3	2	0
DO 指标赋分	100	80	60	30	10	0

4.3.3.2 耗氧有机物污染状况（OCP）

（1）内涵与定义

耗氧有机物指导致水体中溶解氧大幅度下降的有机污染物，取高锰酸盐指数、化学需氧量、五日生化需氧量、氨氮等 4 项指标对河流耗氧污染状况进行评估。

首先将高锰酸盐指数、化学需氧量、五日生化需氧量、氨氮分别赋分。再选用评估年 6 个月月均浓度，按照汛期和非汛期进行平均，分别评估汛期与非汛期赋分，取其最低赋分为水质项目的赋分，取 4 个水质项目赋分的平均值作为耗氧有机污染状况指标的最终赋分。

$$\mathrm{OCP}_r = \frac{(\mathrm{COD}_{\mathrm{Mn}r} + \mathrm{COD}_r + \mathrm{BOD}_{5r} + \mathrm{NH_3\text{-}N}_r)}{4} \tag{4.3-9}$$

式中，OCP_r —— 耗氧有机污染状况赋分；

$\mathrm{COD}_{\mathrm{Mn}r}$、$\mathrm{COD}_r$、$\mathrm{BOD}_{5r}$、$\mathrm{NH_3\text{-}N}_r$ —— 分别为高锰酸盐指数、化学需氧量、五日生化需氧量、氨氮的赋分。

（2）指标赋分

根据 GB 3838—2002 标准确定高锰酸盐指数、化学需氧量、五日生化需氧量、氨氮赋分见表 4.3-12。

表 4.3-12 耗氧有机污染状况指标赋分标准

高锰酸盐指数（COD_{Mn}）/（mg/L）	2	4	6	10	15
化学需氧量（COD）/（mg/L）	15	17.5	20	30	40
五日生化需氧量（BOD_5）/（mg/L）	3	3.5	4	6	10
氨氮（NH_3-N）/（mg/L）	0.15	0.5	1	1.5	2
赋分	100	80	60	30	0

4.3.3.3 重金属污染状况（HMP）

（1）内涵与定义

重金属污染是指含有汞、镉、铬、铅及砷等生物毒性显著的重金属元素及其化合物对水的污染。选取砷、汞、镉、铬（六价）、铅等 5 项评估水体重金属污染状况。

汞、镉、铬（六价）、铅及砷分别赋分，选用评估年 6 个月月均浓度，按照汛期和非汛期进行平均，分别评估汛期与非汛期赋分，取其最低赋分为水质项目的赋分，取 5 个水质项目最低赋分作为重金属污染状况指标赋分。

$$HMP_r = \min(Ar_r, Hg_r, Cd_r, Cr_r, Pb_r) \tag{4.3-10}$$

式中，HMP_r —— 重金属污染状况赋分；

Ar_r、Hg_r、Cd_r、Cr_r、Pb_r —— 分别为重金属铬（六价）、汞、镉、砷及铅的赋分。

（2）指标赋分

根据《地表水环境质量标准》（GB 3838—2002）确定汞、镉、铬（六价）、铅及砷赋分见表 4.3-13。

表 4.3-13 重金属污染状况指标赋分标准

砷/（mg/L）	0.05		0.1
汞/（mg/L）	0.000 05	0.000 1	0.001
镉/（mg/L）	0.001	0.005	0.01
铬（六价）/（mg/L）	0.01	0.05	0.1
铅/（mg/L）	0.01	0.05	0.1
赋分	100	60	0

4.3.3.4 水质准则层赋分

水质准则层（WQ）包括 3 个指标，以 3 个评估指标的最小分值作为水质准则层赋分。

$$WQ_r = \min(DO_r, OCP_r, HMP_r) \quad (4.3\text{-}11)$$

式中，WQ_r—— 水质准则层赋分；

DO_r—— 溶解氧状况指标赋分；

OCP_r—— 耗氧有机污染状况指标赋分；

HMP_r—— 重金属污染指标赋分。

4.3.4　生物指标

4.3.4.1　底栖动物完整性指数（BIB）

（1）内涵与定义

生态完整性体现在各生物群落和种群的完整性中，如鱼类、底栖动物、藻类和浮游动物完整性等。底栖动物目前已被广泛应用于生态监测评估中，通过构建底栖动物完整性指数可以对河湖的水生态现状进行较为全面和科学的评估。

（2）评估标准建立

1）备选参数

构建底栖动物完整性指数的备选参数很多，需要根据具体情况选择。选择原则是备选参数一定能够充分反映底栖动物群落组成、物种多样性和丰富性、耐污度（抗逆力）、营养结构组成及生境质量信息。构建河流或溪流底栖动物完整性指数的常见参数见表4.3-14。

表 4.3-14　河流底栖动物完整性评估指标

类群	编号	参数	含义
多样性和丰富性	1	No. Total Taxa	总物种数
	2	No. EPT Taxa	蜉蝣目、毛翅目和襀翅目种类数
	3	No.Ephemeroptera Taxa	蜉蝣目种类数
	4	No. Plecoptera Taxa	襀翅目种类数
群落结构组成	5	No. Trichoptera Taxa	毛翅目种类数
	6	%EPT	蜉蝣目、毛翅目和襀翅目数量所占百分比
	7	% Ephemeroptera	蜉蝣目数量所占百分比
耐污度（抗逆力）	8	% Chironomidae	摇蚊类数量所占百分比
	9	No. Intolerant Taxa	敏感类群数量所占百分比

类群	编号	参数	含义
耐污度（抗逆力）	10	% Tolerant Organisms	耐污类群数量所占百分比
	11	Hisenhoff Bioticindex（HBI）Hisenhoff	生物指数
营养结构及生境质量	12	12% Dominant Taxon	优势类群数量所占百分比
	13	No. Clinger Taxa	黏食者种类数
	14	% Clingers	黏食者数量所占百分比
	15	%Filterers	滤食者数量所占百分比
	16	%Scrapers	刮食者数量所占百分比

2）评估参数选择

备选参数要进行判别能力分析、冗余度分析和变异度分析，筛选和淘汰不能充分反映水生态系统受损情况的参数。判别能力分析按照 Barbour 方法，分别比较参照系和受损系各个备选参数箱体 IQ（25%分位值至 75%分位值之间）的重叠程度，只有那些箱体没有重叠或有部分重叠，但各自中位数都在对方箱体范围之外的参数才有较强的判别能力，保留并做进一步分析使用。

冗余度分析是对剩余参数进行 Person 相关性分析，当几个参数之间相关系数 $|r|>0.9$ 时，应保留其中一个，其余淘汰，最大限度地保证各参数反映信息的独立性。变异度分析是对剩余参数在参照系中的分布情况做进一步检验，看其变异性是否过大，能否稳定和准确地反映外界环境压力对水生态系统的胁迫程度，只有那些变异度较小的参数才能最终用于 BIB 指数的构建。

3）评估参数分值计算

采用比值法来统一各入选参数的量纲。比值法计算方法为：

a. 对于外界压力响应下降或减少的参数，以所有样点由高到低排序的 5%的分位值作为最佳期望值，该类参数的分值等于参数实际值除以最佳期望值；

b. 对于外界压力响应增加或上升的参数，则以 95%的分位值为最佳期望值，该类参数的分值等于（最大值−实际值）/（最大值−最佳期望值）。

将各评估参数的分值进行加和，得到 BIB 指数值。以参照系样点 BIB 值由高到低排序，选取 25%分位值作为最佳期望值，BIB 指数赋分 100。

评估河段 BIB 赋分采用下式计算：

$$\mathrm{BIB}_r=\frac{\mathrm{BIB}}{\mathrm{BIBE}}\times 100\% \tag{4.3-12}$$

式中，BIB_r —— 评估河段底栖动物完整性指标赋分；

BIB —— 评估河段底栖动物完整性指标值；

BIBE —— 河流所在水生态分区底栖动物完整性指标最佳期望值。

（3）指标赋分

对评估河流监测底栖生物调查数据按照评估参数分值计算方法，计算其 BIB 指数值，根据河流所在水生态分区底栖动物 BIB 最佳期望值，按照公式计算评估河段 BIB 指标赋分。

4.3.4.2 鱼类生物保有指数（FOE）

（1）内涵与定义

采用生物完整性评估的生物物种损失方法确定。鱼类生物保有指数指评估河段内鱼类种数现状与历史参考系鱼类种数的差异状况，调查鱼类种类不包括外来物种。该指标反映流域开发后，河流生态系统中顶级物种受损失状况。

（2）评估标准建立

鱼类生物保有指数标准建立采用历史背景调查方法确定。

选用 20 世纪 80 年代作为历史基点，调查评估河流流域鱼类历史调查数据或文献。其中比较典型的历史调查成果如《中国内陆水域渔业资源调查与区划》(1980—1988 年)，其调查指标包括物理性状、化学性状、浮游植物、浮游动物、底栖动物、水生维管束植物、鱼类、鱼类区系，调查水系包括黑龙江水系、松花江水系、辽河水系、海河水系、黄河水系、淮河水系、长江水系、珠江水系。

基于历史调查数据分析统计评估河流的鱼类种类数，在此基础上，开展专家咨询调查，确定本评估河流所在水生态分区的鱼类历史背景状况，建立鱼类指标调查评估预期。

（3）指标赋分

鱼类生物保有指标计算公式如下：

$$\mathrm{FOE}=\frac{\mathrm{FO}}{\mathrm{FE}} \tag{4.3-13}$$

式中，FOE —— 鱼类生物保有指数；

FO —— 评估河段调查获得的鱼类种类数量；

FE —— 20 世纪 80 年代以前评估河段的鱼类种类数量。

鱼类生物保有指数赋分见表 4.3-15。

表 4.3-15　鱼类生物保有指数赋分标准表

鱼类生物保有指数	FOE	1	0.85	0.75	0.6	0.5	0.25	0
指标赋分	FOE_r	100	80	60	40	30	10	0

4.3.4.3　生物准则层赋分

生物准则层（AL）包括 2 个指标，以 2 个评估指标的最小分值作为生物准则层赋分。

$$AL_r = \min(BIB_r, FOE_r) \quad (4.3\text{-}14)$$

式中，AL_r —— 生物准则层赋分；

BIB_r —— 底栖动物 BIB 指标赋分；

FOE_r —— 鱼类生物保有指数赋分。

4.3.5　社会服务功能指标

4.3.5.1　水功能区水质达标指标（WFZ）

（1）内涵与定义

以水功能区水质达标率表示。水功能区水质达标率是指对评估河流包括的水功能区按照 SL 395—2007 规定的技术方法确定的水质达标个数比例。该指标重点评估河流水质状况与水体规定功能，包括生态与环境保护和资源利用（饮用水、工业用水、农业用水、渔业用水、景观娱乐用水）等的适宜性。水功能区水质满足水体规定水质目标，则该水功能区的规划功能的水质保障得到满足。

评估年内水功能区达标次数占评估次数的比例大于或等于80%的水功能区确定为水质达标水功能区；评估河流达标水功能区个数占其区划总个数的比例为评估河流水功能区水质达标率。

（2）指标赋分

水功能区水质达标率指标赋分计算如下：

$$WFZ_r = WFZP \times 100 \quad (4.3\text{-}15)$$

式中，WFZ_r —— 评估河流水功能区水质达标率指标赋分；

WFZP —— 评估河流水功能区水质达标率，%。

4.3.5.2 水资源开发利用指标（WRU）

（1）内涵与定义

以水资源开发利用率表示。水资源开发利用率是指评估河流流域内供水量占流域水资源量的百分比。水资源开发利用率表示流域经济社会活动对水量的影响，反映流域的开发程度，反映了社会经济发展与生态环境保护之间的协调性。有关水资源总量及开发利用量的调查统计遵循水资源调查评估的相关技术标准。水资源开发利用率计算公式如下：

$$WRU = WU/WR \tag{4.3-16}$$

式中，WRU —— 评估河流流域水资源开发利用率，%；

WR —— 评估河流流域水资源总量，万 m^3；

WU —— 评估河流流域水资源开发利用量，万 m^3。

（2）指标赋分

国际上公认的水资源开发利用率合理限度为30%～40%，即使是充分利用雨洪资源，开发程度也不应高于60%。根据1990—2000年同期平均水资源数量以及供用水量分析，全国水资源开发利用率为18%。总体上，全国水资源开发利用程度还不高，但南北方差异很大。北方地区水资源开发利用程度（平均为46%）远高于南方地区（平均为12%）。水资源的开发利用合理限度确定的依据应该按照人水和谐的理念，既可以支持经济社会合理的用水需求，又不对水资源的可持续利用及河流生态造成重大影响，因此，过高和过低的水资源开发利用率均不符合河流健康要求。

因此，建立水资源开发利用率指标健康评价概念模型（图4.3-1）。流域水资源开发利用率指标赋分模型呈抛物线，30%～40%为最高赋分区，过高（超过60%）和过低（0%）开发利用率均赋分为0。概念模型公式为：

$$WRU_r = a \times (WRU)^2 + b \times WRU \tag{4.3-17}$$

式中，WRU_r —— 水资源利用率指标赋分；

WRU —— 评估河段水资源利用率，%；

a、b —— 系数，分别为 a=−1 111.11，b=666.67。

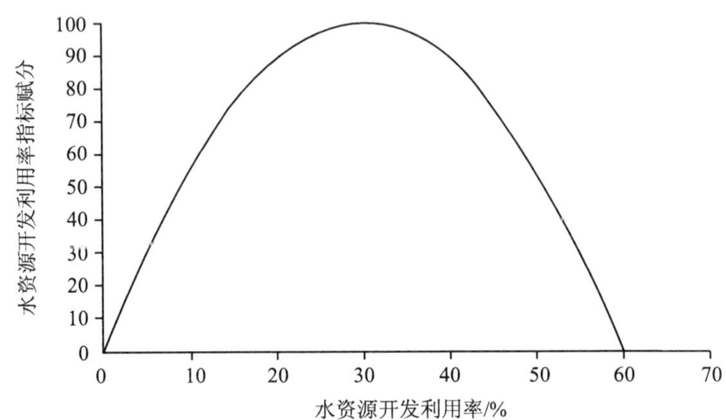

图 4.3-1 评估河段水资源开发利用率指标赋分概念模型

概念模型仅适用于水资源供水需求量与可供水量之间存在矛盾的河流流域，不适用于无水资源开发利用需求的评估河段，或水资源供水需求量远低于可利用量的河段。对于这些评估河段，可以根据实际情况对水资源开发利用率指标进行赋分，如果供水量占水资源总量的比例低于 10%，且已经满足流域经济社会的用水需求，则可以赋 100 分。

4.3.5.3 河流防洪指标（FLD）

（1）内涵与定义

本指标适用于有防洪需求的河流，无此功能要求的河流可以不予评估。

河流防洪指标（FLD）用来评估河道的安全泄洪能力。影响河流安全泄洪能力的因素较多，其中防洪工程措施和非工程措施的完善率是重要的方面。FLD 重点评估工程措施的完善状况。

河流防洪指标（FLD）计算公式如下：

$$\mathrm{FLD}=\frac{\sum_{n=1}^{NS}\left(\mathrm{RIVL}_n\times\mathrm{RIVWF}_n\times\mathrm{RIVB}_n\right)}{\sum_{n=1}^{NS}\left(\mathrm{RIVL}_n\times\mathrm{RIVWF}_n\right)} \tag{4.3-18}$$

式中，FLD —— 河流防洪指标；

RIVL_n —— 河段 n 的长度，评估河流根据防洪规划划分的河段数量；

RIVB_n —— 根据河段防洪工程是否满足规划要求进行赋值：达标，$\mathrm{RIVB}_n=1$，不达标，$\mathrm{RIVB}_n=0$；

RIVWF$_n$ —— 河段规划防洪标准重现期（如 100 年）。

（2）指标赋分

河流防洪指标赋分见表 4.3-16。

表 4.3-16　河流防洪指标赋分标准表

河流防洪指标（FLD）/%	95	90	85	70	50
赋分	100	75	50	25	0

4.3.5.4　公众满意度指标（PP）

（1）内涵与定义

公众满意度反映公众对评估河流景观、美学价值等的满意程度。该指标采用公众参与调查统计的方法进行。对评估河、湖所在城市的公众、当地政府、环保、水利等相关部分发放公众参与调查表，通过对调查结果的统计分析，确定评估公众对河流的综合满意度。公众调查表包括：调查公众基本信息，公众与评估河流的关系，公众对河流水量、水质、河滩地状况、鱼类状况的评估，公众对河流适宜性的评估，以及公众根据上述方面的认识及其对河流的预期所给出的河流状况总体评估。

表 4.3-17　河流健康评价公众调查表

<table>
<tr><td>姓名</td><td></td><td>性别</td><td></td><td>年龄</td><td></td><td></td></tr>
<tr><td>文化程度</td><td></td><td>职业</td><td></td><td>民族</td><td></td><td></td></tr>
<tr><td>住址</td><td colspan="2"></td><td>联系电话</td><td colspan="2"></td><td></td></tr>
<tr><td colspan="2">河流对个人生活的重要性</td><td rowspan="5">与河流的关系</td><td colspan="3">沿河居民（河岸以外 1 km 以内范围）</td><td></td></tr>
<tr><td>很重要</td><td></td><td rowspan="4">非沿河居民</td><td colspan="2">河道管理者</td><td></td></tr>
<tr><td>较重要</td><td></td><td colspan="2">河道周边从事生产活动</td><td></td></tr>
<tr><td>一般</td><td></td><td colspan="2">旅游经常来河道</td><td></td></tr>
<tr><td>不重要</td><td></td><td colspan="2">旅游偶尔来河道</td><td></td></tr>
<tr><td colspan="7">河流评估状况</td></tr>
<tr><td colspan="2">河流水量</td><td colspan="2">河流水质</td><td colspan="3">河滩地</td></tr>
<tr><td>太少</td><td></td><td>清洁</td><td></td><td rowspan="2">树草状况</td><td>河滩上的树草太少</td><td></td></tr>
<tr><td>还可以</td><td></td><td>一般</td><td></td><td>河滩上的树草还可以</td><td></td></tr>
<tr><td>太多</td><td></td><td>比较脏</td><td></td><td>垃圾堆放</td><td>无垃圾堆放</td><td></td></tr>
</table>

不好判断		太脏		垃圾堆放	有垃圾堆放	
鱼类数量		大鱼		本地鱼类		
数量少很多		重量小很多		你所知道的本地鱼数量和名称		
数量少了一些		重量小了一些		以前有，现在完全没有了		
没有变化		没有变化		以前有，现在部分没有了		
数量多了		重量大了		没有变化		
河流适宜性状况						
河道景观	优美		与河流相关的历史及文化保护程度	历史古迹或文化名胜了解情况	不清楚	
	一般				知道一些	
	丑陋				比较了解	
近水难易程度	容易且安全			历史古迹或文化名胜保护与开发情况	没有保护	
	难或不安全				有保护，但不对外开放	
散步与娱乐休闲活动	适宜					
	不适宜				有保护，也对外开放	
对河流的满意程度调查						
总体评估赋分标准		不满意的原因是什么		希望的河流状况是什么样的		
很满意						
满意						
基本满意						
不满意						
很不满意						
总体评估赋分						

收集分析公众调查表，统计有效调查表调查成果，根据公众类型和公众总体评估赋分，计算公众满意度指标赋分。

$$\mathrm{PP}_r=\frac{\sum_{n=1}^{NPS}\mathrm{PER}_r\times\mathrm{PER}_w}{\sum_{n=1}^{NPS}\mathrm{PER}_w} \tag{4.3-19}$$

式中，PP_r —— 公众满意度指标赋分；

PER_r —— 有效调查公众总体评估赋分；

PER_w —— 公众类型权重。

（2）指标赋分

公众调查总体评估结论赋分和公众类型权重见表 4.3-18。

表 4.3-18 公众类型赋分统计权重

调查公众类型		权重
沿河居民（河岸线以外 1 km 范围）		3
非沿河居民	河道管理者	2
	河道周边从事生产活动	1.5
	旅游经常来河道	1
	旅游偶尔来河道	0.5

4.3.5.5 社会服务功能准则层赋分

社会服务功能准则层包括 4 个指标，赋分计算公式如下：

$$SSI=WFZ_r\times WFZ_w+WRU_r\times WRU_w+FLD_r\times FLD_w+PP_r\times PP_w \qquad (4.3\text{-}20)$$

式中，SSI —— 社会服务功能准则层赋分，其他变量说明如表 4.3-19 所示。

表 4.3-19 社会服务功能准则层赋分公式变量说明表

准则层	指标层	指标赋分	赋分范围	指标权重	建议权重值
社会服务功能	水功能区达标指标	WFZ_r	0～100	WFZ_w	0.2
	水资源开发利用指标	WRU_r	0～100	WRU_w	0.2
	防洪指标	FLD_r	0～100	FLD_w	0.2
	公众满意度指标	PP_r	0～100	PP_w	0.2

4.4 河湖健康评价赋分计算

4.4.1 评估河段代表值计算方法

（1）断面尺度指标的评估计算方法

将监测断面取样监测数据转换为监测河段代表值，转换方法包括：

物理结构准则层：河岸带状况指标中的河岸稳定性分指标及河岸植被覆盖度分指标的评估数据采用监测断面调查监测数据算术平均方法计算。

生物准则层：大型无脊椎动物生物完整性指数、鱼类生物保有指数的评估数据，将监测断面的样品综合成一个分析样，其分析数据作为监测河段的评估数据。设置多个监测河段的评估河段，在上述工作基础上，对监测河段的分析数据进行算术平均，得到评估河段代表值。

（2）河段尺度指标的评估计算方法

部分河流可以从评估河段内的典型站点获得，如水文水资源准则层的评估指标，可以选用评估河段内现有的水文站监测数据，或根据水文监测调查技术规程确定的补充监测站。

部分指标要从整个评估河段的统计数据获得，如物理结构准则层中的天然湿地保留率指标，其评估数据是与整个评估河段相关的调查统计数据。

部分指标要包括评估河段及其下游河段，如物理结构中的河流连通阻隔状况指标，需要调查评估河段及其至下游河口的河段内的闸坝阻隔情况。

4.4.2 评估河段指标及准则层赋分评估

对除河流尺度指标以外的评估指标进行赋分计算。参照各评估指标的赋分标准，根据评估河段代表值，计算评估河段各评估指标赋分值。根据准则层赋分体系规定的指标赋分权重，计算评估河段准则层赋分。根据目标层赋分体系规定的准则层赋分权重，计算评估河段目标层赋分。

4.4.3 河段生态完整性状况赋分评估

对水文水资源、物理结构、水质和生物准则层在河段尺度进行综合评估，得到评估河段生态完整性综合状况评估赋分。

$$\mathrm{REI} = \mathrm{HD}_r \times \mathrm{HD}_w + \mathrm{PH}_r \times \mathrm{PH}_w + \mathrm{WQ}_r \times \mathrm{WQ}_w + \mathrm{AF}_r \times \mathrm{AF}_w \tag{4.4-1}$$

式中，REI —— 河流生态完整性指数赋分，其余参数释义见表 4.4-1。

表 4.4-1 河流生态完整性评估公式变量说明表

变量	说明	权重	建议权重值
HD_r	水文水资源准则层赋分	HD_w	0.2
PH_r	物理结构准则层赋分	PH_w	0.2
WQ_r	水质准则层赋分	WQ_w	0.2
AF_r	生物准则层赋分	AF_w	0.4

4.4.4 评估河流赋分

（1）河流生态完整性评估综合

断面尺度及河段尺度的准则层及指标采用以下计算公式计算河流赋分：

$$\mathrm{REI}=\sum_{n=1}^{N\mathrm{sects}}\left(\frac{\mathrm{REI}_n \times \mathrm{SL}_n}{\mathrm{RIVL}}\right) \tag{4.4-2}$$

式中，REI —— 评估河流赋分；

REI_n —— 评估河段指标和准则层赋分；

SL_n —— 评估河段河流长度，km；

RIVL —— 评估河流总长度，km。

（2）社会服务功能准则层赋分评估

按照河流社会服务功能准则层赋分评估方法计算社会服务功能准则层赋分。

（3）河流健康评价

河流健康评价采用分级指标评分法，逐级加权，综合评分，即河流健康指数（River Health Index，RHI）。按照下列公式，综合河流生态完整性评估指标赋分和社会服务功能评估赋分计算河流的 RHI 赋分。

$$\mathrm{RHI}=\mathrm{REI}\times \mathrm{RE}_w+\mathrm{SSI}\times \mathrm{SS}_w \tag{4.4-3}$$

式中，各指数指标释义见表 4.4-2。

表 4.4-2 河流健康评价公式变量说明表

变量	说明	权重	建议权重值
REI	生态完整性状况赋分	RE_w	0.7
SSI	社会服务准则层	SS_w	0.3

4.4.5 健康评价等级划分

河流健康分为 5 级：很健康、健康、亚健康、不健康、病态。河流健康等级根据评估指标综合赋分确定，采用百分制，河湖健康等级、颜色分级和说明见表 4.4-3。

表 4.4-3 河流健康评价分级表

健康分级	颜色	赋分范围	说明
很健康	蓝	80≤RHI≤100	接近参考状况或预期目标
健康	绿	60≤RHI＜80	与参考状况或预期目标有较小差异
亚健康	黄	40≤RHI＜60	与参考状况或预期目标有中度差异
不健康	橙	20≤RHI＜40	与参考状况或预期目标有较大差异
病态	红	0≤RHI＜20	与参考状况或预期目标有显著差异

5 辽河干流典型河流健康评价

5.1 辽河干流河流自然状况

辽河福德店至双台子河口段习惯称作辽河干流，流经铁岭、沈阳、鞍山、盘锦 4 市的昌图、开原、银州区、铁岭县、康平、沈北新区、法库、新民、辽中、台安、盘山、大洼、兴隆台、双台子等县（区），全长 516 km，流域面积 3.79 万 km^2。

辽河干流地区资源丰富、人口密集、城市集中、工业发达、交通方便，是我国重要的工业、装备制造业、能源和商品粮基地，在东北乃至全国的经济建设中都占有极为重要的地位。在国务院最新批复的沈阳经济区规划中，就有沈阳、鞍山、铁岭等 3 座大中型城市在该区域内；位于沿海经济带的全国第三大油田——辽河油田和素有“鹤乡油城”之称的盘锦市也坐落在该区域内；京哈高速公路、秦沈客运专线、哈大高速铁路、京沈高速铁路等多条国家级交通干线与辽河交汇。2015 年辽河干流流域总人口 851.84 万人，其中城镇人口 436.32 万人，城镇化率 51.2%，人口密度 225 人/km^2。2015 年辽河干流流域国内生产总值为 4 011.10 亿元，人均 GDP 为 47 087 元。干流流域农田有效灌溉面积 1 009.68 万亩，实灌面积 879.79 万亩，其中，水田 344.54 万亩。

辽河干流水系发育，支流众多，共有流域面积 100 km^2 以上的一级支流及排干 22 条（含东辽河、西辽河）。其中，流域面积 5 000 km^2 以上的大型河流 4 条，即东辽河、西辽河、绕阳河和柳河；流域面积 1 000～5 000 km^2 的中型河流有 7 条，具体为公河、招苏台河、清河、柴河、汎河、秀水河、养息牧河；流域面积 100～1 000 km^2 的小型河流 11 条，具体为亮子河、王河、中固河、长沟子河、拉马河、长河、西水河、左小河、燕飞里排干、付家窝堡排干、万泉河。这些河流可分为山区性河流及平原区河流两大类，其中山区性河流分布在流域的东北部山区，比降较陡。平原区河流除柳河含沙量大、具有游荡性河道特点外，其他均属弯曲型河流，分布在中下游平原区。辽河水系自石佛寺开始进入平原区，石佛寺以上有支流招苏台河、清河、柴河、汎河等从左侧汇入，是辽河干流洪水的主要来源。石佛寺下游支流均在右侧汇入，有秀水河、养息牧河、柳河和绕阳河等，属多泥沙河流，是辽河干流主要泥沙来源。因此，有“东水西沙”之说。

表 5.1-1 辽河干流流域主要支流水系特征表

序号	支流名称	岸别	河长/km	比降/‰	流域面积/km²	流域均宽/km	各类地形面积比例/%			
							山区	丘陵	平原	沙丘
1	西辽河	右	829	0.4	135 200	163.08	28	25	34	13
2	东辽河	左	360	0.72	11 450	31.8	5.1	27.9	67	0
3	招苏台河	左	212	0.59	4 583	21.6	11	59	30	0
4	清河	左	171	2.41	1 846	28.3	87	1	12	0
5	柴河	左	143	3	1 501	10.5	98	0	2	0
6	汎河	左	108	3.33	1 000	9.26	67	11	22	0
7	秀水河	右	184	1.1	3 002	16.32	5	25	41	29
8	养息牧河	右	107	1.56	1 861	17.39	6	21	61	12
9	柳河	右	253	3.33	5 791	22.64	42	32	12	14
10	绕阳河	右	290	0.3	10 438	35.99	14	29	57	0

5.2 辽河干流水文水资源、物理结构、水质、生物及社会服务功能状况

5.2.1 水文水资源状况

5.2.1.1 水资源分区与水资源量

（1）水资源分区

辽河干流为辽河区的水资源二级区，共划分 2 个三级区。本次评估河流为辽河干流区间，涉及柳河口以上和柳河口以下 2 个水资源三级区。辽河干流水资源分区情况见表 5.2-1。

表 5.2-1 辽河干流水资源分区

二级区	三级区	计算面积/km²	涵盖地市
辽河干流	柳河口以上	34 921	抚顺市、沈阳市、四平市、铁岭市、通辽市、阜新市
	柳河口以下	13 292	鞍山市、阜新市、锦州市、盘锦市、沈阳市

（2）水资源量

辽河干流区间 1956—2000 年多年平均地表水资源量为 40.4 亿 m^3，折合径流深 83.9 mm。其中，柳河口以上多年平均地表水资源量 32.3 亿 m^3，占整个辽河干流的 80.0%；柳河口以下多年平均地表水资源量 8.1 亿 m^3，占整个辽河干流的 20.0%。辽河干流地表水资源量年际变化较大，极值比为 10～20 倍，年内分配也极不均衡。汛期 6—9 月地表水资源量占全年的 60%～80%，其中 7—8 月又占全年的 50%～60%。

辽河干流区间多年平均地下水资源量为 44.2 亿 m^3（矿化度≤2 g/L），占整个辽河流域的 31.6%，其中平原区为 37.9 亿 m^3，山丘区为 8.6 亿 m^3，平原区与山丘区之间的重复量为 2.3 亿 m^3。

辽河干流区间多年平均水资源总量为 69.9 亿 m^3，占整个辽河流域的 31.5%。其中，柳河口以上水资源总量为 52.5 亿 m^3，占辽河干流区间的 75.1%；柳河口以下水资源总量为 17.4 亿 m^3，占辽河干流区间的 24.9%。

辽河干流区间地表水资源可利用量约为 16.2 亿 m^3，地表水水资源可利用率为 40.0%。辽河干流水资源可利用总量约为 34.9 亿 m^3，水资源可利用率（水资源可利用总量与水资源总量的比值）为 49.9%。

5.2.1.2 水资源开发利用与主要已建水利工程

（1）水资源开发利用

2015 年辽河干流区间总供水量 39.9 亿 m^3，其中地表水供水量 14.98 亿 m^3，占 37.5%；地下水供水量 24.31 亿 m^3，占 61%；其他水源（中水回用）供水量 0.61 亿 m^3，占 1.5%。2015 年辽河干流区间供水总量 39.29 亿 m^3（不含中水回用），多年平均水资源总量为 69.90 亿 m^3，水资源开发利用率为 56.2%，其中地表水资源开发利用率为 37.1%，地下水资源开发利用率为 78.2%。柳河口以上区间供水量 21.60 亿 m^3，多年平均水资源量 52.50 亿 m^3，水资源开发利用率为 41.1%；柳河口以下区间供水量 17.70 亿 m^3，多年平均水资源量 17.40 亿 m^3，水资源开发利用率为 101.7%。

（2）主要已建水利工程

辽河干流区间现有 6 座大型水利工程，包括柴河水库、南城子水库、闹得海水库、清河水库、石佛寺水库、榛子岭水库。主要水利工程情况见表 5.2-2 和图 5.2-1。

表 5.2-2 辽河干流区间主要水利工程情况

河流	工程名称	集水面积/km^2	主要任务	总库容/亿 m^3	调洪库容/亿 m^3
柴河	柴河水库	1 355	防洪、供水	6.14	3.52
叶赫河	南城子水库	625	防洪、灌溉	2.35	1.18
柳河	闹得海水库	4 051	供水、灌溉	2.17	2.09
清河	清河水库	2 376	防洪	9.71	4.56
辽河干流	石佛寺水库	164 786	防洪	1.85	1.6
汎河	榛子岭水库	369	防洪、供水、灌溉	1.86	0.7

1）石佛寺水库

石佛寺水库是辽河干流上唯一的控制性工程，也是国内流域干流上大型的平原水库之一，水库的建设使辽河中下游地区防洪标准由 30 年一遇提高到 100 年一遇。工程为年调节大Ⅱ型水库，控制流域面积 164 786 km^2，坝址处多年平均径流量 42.1 亿 m^3，总库容 1.85 亿 m^3，防洪库容为 1.6 亿 m^3，正常蓄水位 41 m，设计洪水位 50.22 m，校核洪水位 50.69 m。石佛寺水库于 2005 年 10 月建成，最大泄洪流量 7 932 m^3/s。

2）柴河水库

柴河水库位于辽宁省铁岭县，辽河干流一级支流柴河中下游，控制流域面积 1 355 km^2，坝址处多年平均径流量 3.73 亿 m^3，是一座以防洪和供水为主，兼顾灌溉和发电的多年调节大Ⅱ型水库。水库总库容 6.14 亿 m^3，兴利库容 3.36 亿 m^3，正常蓄水位 108 m，死水位 84 m，设计洪水位 112 m，校核洪水位 116 m，最大泄洪流量 2 756 m^3/s。柴河水库于 1974 年 12 月建成，设计年供水量 1.72 亿 m^3，为铁岭发电厂、市自来水公司、铁法矿务局计划供水量为 0.985 亿 m^3。水库防洪任务是为辽河干流 100 年一遇以下洪水错峰。柴河水库设计灌溉面积 40 万亩，设计保证率为 75%，已达到设计标准。

3）南城子水库

南城子水库位于开原市威远乡，辽河干流寇河支流叶赫河下游，控制流域面积 625 km^2，坝址处多年平均径流量 1.12 亿 m^3，是一座以防洪、灌溉为主，兼顾发电、养鱼、城市供水等综合利用的大型水利枢纽工程。水库总库容 2.35 亿 m^3，兴利库容 1.05 亿 m^3，正常蓄水位 149 m，死水位 136.3 m，设计洪水位 152.09 m，校核洪水位 156.31 m，最大泄洪流量 1 383.3 m^3/s。南城子水库于 1965 年 12 月建成，设计年供水量 0.4 亿 m^3，实际供水量 0.3 亿 m^3。水库保护下游开原市城区及 9 个乡镇、20 多万人口、30 万亩农田、中长铁路、开丰公路、102 国道、沈四高速公路以及输油管线等重要设施。

4）闹得海水库

闹得海水库位于辽宁省彰武县满堂红乡，辽河干流一级支流柳河上游，控制流域面积 4 051 km^2，坝址处多年平均径流量 2.78 亿 m^3，是一座以防洪、供水和灌溉为主的多年调节大Ⅱ型水库。水库总库容 2.17 亿 m^3，兴利库容 0.5 亿 m^3，正常蓄水位 181.5 m，死水位 151.5 m，设计洪水位 189.48 m，校核洪水位 193.11 m，最大泄洪流量 4 670 m^3/s。闹得海水库于 1942 年 1 月建成，是“日伪”时期兴建的水库。设计年供水量 0.26 亿 m^3，实际年供水量 0.16 亿 m^3。水库主要任务是滞沙、滞洪。在防洪、兴利调度运用方面：1970 年以前水库系属自然调节，1970 年以来采取蓄清排沙运用方式。每年 10 月落闸，翌年 4 月放水，汛前放空，闸门全部敞开，靠工程结构特点自然调节洪水，起到滞洪、滞沙作用。

5）清河水库

清河水库位于铁岭市清河区，辽河干流二级支流清河中游，控制流域面积 2 376 km^2，坝址处多年平均径流量 6.74 亿 m^3，是一座以防洪为主、兼顾灌溉和供水的多年调节大Ⅱ型水库。水库总库容 9.71 亿 m^3，兴利库容 5.74 亿 m^3，正常蓄水位 131 m，死水位 109.7 m，设计洪水位 135.3 m，校核洪水位 137.4 m，最大泄洪流量 4 599 m^3/s。清河水库于 1966 年 9 月建成，设计年供水量 4.61 亿 m^3，实际农业年平均供水量为 3.20 亿 m^3，工业年供水量约 0.70 亿 m^3，现与柴河水库、闹得海水库联合灌溉 128 万亩。清河水库与南城子水库共同承担为开原市调洪错峰任务。经水库调洪错峰，可使清河全区 50 年一遇洪水、辽干全区 20 年一遇洪水基本免灾，并确保长大线清河铁路桥 100 年一遇洪水正常通车，保护人口 100 万人，耕地 510 万亩。

6）榛子岭水库

榛子岭水库位于辽宁省铁岭县鸡冠山乡境内，辽河干流二级支流汎河中上游，控制流域面积 369 km^2，坝址处多年平均径流量 1.17 亿 m^3，是一座以防洪、供水、灌溉为主，兼顾养鱼、发电的多年调节大Ⅱ型水库。水库总库容 1.86 亿 m^3，兴利库容 1.24 亿 m^3，正常蓄水位 193.8 m，死水位 175.6 m，设计洪水位 196.61 m，校核洪水位 197.87 m，最大泄洪流量 1 805 m^3/s。榛子岭水库于 1976 年 3 月建成，设计年供水量 1.0 亿 m^3，实际年供水量 0.88 亿 m^3。水库设计灌溉面积 13.2 万亩，实际灌溉面积为 10 万亩。水库下游农田的防洪标准由原来的 5 年一遇提高到 10 年一遇，保护耕地 20 万亩，人口 10 万人，年平均增产粮食 30 万斤（1 斤=500 克），可使沈长铁路防洪标准由 30 年一遇提高到 100 年一遇。

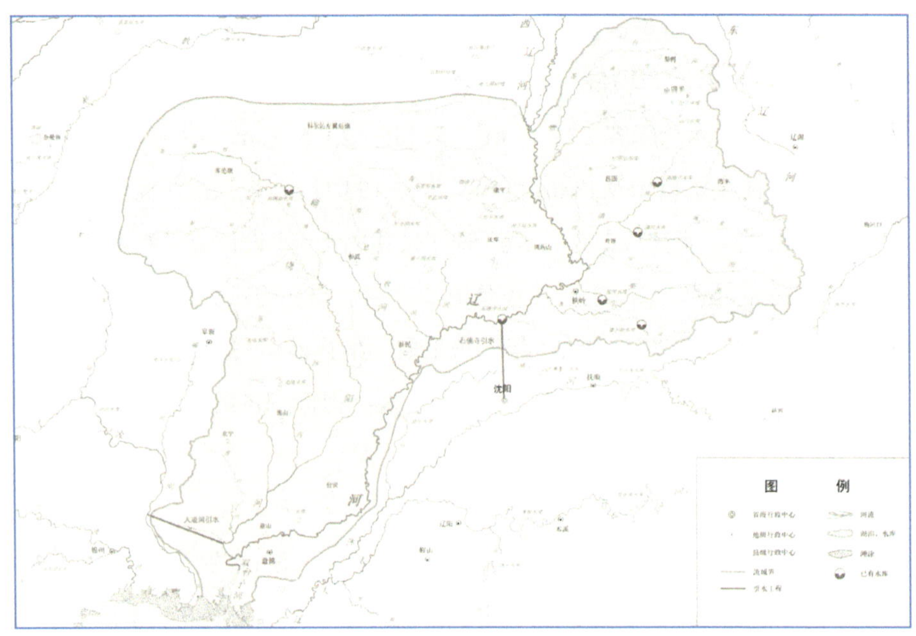

图 5.2-1 辽河干流水系与主要水利工程分布示意

5.2.1.3 径流

本次评估河段为辽河干流，共划分为 6 个河段。现有水文测站福德店、通江口、铁岭、马虎山、巨石流、平安堡、辽中、六间房。各测站 1956—2016 年多年平均径流量见表 5.2-3。

表 5.2-3 各水文站多年平均径流量表

站名	测站类型	多年平均径流量/万 m^3
福德店	水文测站	93 592
通江口	水文测站	155 869
铁岭	水文测站	324 870
马虎山	水文测站	373 043
巨石流	水文测站	384 474
平安堡	水文测站	406 728
辽中	水文测站	394 177
六间房	水文测站	400 891

福德店是东辽河与西辽河汇合后辽河干流上的第一个水文站，通江口、铁岭、马虎山、巨石流、平安堡、辽中水文站期间都有较大支流的汇入，六间房和盘山站是辽河入海前的最后 2 个水文站，由于存在潮汐影响，盘山站已经取消。六间房和盘山站之间无较大支流汇入，因此六间房站基本可以反映盘山站的径流量变化情况。本次评估主要根据福德店、通江口、铁岭、马虎山、巨石流、平安堡、辽中、六间房 8 个水文站（1956—2016 年）的实测及天然年径流量，分析说明评估河流年径流量的变化特点。从这 8 个水文站 1956—2016 年差积曲线及径流历史曲线可以看出，辽河干流径流量总体呈现减少趋势，2000 年以来为一个相对较长的枯水段。各水文测站差积曲线和径流历史曲线见图 5.2-2～图 5.2-17。

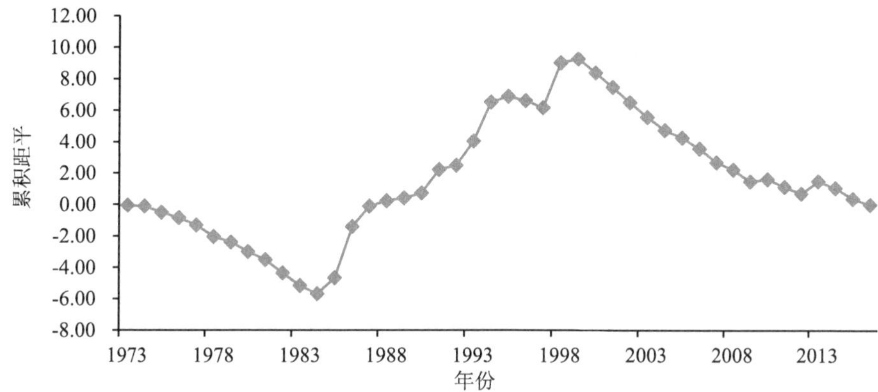

图 5.2-2 福德店径流差积曲线

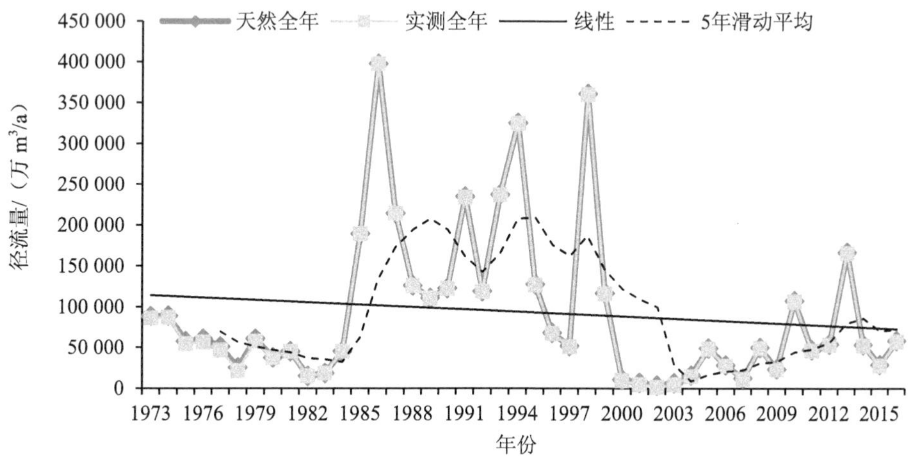

图 5.2-3 福德店径流历史曲线

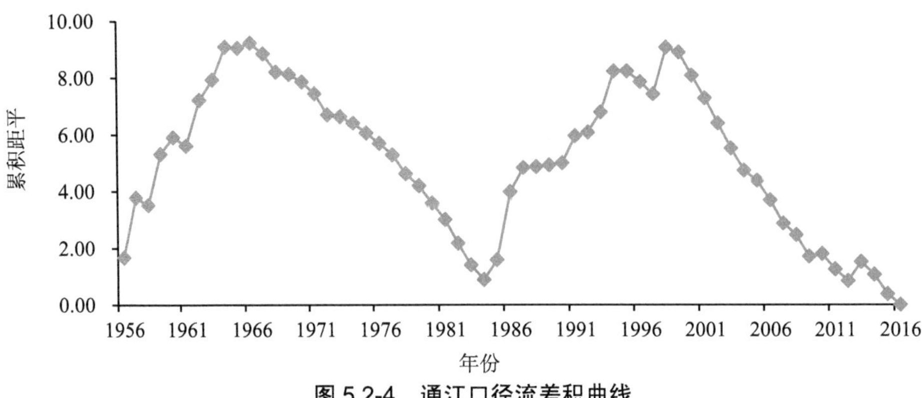

10.00
8.00
6.00
4.00
2.00
0.00
累积距平
1956
1961
1966
1971
1976
1981
1986
1991
1996
2001
2006
2011
2016
年份

图 5.2-4　通江口径流差积曲线

600 000
500 000
400 000
300 000
200 000
100 000
0
径流量/（万 m³/a）
天然全年
实测全年
线性
5年滑动平均
1956
1961
1966
1971
1976
1981
1986
1991
1996
2001
2006
2011
2016
年份

图 5.2-5　通江口径流历史曲线

7.00
6.00
5.00
4.00
3.00
2.00
1.00
0.00
-1.00
累积距平
1956
1961
1966
1971
1976
1981
1986
1991
1996
2001
2006
2011
2016
年份

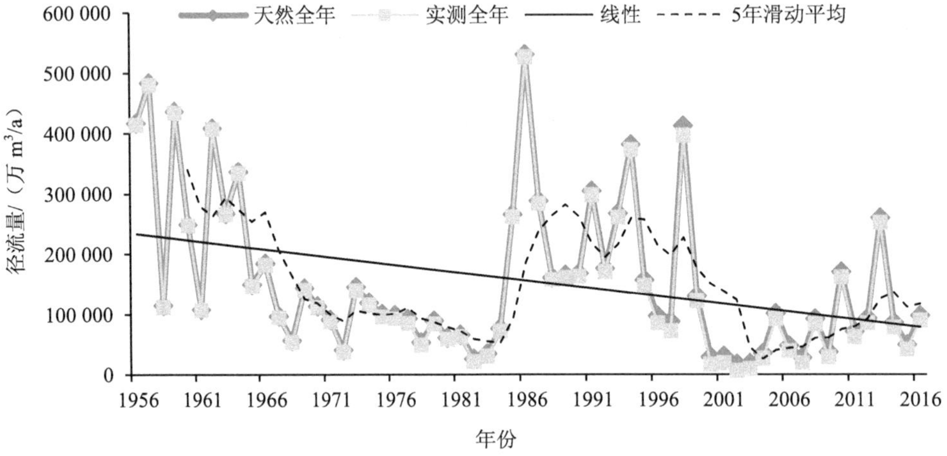

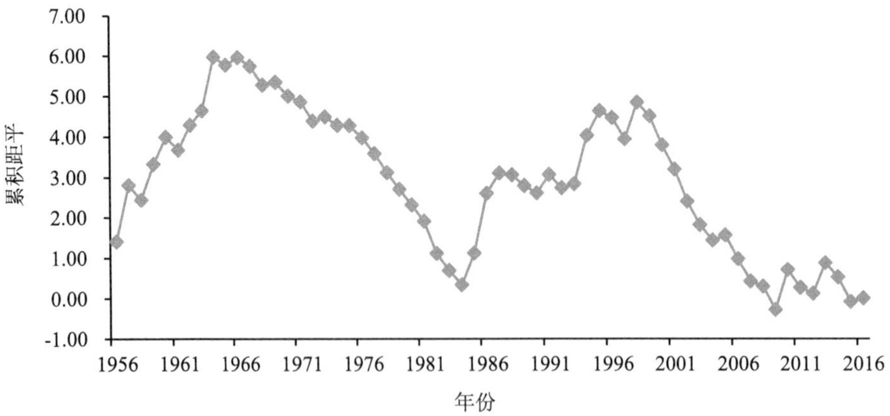

图 5.2-6　铁岭径流差积曲线

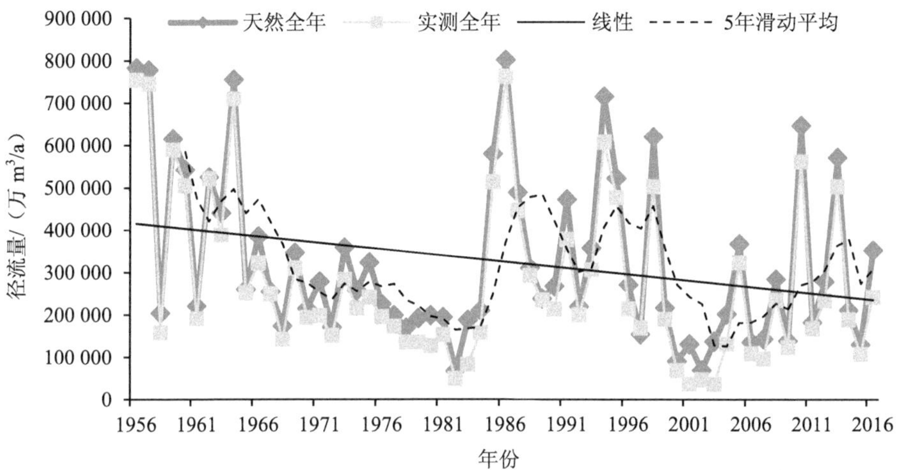

图 5.2-7　铁岭径流历史曲线

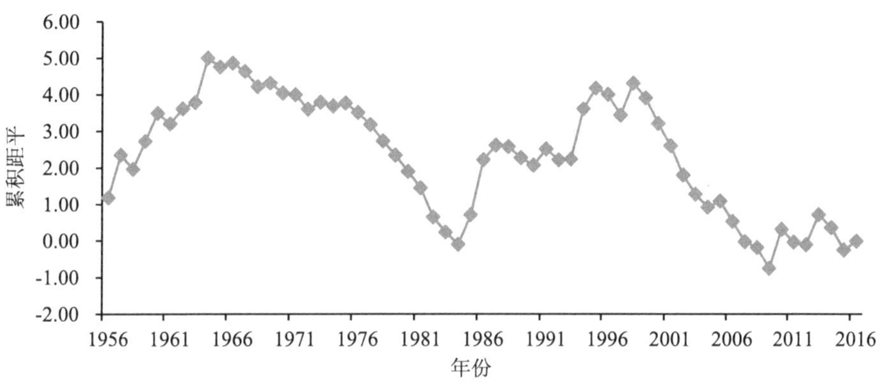

图 5.2-8　马虎山径流差积曲线

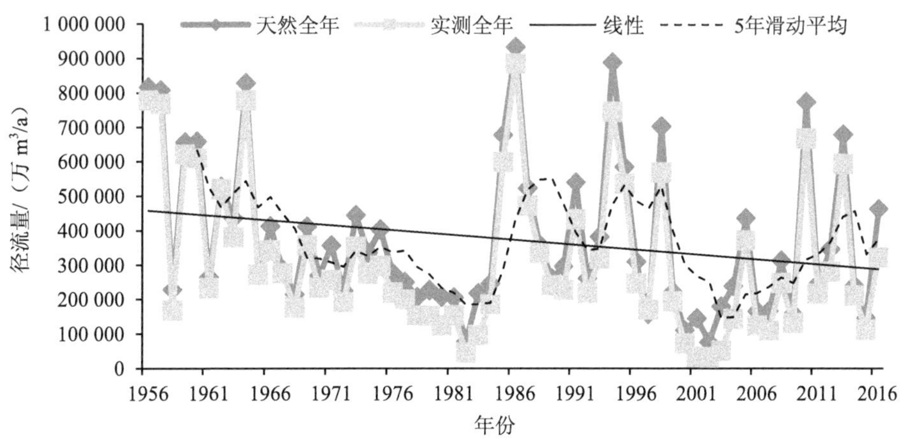

图 5.2-9　马虎山径流历史曲线

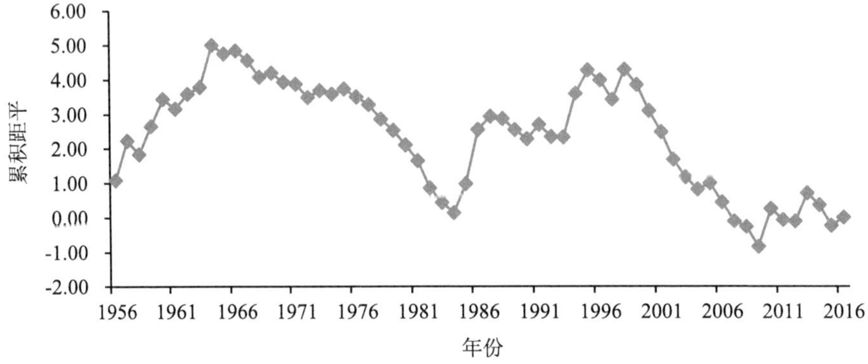

图 5.2-10 巨流河径流差积曲线

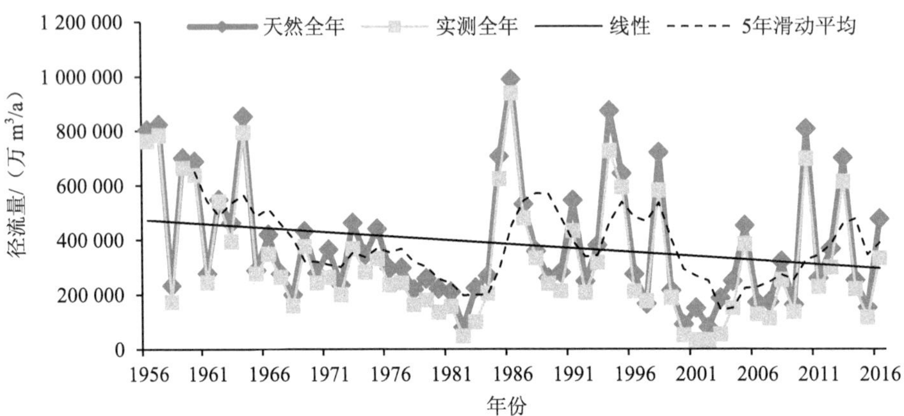

图 5.2-11 巨流河径流历史曲线

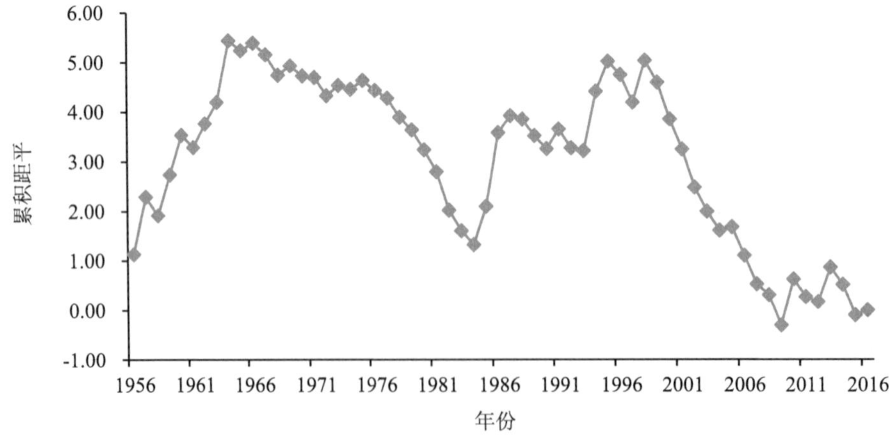

图 5.2-12 平安堡径流差积曲线

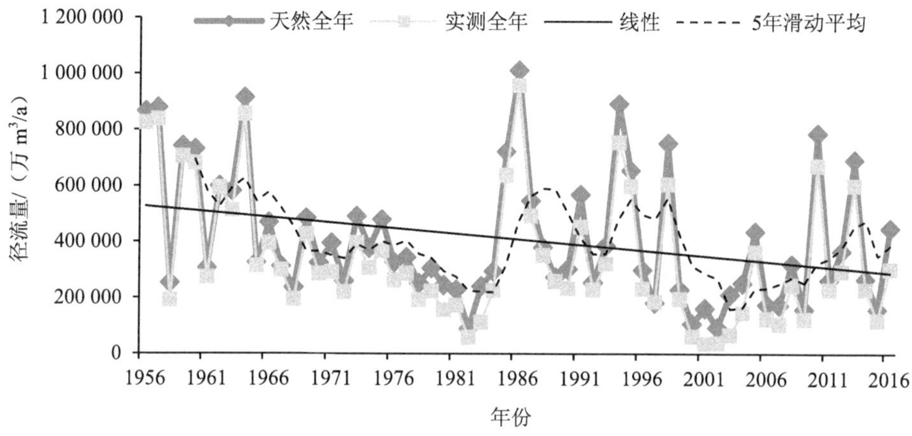

图 5.2-13　平安堡径流历史曲线

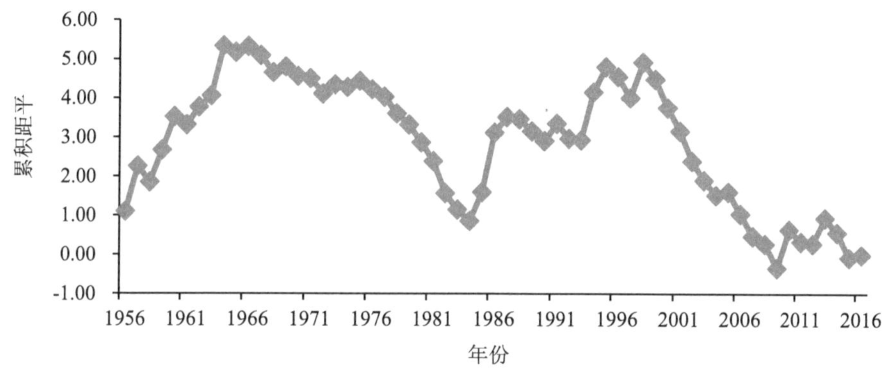

图 5.2-14　辽中径流差积曲线

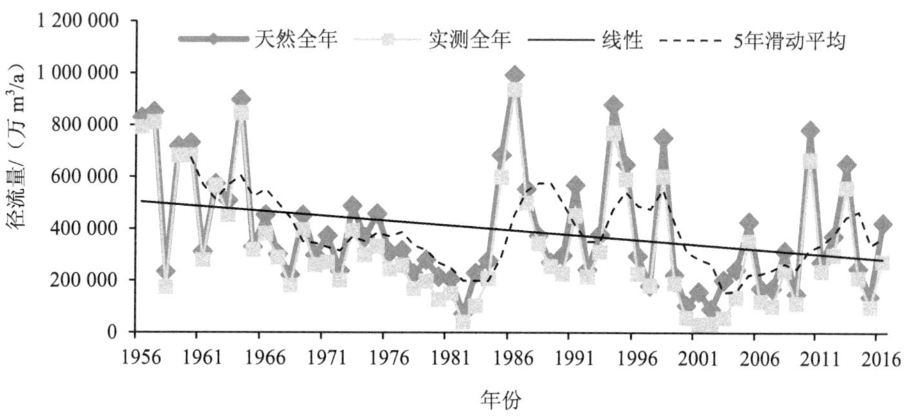

图 5.2-15　辽中径流历史曲线

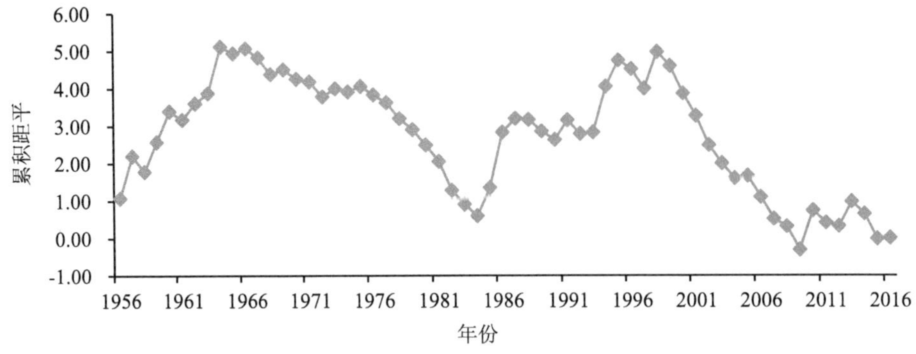

图 5.2-16 六间房径流差积曲线

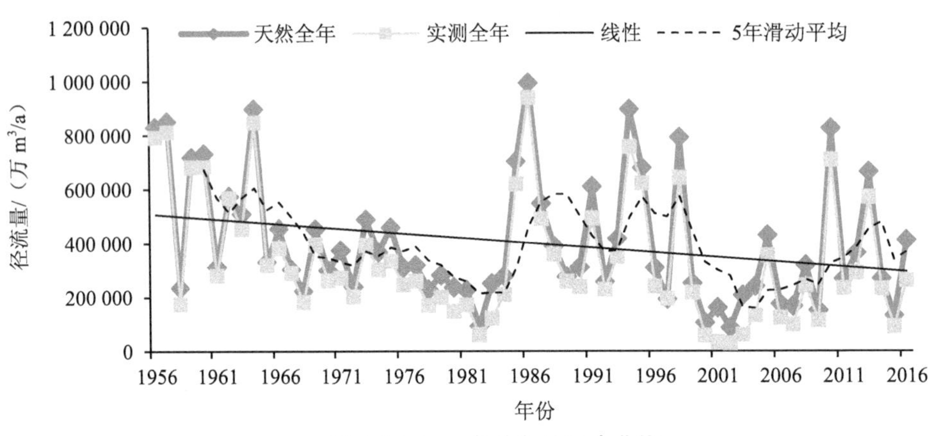

图 5.2-17 六间房径流历史曲线

5.2.2 河岸带物理结构状况

5.2.2.1 河岸带地貌形态

辽河干流柳河口以上为河流上中游河段，长约 285 km；柳河口以下为下游河段，长约 231 km。各分段河道特征如下：

辽河福德店—清河口河段长约 126 km。河道弯曲段与顺直段交替，河床中有犬牙交错的边滩，平均河宽 150 m（30～300 m），弯曲系数 1.56～1.58，宽深比 2.5～10.9，河床比降 0.21‰，属蜿蜒型河道。河岸为松散二元结构，不耐冲刷，坍岸严重，河道多摆动，两岸堤距 1 200～3 000 m。

清河口—石佛寺段河长约 64 km。河道两岸多连绵丘陵，支流发育，左侧清河、柴河、汎河均在此段汇入，河道平面形态蜿蜒曲折，边滩交错，平均河宽 200～250 m，河床比降 0.19‰，河道冲淤变化基本平衡，河道较为稳定。

石佛寺—柳河口段河长约 95 km。自石佛寺开始进入平原区，历史上河道平面摆动幅度较大，为 3～5 km，河道亦多自然裁弯。平均河宽 200～300 m，河床比降 0.19‰，该段有较大支流（秀水河及养息牧河）在右侧汇入。

柳河口—卡力马河段长约 57 km。因受柳河泥沙淤积影响，河床逐年抬高，平均河宽 240 m，河床比降 0.17‰，河槽宽浅，宽深比为 7.54～37.42，具有游荡型河道特性，主槽摆动频繁，河道不稳定。

卡力马—盘山闸河段长约 118 km。平均河宽 200 m，河床比降 0.12‰，受上游来沙及下游盘山闸长期关闸蓄水的影响，河床逐年淤高，以卡力马—六间房河段及盘山闸附近较为严重。河段内河床横向摆动较小，平面变化不大。

盘山闸—河口段长 56 km，为感潮河段。受双台子河洪水和潮水共同影响，水流流态较为复杂，现状河堤距 1 300～1 800 m，平均河宽在 230～780 m，河床比降 0.07‰，河槽属窄深型。其中盘山闸—太平河口为盘锦市城市防洪段，盘山闸—盘山桥左岸约 4 km 长滩位于城市的核心区域。

5.2.2.2 河岸带植被

辽河干流河岸带植被类型主要有河谷、河岸和沙地落叶阔叶林以及阔叶灌丛、暖温性落叶阔叶灌草丛、平原沼泽化草甸、杂草地、莎草沼泽、芦苇沼泽和农业种植区。河岸带植被主要以草本植物为主，在河岸区有灌木生长，间或有乔木，在岸边湿润地区还分布有地衣群落、蕨类植物群落。由主河道向大堤延伸，草本植物主要是水生植物、沼生植物、湿生植物和中生植物。水生植物包括挺水植物、沉水植物和浮生植物。优势植物主要以芦苇、香蒲、菖蒲、水蓼、红蓼等为主。辽河干流工农业生产大规模发展之前，由于人类干扰较小，辽河干流植物种类丰富，数量较多，物种多样性较高。

改革开放以来，随着人口的增加和流域工农业生产的发展，辽河干流自然生境由于人类活动干扰而受严重破坏，水质污染，河流生境恶化，河岸植物种类和数量锐减，湿地萎缩。

2010 年辽河保护区成立后，为恢复辽河河流自然生境，对保护区全河段内的河道两侧实行自然封育、农田撂荒、退耕还草还林政策，河岸带生态系统受人为干扰破坏压力减小，河岸自然植被逐步恢复。部分河段河岸带两侧设置了铁丝网围栏，进行了阻隔带与管理路的建设，有效制止了人为破坏、牛羊家畜啃食等对河岸带土壤与植被的破坏。河岸带植被物种多样性得到提高，地表植被整体覆盖状况也明显改善，遭受人为破坏严重的裸露河滩地在实行封育 2～3 年后逐渐有一年生草本植物生长。保护区植被覆盖率由封育前的 13.7%提高到现在的 80%以上，上游植被覆盖度高于中下游区段。

从物种多样性恢复状况来看，辽河保护区内的植被类型相对单一，以自然演替初期的中生植物群落为主，适应水域特殊生境的水生和湿生植物较少。植物群落中以杨、柳、蒿、旋覆花、稗、苋、藜属为主，其中草本植物占 90%以上。主要有羊草、黄蒿、野艾蒿、狗尾草、苔草、翅碱蓬、野大豆、大麻、苦苣菜、虎尾草、茵陈蒿、猪毛菜、地肤、灰绿藜、野胡萝卜、苘麻、龙葵、铁苋菜、蒲公英、旋覆花、芦苇、香蒲、小飞蓬、野稗、苍耳、拂子茅、大车前、老芒麦、魁蒿、大蓟、小叶樟等。优势种主要是蒿类、苘麻、苋、藜科等杂草。由于封育时间较短，草本植物主要为 1～2 年生草本植物，多年生植物相对较少，植被群落的演替还处于初级阶段。

在辽河干流部分河段，如哈达高铁橡胶坝、盘山闸、双安桥附近，在退耕后的河滩地选择性种植了一些抗性和适宜北方气候特征的灌木和乔木，如杞柳、柽柳、杨树、刺槐等，已形成灌/草、乔/灌/草的植被群落。

辽河干流双台子河入海口建有辽河口国家级自然保护区，生态环境保存较好，每年数百万只以上迁飞经过保护区、停歇的候鸟多达 183 种，是最南端的丹顶鹤自然繁殖区，也是全球黑嘴鸥数量最多、分布最北、筑巢密度最大、停留期最长的繁衍地和栖息地。保护区内分布的国家Ⅰ级保护鸟类有丹顶鹤、黑鹳、东方白鹳和遗鸥等 9 种，国家Ⅱ级保护鸟类有黄嘴白鹭、大天鹅、小天鹅和短耳鸮等 35 种。

5.2.3 水质状况

5.2.3.1 历史时期辽河干流水质状况

辽河流域是我国重要的辽中南经济区的所在地。辽河平原是辽河流域人口密集、社会和经济发达地区，也是我国水污染最严重的区域之一。辽河流域水环境污染严重，污染持续，历史长久。辽河上游地区地质抗蚀力弱，土壤水蚀风蚀严重，造成水土流失，是全国少数高输沙量河流。历史水质监测数据表明，辽河干流 80%的断面水质劣于国家地表水Ⅴ类标准。

辽河铁岭段长 143.5 km，水质为劣Ⅴ类，主要污染物是化学需氧量和氨氮。化学需氧量含量为 60.2～144 mg/L，且在时间上呈加重趋势，氨氮浓度在 2002 年以后开始超Ⅴ类。辽河沈阳段长 223.5 km，化学需氧量含量为 37.7～63.4 mg/L，从 2001 年开始，化学需氧量含量超过Ⅴ类水质标准，且呈升高趋势；氨氮浓度变化波动较大，某些时段有超Ⅴ类情况出现。辽河盘锦段长 156 km，水质与上游铁岭段、沈阳段的污染程度和变化趋势基本一致。1994 年以来，化学需氧量在多数年份超Ⅴ类水质标准；氨氮含量在 4.60～5.87 mg/L。

2006 年，辽河干流水系全年期总评价河长 574.6 km。Ⅱ类、Ⅲ类水质的河长 94.6 km，占总评价河长的 16.5%；劣于Ⅲ类水质的河长 480.0 km，占 83.5%，其中劣Ⅴ类水质的河长 480.0 km，占 83.5%。辽河干流由通江口段经沿程的铁岭段、沙宝台段、珠尔山段、马虎山段水质污染较重，均为劣Ⅴ类水质；其支流招苏台河的王宝庆段和条子河的四平段均为劣Ⅴ类水质。主要超标项目为：化学需氧量、高锰酸盐指数、氨氮、五日生化需氧量、挥发酚、溶解氧。

2008 年，辽河干流 8 个干流沿程水质监测断面中 7 个为劣Ⅴ类水质，氨氮、五日生化需氧量、化学需氧量、高锰酸盐指数 4 项指标超标 0.1～2.2 倍。其中辽河铁岭段污染最重，盘锦段次之，沈阳段最轻，且出市水质好于入市水质。干流枯水期属中度污染，化学需氧量、氨氮等 4 项指标超标，其中化学需氧量高达 117 mg/L，超标 1.9 倍。丰水期、平水期水质相对较好，均为Ⅳ类水质。

2009 年，除化学需氧量污染明显减轻外，生化需氧量、氨氮、高锰酸盐指数等依然超标，干流各断面年均值符合Ⅴ类标准。2009 年枯水期水质为近 3 年来最好，首次各断面枯水期均值符合Ⅴ类水质标准。按照国家对辽河考核的化学需氧量标准，辽河干流已消灭劣Ⅴ类水质，提前一年完成国家辽河治理的“十一五”规划目标。

5.2.3.2 2014—2016 年辽河干流水质状况

（1）辽河干流水质状况

辽河干流（福德店—双台子河口），全长 516 km。从上游到下游依次布设了福德店、通江口、铁岭、珠尔山、毓宝台、平安堡、辽中双台子河闸等 12 个水质监测断面。12 个水质监测断面 2014—2016 年的水质监测结果见表 5.2-4。

表 5.2-4　辽河干流（福德店—双台子河口）水质监测结果表

序号	断面名称	水质目标	年份	1月	2月	3月	4月	5月	6月	7月	8月	9月	10月	11月	12月	丰水期	平水期	枯水期	年均值
1	福德店	Ⅲ	2014	Ⅲ	劣Ⅴ	Ⅲ	Ⅴ	Ⅳ	—	—	Ⅳ	Ⅲ	Ⅴ	Ⅳ	Ⅳ	Ⅳ	Ⅳ	Ⅴ	Ⅳ
			2015	Ⅲ	劣Ⅴ	劣Ⅴ	劣Ⅴ	Ⅳ	劣Ⅴ	Ⅴ	Ⅴ	Ⅳ	Ⅲ	Ⅳ	Ⅴ	Ⅴ	Ⅴ	劣Ⅴ	劣Ⅴ
			2016	Ⅴ	劣Ⅴ	劣Ⅴ	劣Ⅴ	Ⅴ	Ⅴ	Ⅲ	Ⅳ	Ⅳ	劣Ⅴ	劣Ⅴ	劣Ⅴ	Ⅳ	劣Ⅴ	劣Ⅴ	劣Ⅴ
2	通江口	Ⅲ	2014	劣Ⅴ	Ⅴ	Ⅴ	Ⅴ	Ⅳ	Ⅳ	Ⅳ	Ⅳ	Ⅳ	Ⅳ	Ⅳ	Ⅴ	Ⅳ	Ⅳ	劣Ⅴ	Ⅳ
			2015	劣Ⅴ	劣Ⅴ	劣Ⅴ	劣Ⅴ	Ⅴ	Ⅳ	Ⅴ	Ⅳ	Ⅳ	Ⅳ	劣Ⅴ	劣Ⅴ	Ⅳ	Ⅴ	劣Ⅴ	劣Ⅴ
			2016	劣Ⅴ	劣Ⅴ	劣Ⅴ	劣Ⅴ	劣Ⅴ	劣Ⅴ	劣Ⅴ	劣Ⅴ	劣Ⅴ	劣Ⅴ	劣Ⅴ	劣Ⅴ	劣Ⅴ	劣Ⅴ	劣Ⅴ	劣Ⅴ
3	铁岭	Ⅲ	2014	劣Ⅴ	Ⅴ	Ⅴ	Ⅴ	Ⅳ	Ⅳ	Ⅲ	Ⅲ	Ⅳ	Ⅳ	Ⅳ	Ⅴ	Ⅳ	Ⅳ	Ⅴ	Ⅳ
			2015	劣Ⅴ	劣Ⅴ	劣Ⅴ	Ⅴ	Ⅳ	Ⅲ	Ⅲ	Ⅳ	Ⅲ	Ⅲ	Ⅴ	劣Ⅴ	Ⅲ	Ⅳ	劣Ⅴ	Ⅴ
			2016	劣Ⅴ	劣Ⅴ	劣Ⅴ	劣Ⅴ	劣Ⅴ	劣Ⅴ	劣Ⅴ	劣Ⅴ	劣Ⅴ	劣Ⅴ	劣Ⅴ	劣Ⅴ	劣Ⅴ	劣Ⅴ	劣Ⅴ	劣Ⅴ
4	沙宝台	Ⅲ	2014	—	劣Ⅴ	—	劣Ⅴ	—	—	Ⅲ	Ⅲ	—	Ⅲ	—	Ⅴ	Ⅲ	Ⅳ	劣Ⅴ	Ⅳ
			2015	—	劣Ⅴ	—	Ⅴ	—	—	Ⅲ	Ⅳ	—	Ⅲ	—	劣Ⅴ	Ⅲ	Ⅳ	劣Ⅴ	Ⅳ
			2016	—	劣Ⅴ	—	劣Ⅴ	—	—	劣Ⅴ	劣Ⅴ	—	劣Ⅴ	—	劣Ⅴ	劣Ⅴ	劣Ⅴ	劣Ⅴ	劣Ⅴ
5	珠尔山	Ⅲ	2014	Ⅴ	劣Ⅴ	劣Ⅴ	Ⅴ	Ⅳ	Ⅳ	Ⅳ	Ⅲ	Ⅲ	Ⅲ	Ⅳ	Ⅴ	Ⅲ	Ⅳ	劣Ⅴ	Ⅳ
			2015	劣Ⅴ	劣Ⅴ	劣Ⅴ	Ⅴ	Ⅴ	Ⅲ	Ⅲ	Ⅲ	Ⅲ	Ⅲ	Ⅳ	劣Ⅴ	Ⅲ	Ⅳ	劣Ⅴ	Ⅴ
			2016	劣Ⅴ	劣Ⅴ	劣Ⅴ	劣Ⅴ	劣Ⅴ	劣Ⅴ	劣Ⅴ	劣Ⅴ	劣Ⅴ	劣Ⅴ	劣Ⅴ	劣Ⅴ	劣Ⅴ	劣Ⅴ	劣Ⅴ	劣Ⅴ
6	马虎山	Ⅲ	2014	—	Ⅴ	—	Ⅳ	—	—	Ⅲ	Ⅳ	—	Ⅲ	—	Ⅳ	Ⅲ	Ⅲ	Ⅳ	Ⅲ
			2015	—	Ⅲ	—	Ⅴ	—	—	Ⅲ	Ⅲ	—	劣Ⅴ	—	Ⅳ	Ⅲ	劣Ⅴ	Ⅳ	劣Ⅴ
			2016	—	劣Ⅴ	—	劣Ⅴ	—	—	劣Ⅴ	劣Ⅴ	—	劣Ⅴ	—	劣Ⅴ	劣Ⅴ	劣Ⅴ	劣Ⅴ	劣Ⅴ

序号	断面名称	水质目标	年份	1月	2月	3月	4月	5月	6月	7月	8月	9月	10月	11月	12月	丰水期	平水期	枯水期	年均值
7	毓宝台	Ⅲ	2014	Ⅴ	Ⅳ	Ⅳ	Ⅳ	Ⅳ	Ⅲ	Ⅲ	Ⅳ	劣Ⅴ	Ⅳ	劣Ⅴ	Ⅴ	Ⅳ	Ⅳ	Ⅳ	Ⅲ
			2015	Ⅳ	Ⅴ	Ⅴ	Ⅳ	Ⅳ	Ⅳ	Ⅳ	Ⅳ	Ⅳ	劣Ⅴ	Ⅳ	Ⅳ	Ⅳ	劣Ⅴ	Ⅳ	Ⅳ
			2016	劣Ⅴ	劣Ⅴ	劣Ⅴ	劣Ⅴ	劣Ⅴ	Ⅴ	劣Ⅴ	劣Ⅴ	劣Ⅴ	劣Ⅴ	劣Ⅴ	劣Ⅴ	劣Ⅴ	劣Ⅴ	劣Ⅴ	劣Ⅴ
8	平安堡	Ⅲ	2016	—	劣Ⅴ	—	劣Ⅴ	—	劣Ⅴ	—	劣Ⅴ	—	劣Ⅴ	—	劣Ⅴ	劣Ⅴ	劣Ⅴ	劣Ⅴ	劣Ⅴ
9	辽中	Ⅲ	2014	劣Ⅴ	Ⅳ	Ⅳ	Ⅳ	Ⅳ	Ⅲ	Ⅲ	Ⅳ	劣Ⅴ	Ⅳ	Ⅳ	Ⅳ	Ⅲ	Ⅳ	Ⅳ	Ⅳ
			2015	Ⅴ	劣Ⅴ	Ⅴ	Ⅴ	Ⅳ	Ⅳ	Ⅳ	Ⅳ	Ⅳ	Ⅴ	Ⅳ	劣Ⅴ	Ⅳ	Ⅴ	劣Ⅴ	Ⅴ
			2016	劣Ⅴ	劣Ⅴ	劣Ⅴ	劣Ⅴ	劣Ⅴ	劣Ⅴ	劣Ⅴ	劣Ⅴ	劣Ⅴ	劣Ⅴ	劣Ⅴ	劣Ⅴ	劣Ⅴ	劣Ⅴ	劣Ⅴ	劣Ⅴ
10	张荒地大桥	Ⅲ	2016	—	劣Ⅴ	—	劣Ⅴ	—	劣Ⅴ	—	劣Ⅴ	—	劣Ⅴ	—	劣Ⅴ	劣Ⅴ	劣Ⅴ	劣Ⅴ	劣Ⅴ
11	双台子河闸	Ⅲ	2014	劣Ⅴ	劣Ⅴ	劣Ⅴ	劣Ⅴ	劣Ⅴ	Ⅳ	劣Ⅴ	劣Ⅴ	Ⅴ	Ⅳ	劣Ⅴ	劣Ⅴ	劣Ⅴ	劣Ⅴ	劣Ⅴ	劣Ⅴ
			2015	劣Ⅴ	劣Ⅴ	劣Ⅴ	劣Ⅴ	劣Ⅴ	劣Ⅴ	Ⅳ	Ⅴ	Ⅳ	Ⅳ	Ⅴ	劣Ⅴ	劣Ⅴ	劣Ⅴ	劣Ⅴ	劣Ⅴ
			2016	劣Ⅴ	劣Ⅴ	劣Ⅴ	劣Ⅴ	劣Ⅴ	劣Ⅴ	Ⅴ	劣Ⅴ	Ⅳ	劣Ⅴ	劣Ⅴ	Ⅴ	劣Ⅴ	劣Ⅴ	劣Ⅴ	劣Ⅴ
12	向阳	Ⅲ	2016	—	劣Ⅴ	—	劣Ⅴ	—	劣Ⅴ	—	劣Ⅴ	—	劣Ⅴ	—	劣Ⅴ	劣Ⅴ	劣Ⅴ	劣Ⅴ	劣Ⅴ

注：“—”表示没有进行水质监测。

12 个水质监测断面水质类别在Ⅳ～劣Ⅴ类。从历年水质情况来看，各站点 2016 年水质比 2014 年和 2015 年年度水质略差；从不同水期水质来看，丰水期和平水期水质明显优于枯水期水质，说明辽河干流水质明显受点源污染影响。

总体来看，辽河干流（福德店—双台子河口）水质总体较差，受上游来水和区域点源排污影响较大。主要超标污染物有氨氮、化学需氧量、总磷。另外，多个监测断面出现镉、石油类超标。

（2）废污水排放情况

据调查，辽河干流（福德店—双台子河口）2015 年入河排污口共有 10 个（表 5.2-5）。废污水入河量为 1.26 亿 t/a，化学需氧量入河量为 0.49 万 t/a，氨氮入河量为 0.038 万 t/a。

表 5.2-5　评估河段 2015 年入河排污口、污染物入河量统计表

<table>
<tr><th>序号</th><th>水功能一级区</th><th>水功能二级区</th><th>入河排污口名称</th><th>废污水量/（万 t/a）</th><th>化学需氧量/（t/a）</th><th>氨氮/（t/a）</th></tr>
<tr><td>1</td><td rowspan="4">辽河干流铁岭、沈阳开发利用区</td><td>辽河柳河口农业用水区</td><td>赢德肉禽入辽河排污口</td><td>265.68</td><td>153.81</td><td>27.53</td></tr>
<tr><td>2</td><td rowspan="2">辽河小莲花排污控制区</td><td>铁岭泓源大禹城市污水处理有限公司排污口（北大沟排污口）</td><td>2 068.16</td><td>611.64</td><td>64.08</td></tr>
<tr><td>3</td><td>铁岭结核医院入辽河排污口</td><td>36.81</td><td>44.24</td><td>0.99</td></tr>
<tr><td>4</td><td>辽河柳河口农业用水区</td><td>新民吉康污水处理厂</td><td>931.39</td><td>490.84</td><td>258.93</td></tr>
<tr><td>5</td><td rowspan="6">辽河干流沈阳、鞍山、盘锦开发利用区</td><td rowspan="6">双台子河盘山渔业用水区</td><td>大洼县城市污水处理厂排污口</td><td>558.45</td><td>221.70</td><td>0.93</td></tr>
<tr><td>6</td><td>辽河石化分公司总排污口</td><td>346.90</td><td>255.83</td><td>4.04</td></tr>
<tr><td>7</td><td>辽河中路泵站排污口</td><td>50.46</td><td>102.26</td><td>21.33</td></tr>
<tr><td>8</td><td>盘锦城市污水处理有限公司排污口</td><td>5 283.79</td><td>1 901.44</td><td>3.53</td></tr>
<tr><td>9</td><td>盘锦市第二污水处理厂排污口</td><td>2 917.30</td><td>1 066.11</td><td>2.10</td></tr>
<tr><td>10</td><td>盘山县城镇污水处理厂排污口</td><td>169.00</td><td>76.41</td><td>0.90</td></tr>
<tr><td colspan="4">合计</td><td>12 627.94</td><td>4 924.28</td><td>384.36</td></tr>
</table>

5.2.4 水生生物状况

5.2.4.1 辽河鱼类研究简史

关于辽河鱼类的报道最早开始于 19 世纪中叶。1898 年出版的《中国北部牛庄鱼类采集报告》记载了辽河下游牛庄采集的 22 种鱼类标本，其中，淡水鱼类 8 种，海洋鱼类 14 种。1899 年 Fowler 在《内蒙古东部鱼类》中记载辽河鳅科鱼类 2 个新种——*Nemachilus dixoni* 和 *Nemachilus pechiliensis*。1908 年 Regan 报道了辽河一种银鱼——长鳍银鱼 *Parasalanx longianalis*。1927 年 Mori 发表了辽河 4 种淡水鱼类新种——*Leucogobio mantschuricus*、*Gobio liaoensis*、*Leuciscus brevirostris*、*Parapelecus elongatus* 以及海洋鱼类 16 种。1936 年 Mori 在《东亚淡水鱼类地理分布研究》中报道了辽河鱼类 63 种。1940 年 Miyadi 在《满洲淡水鱼类》中记述了辽河鱼类 42 种。1962 年史为良在《东北地区淡水鱼类的地理分布及区系形成的初步分析》中记录了辽河淡水鱼类 53 种。1977 年伍献文在《中国鲤科鱼类志》中报道了辽河鲤科鱼类 17 种（其中辽河鳊为新种，长吻似鮈和突吻鮈为新纪录）。1980 年秦克静在《辽宁鮈亚科鱼类及新纪录》中报道了鮈亚科鱼类 20 种，其中辽河 8 种。1981 年解玉浩在《辽河的鱼类区系》中报道了辽河鱼类 96 种，其中，淡水鱼类 83 种（自然分布的 76 种，引进鱼 7 种）；辽西诸河 46 种。1981 年之后，除鱼类区系的研究之外，相关学者还先后重点开展了辽河水系诸多水库如大伙房水库、清河水库、汤河水库、莫力庙水库等渔业资源调查、鱼类生物学以及公鱼和大银鱼移植驯化研究，发表了一些调查研究报告。

2010—2011 年刘斌等对辽河干流自然保护区开展了鱼类调查，共采集鱼类 6 目 8 科 28 种。2014 年，张浩等在辽河流域共采集鱼类 2 纲 11 目 18 科 49 属 62 种。其中，东辽河及辽河干流共采集鱼类 2 纲 9 目 15 科 41 属 49 种；西辽河流域采集鱼类 1 纲 5 目 8 科 25 属 28 种；浑太河流域共采集鱼类 2 纲 8 目 12 科 34 属 42 种。

2016 年调查期间辽河干流（福德店至入海口）共采集鱼类 12 目 21 科 62 种，其中，土著鱼类 58 种，外来鱼类为鳙鱼、草鱼、青鱼、团头鲂 4 种；58 种土著鱼类中，鲤科最多为 20 种；4 种外来鱼类为近年来辽河沿岸各县增殖放流的物种。

5.2.4.2 辽河干流渔业资源现状

辽河干流上游及各支流平时水量较少，一般流速缓慢，渔业不发达。在河口地区，因河流汇集，水量丰富，渔业生产比较集中。历史时期，辽河口地区渔业资源曾十分丰富。河刀鱼、梭鱼、面条鱼以及河蟹和对虾曾是河口渔业的主要生产品种。双台子河 20 世纪 50 年代的鱼产量为每年 400～2 000 t，平均 870 t，此后由于河闸的相继建成使用，河道淤塞，水质污染，河口渔业生产受到严重影响。如河刀鱼原年产 50 万～100 万 kg，因系逆河性鱼类，河闸建成后资源随即衰减，河刀鱼已近消失。河蟹是本区特有的水产资源，1965 年前河蟹年产量为 500～700 t，1978 年后产量急剧下降，最低时年产不足 100 t；1984 年后由于开展了人工增养和人工育苗，年产量回升到 300～600 t 的水平。

目前，辽河干流常见鱼类仅 20 余种，多以环境耐受性强的鲫鱼和餐条、鳑鲏为主，鱼类食性主要为杂食性，缺乏大型经济肉食性鱼类，无天然渔场。辽河干流福德店—盘山闸为常年禁渔区，河流渔业捕捞量甚少。

辽宁省于 2011 年 2 月 1 日—2013 年 1 月 31 日和 2017 年 8 月 1 日—2020 年 7 月 31 日期间，在辽河保护区干流水域内严格实施禁渔政策。2010 年 9 月，铁岭市辽河干流首次开展渔业增殖放流活动，共放流了 10 万尾鳙鱼苗、30 万尾鲢鱼苗。近年来，辽宁省在辽河干流沈阳康平段、铁岭段、盘锦段均有增殖放流活动。

5.2.4.3 辽河干流鱼类“三场一通道”

（1）产卵场

历史上辽河干流鱼类资源丰富，但受辽河水污染及河道缺水干枯的影响，辽河干流鱼类种类及资源衰退严重，部分河段鱼类几乎绝迹。在辽河干流的河滩、水草等区域，分布有产黏性卵鱼类的产卵场。辽河干流盘山闸以上鱼类以环境耐受性强的鲫鱼和餐条、鳑鲏为主，鱼类食性主要为杂食性，为产黏性卵鱼类，其卵产出后黏附或缠绕在河岸带水生植物附着物上发育。受水质污染、人类活动影响，仅在盘山闸以下河口地区有产漂流性、沉性卵鱼类产卵场分布（表 5.2-6）。

表 5.2-6　辽河口地区鱼类产卵特性

鱼类	产卵期	产卵特性	繁殖水域	食性
梭鱼	4—5 月	产漂浮性卵	2～8 m 细沙质咸淡水混合区	杂食性，主要刮食底泥中的腐屑和泥表的微小生物
斑尾复鰕虎鱼	4—5 月	产沉性卵	潮间带及潮下带的泥滩区域	属动物食性，主食鱼虾蟹类和小型头足类

辽河河口所在的辽东湾是多种经济鱼类的产卵场、索饵场、育肥场和洄游通道，渔业资源种类包括洄游性种类、近距离移动种类和渤海地方性种类，鱼类种类及资源量较丰富。辽河河口为多种经济鱼类提供良好的栖息环境，其中最重要产卵场为河蟹产卵场，产卵场范围在三道沟以下至海淡水交界处。

（2）越冬场

每年 11 月以后，随着气温下降，水量减少，水位降低，鱼类活动减少，鱼类从浅水区进入饵料资源相对较为丰富、温度较为稳定的干流深水区或河口深水海区越冬。

（3）索饵场

河口区有宽广平坦的滩涂，中潮带底质大部为泥底，其上附有丰富的黄褐色“油泥”。随着河流淡水的流入，带来大量有机物和营养盐类，形成了饵料极其丰富的区域，为仔幼鱼的摄食提供了优越的条件。而且浅水区光照条件好，水温提升快，适宜着生藻类生长，有机质丰富，相应地底栖无脊椎动物也较为丰富。每年 3—5 月有大批鱼苗（仔、稚、幼鱼）从海区随潮进入河口索饵。梭鱼每年 5—6 月有幼鱼从海区进入河口索饵，赤鼻棱鳀、青鳞鱼、中颔棱鳀于 6 月下旬以后亦有稚、幼鱼进入河口，鰕虎鱼类 4—5 月有大批仔稚鱼进入河口区，夏季（6—8 月）产卵的种类沙氏下鱵鱼、红狼牙鰕虎鱼仔稚鱼也在河口区育肥。

（4）洄游通道

鱼类洄游通道主要分布在辽河干流盘山闸以下河段。受水质污染、泥沙含量大等因素影响，珍稀水生生物生境较差。因盘山闸的建设，刀鲚、凤鲚、银鱼、鳗鲡等江海洄游性鱼类洄游通道受阻。

5.2.4.4 大型水生植物与底栖动物

（1）大型水生植物

辽河干流水生植物包括挺水植物、沉水植物和浮生植物。优势植物主要以芦苇、香蒲、菖蒲、水蓼、红蓼、睡莲等为主。据调查，辽河干流水生植物种类主要包括 33 科 109 种，主要包括蓼科、毛茛科、眼子菜科、香蒲科、龙胆科、莎草科、泽泻科、狸藻科、菱科、小二仙草科、禾本科、睡莲科等。

（2）底栖动物

2009 年辽河干流共采集到大型底栖动物 7 500 余头，隶属于 3 门 4 纲 10 目 24 科 40 种。水生昆虫主要为双翅目的摇蚊幼虫以及毛翅目、蜉蝣目和鞘翅目的幼虫，其中摇蚊幼虫和毛翅目的纹石蚕为优势种。寡毛类主要为水丝蚯。软体动物主要有腹足纲的椎实螺科、扁卷螺科以及真瓣鳃目的无齿蚌亚科和截蛏科，其分布较少（张远等）。

2016 年调查期间辽河干流（福德店至入海口）底栖动物 5 类（软体动物、甲壳动物、环节动物、水生昆虫和其他动物），共计为 16 目 44 科 100 种，其中水生昆虫种类最多为 59 种，隶属为 6 目 27 科。在大型底栖动物类群上，辽河干流以水生昆虫和软体动物为主。但就物种而言，双翅目种类最多达 25 种，占总数的 25%。从时间上看，夏季采集到的物种最多，为 51 种，明显高于春季（44 种）和秋季（37 种），这说明夏季水生昆虫大量繁殖，特别是蜉蝣目、毛翅目、半翅目等出现较多。相反，在秋季少见种出现得比较少，秋季物种数仅有 37 种，这与秋季捕食者的捕食压力大和部分摇蚊幼虫羽化有关。盘山闸至入海口段处于河口水域，受海水的影响，该河段与上游底栖动物种类组成差异巨大。

5.2.5 社会服务功能状况

5.2.5.1 水功能区划与水质达标情况

辽河干流（福德店—双台子河口）共划定 11 个水功能区（一级水功能区和二级水功能区合计数），其中包括：饮用水水源区 2 个，过渡区 1 个，农业用水区 6 个，渔业用水区 1 个，排污控制区 1 个。评估河流水功能区划分及水质目标详见表 5.2-7。

表 5.2-7 评估河流水功能区列表

序号	评估河段	二级水功能区	起始断面	终止断面	长度/km	水质目标
1	福德店—柴河口	辽河福德店饮用、农业用水区	福德店	柴河入河口	138	III
2	柴河口—石佛寺水库出口	辽河小莲花排污控制区	柴河入河口	小莲花	7	—
		辽河小莲花过渡区	小莲花	八天地	13	III
		辽河八天地农业、饮用水水源区	八天地	石佛寺水库入口	11	III
		辽河石佛寺水库饮用、农业用水区	石佛寺水库入口	石佛寺水库出口	21	III
3	石佛寺水库出口—柳河口	辽河马虎山农业、饮用水水源区	石佛寺水库出口	马虎山	32	III
		辽河柳河口农业用水区	马虎山	柳河入河口	63	III
4	柳河口—小徐家房子	辽河小徐家房子农业用水区	柳河入河口	小徐家房子	102	III
5	小徐家房子—盘山闸	辽河小徐家房子农业、饮用水水源区	小徐家房子	西沟稍子	50	III
		双台子河西沟稍子农业、饮用水水源区	西沟稍子	盘山闸	23	III
6	盘山闸—入海口	双台子河盘山渔业用水区	盘山闸	向阳	45	III

5.2.5.2 水资源开发利用率与沿河居民

（1）水资源开发利用率

根据 2015 年实际用水量、供水量和 1956—2016 年水资源量数据，辽河干流水资源开发利用率为 56.2%。其中，地表水供水量为 14.98 亿 m^3，开发利用率为 37.1%；地下水供水量 24.31 亿 m^3，开发利用率为 78.2%。柳河口以下地区水资源开发利用率高达 101.7%，远高于柳河口以上地区。

（2）沿河居民

辽河干流评价河段流经康平、昌图、法库、开原、调兵山、铁岭、新民、台安、黑山、盘山、盘锦、北宁等共计 14 个县（市、区）。总人口 851.84 万人，其中城镇人口 436.32 万人；GDP 为 4 011.10 亿元。

5.2.5.3 防洪

2005年10月，辽河干流上唯一一座大型控制性水利工程——石佛寺水库的建成，标志着辽河流域防洪体系基本建成。石佛寺水库与辽河左侧支流清河上的清河水库、寇河上的南城子水库、柴河上的柴河水库、汎河上的榛子岭水库4座水库及右侧支流柳河上的闹得海水库与区间堤防共同组成辽河干流防洪工程体系。辽河干流铁岭以上段规划防洪标准为50年一遇，铁岭市规划防洪标准为100年一遇，石佛寺水库以下至盘山闸段规划防洪标准为100年一遇，盘锦市规划防洪标准为200年一遇，盘锦以下至辽河双台子河口规划防洪标准为50年一遇。石佛寺水库一期工程建成后，能提高保护辽河下游235万人口、2 870 km^2 耕地，以及提高辽河油田、沈山铁路和高速公路、东北输油管线、国际国内通信干线等国家基础设施和重要工况企业的安全标准，并具备向沈阳日供水20万t的能力。

辽河目前大部分堤防建设于20世纪80年代末90年代初，受制于当时的经济水平及筑堤技术，很多取土较为困难的堤段采用了滩地粉土、粉细沙等不合格筑堤土料，是造成目前辽河沙堤沙基段堤防大量存在的主要成因。辽河干流堤防目前共有沙堤沙基总计103处，总长251.815 m，其中，已治理3处，治理长度10.6 km，未治理长度241.215 km。辽河干流现状堤防长度为620.82 km，其中左堤313.44 km，右堤307.38 km。已建成的石佛寺水库一期、清河、南城子、柴河、榛子岭、闹得海6座大型水库，基本控制了辽河干流中下游的干支流洪水，解除了洪水对该地区的威胁。但由于辽河口盘山闸与南侧分洪滩地过流能力不足，给河口地区防洪构成严重威胁。辽河干流石佛寺水库至盘山闸防洪标准为100年一遇；辽河干流石佛寺以上和盘山闸以下防洪标准均为50年一遇。

5.2.6 辽河干流沿岸环境敏感区域

5.2.6.1 辽宁辽河口国家级自然保护区

辽宁辽河口国家级自然保护区位于辽宁省辽东湾北部盘锦市境内的双台子河入海口处，辽河三角洲的最南端，地理坐标为东经 121°28′09.74″～122°00′23.92″、北纬40°45′00″～41°08′49.65″，总面积800 km^2。范围包括北部芦苇沼泽区与南部河口滩涂区两部分，跨盘山、大洼两县，是以保护丹顶鹤等珍稀水禽及其赖以生存的湿地生态环境为主的野生动物类型自然保护区。

湿地类型包括芦苇沼泽、河流、浅海海域、滩涂、水库和水稻田等。主要保护对象包括丹顶鹤等 44 种珍稀濒危鸟类、野大豆、黑嘴鸥和河口原生湿地生态系统。该保护区始建于 1985 年，1987 年被列为省级自然保护区，1988 年升格为国家级自然保护区，2005 年保护区加入《关于特别是作为水禽栖息地的国际重要湿地公约》，列入国际重要湿地名录。

根据《辽宁辽口国家级自然保护区总体规划（2011—2020 年）》，保护区划分为核心区、缓冲区和实验区 3 个功能区。核心区是保护区的核心，全部为天然湿地，包括芦苇沼泽、河流水域、滩涂和浅海海域 4 种湿地类型。核心区分为 3 块，总面积 295.8 km^2，占保护区面积的 37%；缓冲区位于核心区周围，面积 183.32 km^2，占保护区面积的 23%；实验区位于缓冲区周围，是保护区进行科学实验与科学研究、宣传教育与科学普及的重要场所，面积 320.87 km^2，占保护区面积的 40%。

5.2.6.2 双台子河口海蜇中华绒螯蟹国家级水产种质资源保护区

双台子河口海蜇中华绒螯蟹国家级水产种质资源保护区于 2009 年公布，总面积 7 724 hm^2，其中核心区面积 2 189 hm^2，实验区面积 5 535 hm^2。核心区特别保护期为全年（辽东湾海蜇开捕期除外）。保护区位于辽宁省盘锦市境内双台子河口及其流域水域，即双台子河口拦门沙洲—门头岗至双台子河闸（122°04′55.43″E，41°11′17.24″N）、绕阳河红旗水库北军属屯站（122°01′18.52″E，41°18′51.43″N）以南河段、西沙河青年水库（121°51′14.98″E，41°17′3.29″N）以南河段、月牙子河甜水乡小板村（121°43′1.70″E，41°17′47.26″N）以南河段。核心区是由 7 个拐点顺次连线围成的河口水域，拐点坐标分别为：121°48′52.49″E，40°57′30.18″N；121°49′23.61″E，40°54′7.17″N；121°49′31.72″E，40°51′17.15″N；121°45′39.75″E，40°51′15.19″N；121°45′17.22″E，40°52′52.05″N；121°45′56.26″E，40°52′48.22″N；121°47′28.15″E，40°54′51.64″N。实验区位于由 4 个拐点连线除去核心区以北的河道水域，拐点坐标分别为：121°44′17.86″E，40°51′49.18″N；121°45′39.75″E，40°51′15.19″N；40°51′17.15″N，121°49′31.72″E；121°50′29.11″E，40°51′14.76″N。主要保护对象为海蜇、中华绒螯蟹，其他保护物种包括鲈鱼、毛虾、脊尾白虾、刀鲚、凤鲚、梭鱼、鲻鱼、兰蛤等。

5.2.6.3 辽河保护区

为了治理辽河，2010 年，辽宁省委、省政府借鉴国外河流管理先进经验，划定辽河保护区，设立辽河保护区管理局，在保护区范围内统一依法行使环保、水利、国土资源、交通、农业、林业、海洋与渔业等部门的监督管理和行政执法职责以及保护区建设职责，体现流域综合管理的理念。辽河保护区始于东西辽河交汇处（铁岭—福德店），终于盘锦入海口，分布在东经 123°55.5′～121°41′，北纬 43°02′～40°47′，面积为 1 869.2 km^{2}的区域。保护区的边界：有堤河段，以辽河大堤背水面坡脚之外 20 m 为界；无堤河段，根据辽河干流两侧道路、地势等划定，保护区分布范围见文后附图 1。

5.2.6.4 昌图辽河国家湿地公园

昌图辽河国家湿地公园（试点）位于辽宁省昌图县，从东辽河、西辽河交汇处的福德店至通江口乡，河长 82.3 km，总面积 2 191.88 hm^2。该湿地公园成立于 2015 年 12 月，秉承“保护优先、科学恢复、合理利用、持续发展”的指导思想，划分为保育区、生态恢复区、宣教展示区和管理服务区 4 个功能区。其中保育区贯穿整个湿地公园，包括辽河干流昌图段的主河道、河岸草本沼泽、灌丛沼泽湿地以及森林等；生态恢复区包括辽河干流后窑镇、大四镇的滨河地带以及河岸部分退化护岸林等；科普宣教区划分为“一带三园”：即福德店湿地景观展示园、辽河古渡文化展示园、如意湖湿地科普宣教园、辽河“十里画廊”宣教带；管理服务区划分为“一区三站”的建设格局。

5.2.6.5 康平辽河国家湿地公园

康平辽河国家湿地公园（试点）位于辽宁康平县辽河干流西侧，包含辽河永久性河流水面、辽河季节性洪泛形成的洪泛平原、草本沼泽和灌丛沼泽。湿地公园北至马家铺，西以辽河西侧堤坝及道路为界，东为辽河干流中线，南抵小塔子村。规划区内河道长 52.70 km、河道宽 70～120 m，规划总面积 2 723.93 hm^2，湿地面积 2 357.33 hm^2，湿地率为 86.54%。该湿地公园成立于 2015 年 12 月。根据湿地资源分布情况，以保护湿地公园生态系统完整和生态功能完善为目标，将康平辽河国家湿地公园分为保育区、生态恢复区、宣教展示区、合理利用区、管理服务区共 5 个功能区。

5.2.6.6 盘锦辽河国家湿地公园

辽宁盘锦辽河国家湿地公园（试点）位于盘锦市兴隆台区，地处辽河三角洲辽河与绕阳河交汇处，毗邻辽宁辽河口国家级自然保护区。规划区主要湿地类型有沼泽湿地、河流湿地和人工湿地，湿地资源丰富，是东亚—澳大利西亚候鸟迁徙路线上的重要栖息地。在此繁殖的 8 种鹭鸟种群数量达 13 万余只，具有重要的保护价值。湿地公园总面积 921.20 hm^2，东起铁路桥上游 1 000 m，西至双台子大桥下游 1 300 m，全长 3 840 m。该湿地公园成立于 2016 年 12 月。

5.2.6.7 辽宁七星国家湿地公园

辽宁七星国家湿地公园位于辽宁省沈北新区，跨黄家、石佛两个街道，总面积 573.37 hm^2。七星国家湿地公园地处辽河岸边，石佛寺水库大坝左岸。园区内主要以辽河水面风景为主，打造“亲山近水、回归自然、觅古寻踪、多元文化”的七星旅游经济区。该湿地公园成立于 2013 年 12 月，共划分为生态保育区、恢复重建区、科普宣教区、合理利用区、管理服务区 5 个功能区，其中生态保育区占比达 60.19%。

5.2.6.8 盘锦红海滩风景区

盘锦红海滩风景区位于辽宁省盘锦市大洼县王家镇和赵圈河乡境内，地处辽河三角洲湿地内，总面积 5 km^2。它以全球保存得最完好、规模最大的湿地资源为依托，以举世罕见的红海滩、世界最大的芦苇荡为背景，是一处自然环境与人文景观完美结合的纯绿色生态旅游系统。景区内现有苇海观鹤、月牙湾湿地公园、红海滩码头 3 个景点，并在红海滩度假村内设有游客接待中心。景区内有 200 余种鸟类共数十万只，是丹顶鹤繁殖的最南线，也是世界珍稀鸟类黑嘴鸥的主要繁殖地。

织就盘锦红海滩的是沿海滩涂上大片生长的一年生草本植物碱蓬草（翅碱蓬）——一种适宜在盐碱土质上存活的草。翅碱蓬为湿生草本植物，耐盐性较强，多生于海边、盐湖边、碱斑地、碱性草地及湿草地。尤其在滨海潮沟两侧或受潮水影响的低洼地带，土壤质地黏重，含盐量 1%左右的环境中最适合生长。潮间带滩涂翅碱蓬是一种特殊的植物群落，只生长在特定标高的有周期性潮汐作用的滩涂。潮汐是保证翅碱蓬在高盐度潮间带正常生长的重要自然力，可以及时洗脱翅碱蓬排出体外的大量盐分，避免盐分结晶形成盐鞘使植物受害死亡。正常年份翅碱蓬 3 月上中旬至 6 月上旬可出苗，出土子叶鲜红，7—8 月为花期，9—10 月为结实期，11 月初种子完全成熟。深秋成熟时植株火红，热烈如火，鲜艳欲滴。

在双台河口接官厅至二界沟 26.3 km 的防潮大堤下，由翅碱蓬簇生而成的单一植物群落遍布海滩，绵延数千米，4 月末长出时一片粉红，8 月、9 月变成棕红色，犹如镶嵌在绿苇蓝海间的一块“红地毯”，被誉为奇观“红海滩”，是盘锦市生态旅游的重要资源，已列为辽宁“五十佳景”之一，具有极高的观赏价值。

5.2.7 主要生态环境问题

5.2.7.1 辽河干流水污染严重，水环境问题依然突出

辽河流域是我国重要的经济区，辽河平原是辽河流域人口密集、社会和经济发达区，也是我国水污染最严重的区域之一。辽河流域水环境污染严重，污染持续历史长久。水质监测数据表明，历史时期辽河干流 80%的断面水质劣于国家地表水Ⅴ类标准。自“九五”末期开始，经过长期不懈努力，辽河流域水污染得到初步控制，水质和生态环境有所改善，但水环境污染问题依然较重。

从 2014—2016 年辽河干流 12 个水质监测断面监测数据来看，河流水质类别在Ⅳ类～劣Ⅴ类，水质总体较差。从历年水质状况来看，2016 年水质比 2014 年、2015 年水质略差，主要超标污染物有氨氮、化学需氧量、总磷等。此外，多个监测断面出现镉、石油类超标。从水期来看，辽河干流河道径流量对水质影响差异较大，枯水期水质差，COD、氨氮等指标普遍超标，丰水期、平水期水质相对较好，河流水环境质量超Ⅴ类问题尚未得到妥善解决。

受未来地区经济发展影响，随着流域工业化、城镇化高速发展，工业污染、生活污染、农村面源污染和历史遗留污染叠加，辽河干流的水质综合治理工作将继续面临很大压力和困难。

5.2.7.2 水资源缺乏，生态需水保障困难

辽河流域处于半干旱半湿润地区。总体情况是西辽河偏干旱，处于干旱半干旱过渡形态。辽河干流以西独流入海河流偏旱，以东河流偏湿润。辽河干流处于过渡形态。据统计，1980—2000 年辽河干流共发生过 8 次断流，最大断流长度为 60 km，累计断流 123 天。河流断流破坏流域生态系统的完整性，导致河道水生态系统结构和功能的根本改变，对下游湿地生态环境及其生物多样性产生较大的负面影响，并造成湿地潜在萎缩。

辽河流域经济社会发展长期依赖挤农业用水、压工业用水、占生态用水、保生活用水才勉强维持。2015 年辽河干流流域水资源利用率为 56.2%，尤其在柳河口以下地区，水资源开发利用率已达 101.7%，成为资源性缺水地区。由于水资源大规模开发利用，自西辽河至辽河干流，已形成大面积的地下水漏斗。人们的生产、生活用水挤占了大量的生态用水，造成河流生态流量不足，降低了河流的环境承载能力。近年来，随着各项跨流域调水工程的实施，辽河中下游地区缺水问题得到一定缓解。

5.2.7.3 生物多样性降低

通过湿地调查和资料收集，历史上辽河干流及周边地区曾发现脊椎动物 434 种，隶属 36 目 94 科；爬行动物有 3 目 5 科 21 种；鸟类有 16 目 56 科 340 种；哺乳动物有 6 目 11 科 24 种。被列为国家一级重点保护的野生动物 10 种（白鹳、黑鹳、金雕等），国家二级重点保护的野生动物 28 种（大鸨、白尾鹞等），省级重点保护动物 76 种。区内植物种类丰富，是长白植物区系、内蒙古植物区系和华北植物区系交汇的地区。历史上，在辽河干流沿岸植物种类有 41 科 230 种，其中具有代表性的建群种有芦苇、菖蒲、小叶樟等。

现在除辽河口自然保护区生态环境保存较为完好外，其余区域平原地区动植物资源稀少且种类单一，主要表现在：森林覆盖率低，且功能单一；原有的乡土植被已基本破坏殆尽，如今植被主要是杨柳树等外来速生品种和杂草，不适宜大多数动物和鸟类的繁衍生息；鱼类资源急剧减少，种类组成丰富度低，结构单一，多为小型耐污种类，对生境条件要求较高的珍稀鱼类，如沙塘鳢濒临绝迹；底栖动物也表现出种类较单一的特点，作为清洁水体指示物种的水生昆虫在该水域也同样未出现。

5.2.7.4 水土流失严重

辽河是多泥沙的河流。据调查，辽河干流流域水土流失面积为 15 637 km^2，占流域土地面积的 32.44%。其中，水蚀面积 9 295 km^2，占水土流失面积的 59.44%，风蚀面积 6 342 km^2，占 40.56%。每年进入辽河干流的大部分泥沙来自柳河和西辽河，仅柳河年流失泥沙就达 702 万 t，水土流失使土壤有机质减少，肥力下降，年流失肥料物质 7.7 万 t（泥沙中 N、P、K 含量按 11 kg/t 计）。柳河上游的养息牧河侵蚀模数超过 5 000 t/(km^2·a)，属强度侵蚀区。辽河中下游侵蚀模数较小，为 200～500 t/（km^2·a）。

辽河干流柳河口以下部分河段形成二级悬河。受泥沙淤积影响，河槽过流能力萎缩，滩地淤高、土壤沙化、河势不稳，河道行洪能力普遍下降。

5.2.7.5 天然湿地萎缩

近年来，由于辽河上游地区社会经济的发展，用水量不断加大，加之近 10 年的连续枯水，造成辽河口自然保护区湿地严重缺水，湿地植被生长受到较大影响。此外，河口湿地由于农业生产和油田的过度开采导致天然湿地面积被大量侵占，上游工农业用水挤占生态用水，使得辽河干流下泄水量减少，加之海水入侵等原因，打破了原有的水盐平衡和水沙平衡，造成天然湿地退化；辽河口每年接纳大量废污水，使河口区受到严重污染，已超出水体本身的自净能力，生物栖息地环境发生变化，生物多样性下降，有的种类已濒临绝迹，河口生态系统遭到破坏。与 20 世纪五六十年代相比，流域内双台河口重要湿地现状保留率约为 86%。

河口地区湿地面积的变化主要是由区域开发造成，特别是 20 世纪 80 年代以来，原有湿地面貌发生较大变化，表现出自然湿地逐渐减少、人工湿地逐渐增加的趋势。1986 年辽河口区水田面积 6.56 万 hm^2，1990 年增至 7.7 万 hm^2，1995 年下降为 7.59 万 hm^2（主要为石油开发占用），2000 年增至 9.22 万 hm^2（水田开发占用自然湿地，主要是苇田、沼泽）。海水养殖面积逐渐增加，1986 年为 1.09 万 hm^2，1995 年为 2.39 万 hm^2，2000 年为 3.27 万 hm^2。淡水养殖面积由 1986 年的 0.63 万 hm^2 增加到 2000 年的 2.08 万 hm^2。

随着河口地区油田和农业开发强度的增大，原有芦苇湿地景观发生一定程度的变化。各种道路等人工设施的修建，造成了芦苇湿地的破碎化、岛屿化；为御咸蓄淡，各潮沟设闸拦水，切断了潮水供给，使部分地区沼泽生态系统退化为沼泽草甸生态系统。

5.2.7.6 闸坝建设对辽河干流连续性的影响

辽河干流现有唯一一座石佛寺水库，主要闸坝为盘山闸，其上游有多座滚水坝。由于闸坝的建设，辽河干流的纵向连续性被破坏，特别是盘山闸所处入海河口区，生物洄游通道不畅，鱼类品种单一化；而河流自身结构被分割，抬高河流水位，蓄水形成静止水面，建闸河段的发育特征发生改变，促使其水生生态系统向着“湖库”方向发育。

5.3 辽河干流评估河流分段方案

辽河干流（福德店—双台子河口），河长 516 km，自北向南流经辽宁省铁岭市、沈阳市、鞍山市、盘锦市，于盘山闸入渤海，为平原河流。辽河干流地势平坦，地貌单元比较单一，均属辽河冲积平原，河流沿岸工农业发达，涉及双台河口国家级自然保护区、双台子河口海蜇中华绒螯蟹国家级水产种质资源保护区、辽河保护区等敏感目标。按照河流分段评估技术规定，根据辽河干流河流地貌形态特征、水文及水力学状况变异、水生生物特征以及流域经济社会发展特征的相同性和差异性，结合流域实际情况，将辽河干流评估河流划分为 6 个评估河段。

（1）评估河段 1：福德店—柴河口，河长 138 km。水功能区为辽河福德店饮用、农业用水区。河段控制水文站福德店、通江口，水质站福德店、通江口。该河段海拔高度为 58～89 m，河道两岸多为连绵的山地和丘陵，左岸是辽东山地，右岸为康平、法库丘陵及湿地；此段相继有招苏台河、亮子河、清河、中固河汇入，河宽 30～300 m，河床平均比降 0.22‰，平均流量 220～930 m^3，河道弯曲系数 1.87，居流域之首；宽深比 2.5～14.1。

（2）评估河段 2：柴河口—石佛寺水库出口，河长 52 km。水功能区为辽河小莲花排污控制区、辽河小莲花过渡区、辽河八天地农业饮用水水源区、辽河石佛寺水库饮用、农业用水区。河段控制水文站铁岭，水质站铁岭、沙宝台、珠尔山。该河段流经铁岭市区，建有石佛寺水库，有支流柴河、汎河汇入。河道相对顺直，弯曲系数 1.15，河道宽深比 5.9，海拔 40～58 m，河道比降 0.2‰。该区主要以粮食生产为主，农业人口较为集中。石佛寺水库处河宽 200 m 左右，河谷宽 8 km。

（3）评估河段 3：石佛寺水库出口—柳河口，河长 95 km。水功能区为辽河马虎山农业、饮用水水源区、辽河柳河口农业用水区。河段控制水文站马虎山、巨流河，水质站马虎山、毓宝台。有较大支流秀水河、养息牧河右侧汇入。该河段进入沈阳市境内，河道平面摆动幅度较大，为 3～5 km，历史上造成多处自然裁弯，平均河宽 200 m，河床比降 0.19‰，海拔为 24～40 m。

（4）评估河段 4：柳河口—小徐家房子，河长 102 km。水功能区为辽河小徐家房子农业用水区。该河段控制水文站平安堡，水质站平安堡、辽中，有含沙量较大的柳河大支流汇入。因受柳河泥沙淤积影响，河床逐年抬高，平均河宽 240 m，河床比降降至 0.14‰，河槽宽浅，平均流量 625～920 m^3，河道弯曲系数 1.50～1.66，宽深比 3.86～12.06，具有游荡性河道特征。总体上该区受泥沙沉积作用，沿岸农田密布。

（5）评估河段 5：小徐家房子—盘山闸，河长 73 km。水功能区为辽河小徐家房子农业饮用水水源区和双台子河西沟稍子农业、饮用水水源区。河段控制水文站辽中，水质站张荒地大桥、盘山闸。该河段无大支流汇入，平均河宽 200 m，河床比降 0.12‰，受上游来沙及下游盘山闸长期关闸蓄水的影响，河床逐年淤高，河流进入盘锦市，为农业耕作区。

（6）评估河段 6：盘山闸—入海口，河长 56 km。水功能区为双台子河盘山渔业用水区、双台子河河口保护区。河段控制水文站六间房水文站，水质站向阳，有支流绕阳河汇入。河流流经双台河口国家级自然保护区、双台子河口海蜇中华绒螯蟹国家级水产种质资源保护区。该河段为感潮河口区域，流经盘锦市区，宽深比 1.8～9.4，河段弯曲系数 1.07～1.56，平均流量 540～980 m^3；河口以上 20 km 处有绕阳河注入，河道两岸为开阔的冲积平原，地势平坦，河床组成多以壤土为主；由于受潮汐和上游来沙的双向影响，泥沙在此处有严重的淤积现象，河床比降 0.04‰。

评估河流分段信息具体见表 5.3-1 和文后附图 2。河岸带、水生生物监测点周边环境状况见文后照片 1～照片 24。

表 5.3-1　辽河干流（福德店—河口）评估河段及监测布点

序号	评估河段	长度/km	控制水文站	水质监测	水生生物调查	河岸带调查
1	福德店—柴河口	138	福德店、通江口	福德店、通江口	福德店、通江口、柴河口	福德店、新发堡村、招苏台河河口、丈沟子村、柴河口
2	柴河口—石佛寺水库出口	52	铁岭	铁岭、沙宝台、珠尔山	柴河口、珠尔山、马虎山	柴河口、大冯家窝堡、珠尔山村、石佛寺水库出口
3	石佛寺水库出口—柳河口	95	马虎山、巨流河	马虎山、毓宝台	马虎山、长山子、柳河口	石佛寺水库出口、G101 马虎山村公路桥、秀水河河口、G304 公路桥、柳河口
4	柳河口—小徐家房子	102	平安堡	平安堡、辽中、	柳河口、东古城子、卡南	柳河口、四法线公路桥、李家村、下万子村、小徐家房子
5	小徐家房子—盘山闸	73	辽中	张荒地大桥、盘山闸	卡南、张荒地大桥、盘山闸	小徐家房子、张大镇公路桥、九台子村、盘山闸
6	盘山闸—入海口	56	六间房	向阳	盘山闸、西河沿、向阳、小台子	盘山闸、盘大公路桥、八道湾、双台子河口（入海口）
合计		516	9 个	12 个	14 个	22 个

5.4 调查监测技术方案

5.4.1 水文水资源调查监测方案

5.4.1.1 调查监测项目与估算

（1）调查监测项目

1）河段水文站基本信息，包括测站名称、断面所在位置、测站类型等基本信息（表5.4-1）；

表 5.4-1 辽河干流水文站实测径流资料情况

水文站	收集的实测系列	需插补系列	备注
福德店	1973—2016	—	水文站于 1950 年 4 月设立，1973 年以前为水位站。该站位于辽河干流上游，地理位置在辽宁省昌图县长发乡王子村。集水面积 106 925 km^2。观测项目包括水（潮）位、流量、泥沙悬移质、降水、蒸发、水温、冰情、地下水及墒情
通江口	1956—2016	—	水文站建于 1934 年 7 月，位于辽河干流上游，站址在辽宁省昌图县通江口乡镇通江口村，集水面积 112 177 km^2，观测项目包括水位、流量、泥沙悬移质、降水、蒸发、水温、冰情、水质、地下水及墒情
铁岭	1956—2016	—	水文站于 1933 年 11 月建站，位于辽河干流中游，站址在辽宁省铁岭县镇西堡乡养马堡村，集水面积 120 764 km^2，观测项目包括水位、流量、泥沙悬移质、降水、蒸发、水温、冰情、水质、地下水及墒情
马虎山	1963—1994，2001—2016	1956—1962，1995—2000	水文站首建于 1955 年 7 月，位于辽河干流中游，站址在辽宁省新民市陶屯乡乌尔汉村，集水面积 124 447 km^2，观测项目包括水位、流量、泥沙悬移质、降水、水温、冰情、水质及墒情
巨流河	1956—2000	2001—2016	水文站于 1934 年 9 月建站，2001 年停测。辽宁省新民市镇郊乡顿家窝堡村，集水面积 129 311 km^2，观测项目包括水位、流量、泥沙悬移质、降水、蒸发、水温及冰情
平安堡	1988—2016	1956—1987	水文站建于 1987 年，位于辽河干流中游，站址在辽宁省新民市大民屯镇平安堡村。该站观测项目包括水位、流量、泥沙悬移质、降水、蒸发、水温及冰情
辽中	1956—2016	—	辽中水文站于 1987 年建站（1987 年之前为朱家房站），位于辽河干流下游，站址位于辽宁省辽中县城郊乡三家子村，观测项目包括水位、流量、泥沙悬移质、降水、水温、冰情、水质及地下水
六间房	1987—2016	1956—1986	六间房水文站建于 1938 年 1 月，位于辽河干流下游，站址在辽宁省台安县新开河镇，该站观测项目包括水位、流量、泥沙悬移质、降水、蒸发、水温及冰情

2）河段典型断面评估年 2001—2016 年逐月实测及天然（还原）径流量、逐日实测径流量；

3）各控制断面 1956—2016 年多年平均实测及天然（还原）径流量。

（2）调查监测与估算

1）评估河段内有水文站的，优先选用水文站监测数据；

2）评估河段没有水文站的，采用临近水文站监测数据代替。

5.4.1.2 水文站径流还原计算方法

根据收集到的各站实测径流资料及上游各业用水量，进行断面以上水量还原计算，从而得到各站天然径流量系列。水量调查和还原计算采用流域水资源调查评价阶段确定的方式、方法。对于在水资源调查评价成果中已经具有 1956—2000 年径流系列的站点，重点是经过还原、统计、插补，得出 2001—2016 年天然年月径流系列；对于本次新增加的水文站，经过还原统计及插补计算，得出 1956—2016 年的天然年月径流系列。对于还原后的天然年月径流量，要进行干支流、上下游和地区间的综合平衡分析，检查其合理性。

还原计算时段内天然径流量采用通用的公式计算：

$$W_{天然}=W_{实测}+W_{农灌}+W_{工业}+W_{城镇生活}\pm W_{引水}\pm W_{分洪}\pm W_{库蓄变}+W_{其他} \tag{5.4-1}$$

式中，$W_{天然}$——天然径流量，万 m^3；

$W_{实测}$——实测径流量，万 m^3；

$W_{农灌}$——农业灌溉用水耗损量，万 m^3；

$W_{工业}$——工业用水耗损量，万 m^3；

$W_{城镇生活}$——城镇生活用水耗损量，万 m^3；

$W_{引水}$——引水工程引水量，万 m^3；

$W_{分洪}$——河流湖泊等分洪水量，万 m^3；

$W_{库蓄变}$——水库蓄水变量，万 m^3；

$W_{其他}$——其他用水变量，万 m^3。

在实测资料的基础上，根据所搜集到的各站、点上有水利工程的蓄、引及各业用水、回归水资料，对径流进行还原。对缺测年份进行插补延长，插补延长方法原则上与水资源调查评价阶段一致。对公式中的各计算项的处理方法如下：

（1）农业灌溉耗损量

对农业灌溉耗损量选取典型地表水样点灌区按照实灌面积、实灌定额、灌溉回归系数等资料进行估算。对于缺乏灌区回归系数资料的灌区，用净灌溉水量近似地作为还原水量。

（2）工业和城镇生活耗损量

工业和城镇生活耗损量包括用户耗损量和输排水损失量，为取水量与入河废污水量之差。根据典型企业和生活区水平衡测试成果，废污水排放量监测和典型调查以及第一次全国水利普查经济用水专项普查成果分析确定耗损率，乘以地表水取水量推求耗损水量。工业和城镇生活的耗损水量较小且年内变化不大，因此按年计算还原水量，然后平均分配到各月。

（3）引水量

重要引水工程，具有较完整的监测资料，因此引水量根据引水口实际引水资料逐月、逐年进行统计。

（4）水库蓄水变量

大型水库一般都有水位、流量实测资料，根据月末与月初及年末与年初蓄水量的差值，即可求得水库月、年蓄水变量。

5.4.1.3 水文数据状况

评估河流共划分 6 个评估河段，福德店—柴河口控制断面为福德店站和通江口站；柴河口—石佛寺水库出口控制断面为铁岭站；石佛寺水库出口—柳河口控制断面为马虎山站和巨流河站；柳河口—小徐家房子控制断面为平安堡；小徐家房子—盘山闸控制断面用辽中站代替；盘山闸—入海口河段原盘山站现已取消，六间房站距盘山站较近，且 2 站之间无支流汇入，六间房站基本可以反映盘山站流量变化情况。因此，采用六间房站替代盘山站作为盘山闸—入海口的控制断面。福德店、通江口、铁岭、马虎山、巨流河、平安堡、辽中、六间房均为水文站，本次评估收集到各水文站 1956—2016 年逐月实测及天然（还原）径流量、2001—2016 年逐日实测径流量（表 5.4-2）。

表 5.4-2　2010—2016 年各测站实测及天然径流量　　单位：万 m³

站名		2010 年	2011 年	2012 年	2013 年	2014 年	2015 年	2016 年	多年平均
福德店	实测	106 441	46 490	53 600	165 795	52 596	28 219	57 401	93 592
	天然	107 245	47 294	54 400	166 594	53 692	29 341	58 519	155 869
通江口	实测	161 551	62 016	84 927	251 612	77 946	41 598	89 560	324 870
	天然	170 292	71 092	93 008	259 629	85 806	49 505	97 314	373 043
铁岭	实测	560 956	166 742	232 878	502 571	187 925	106 488	240 903	384 474
	天然	646 382	181 257	278 038	570 265	210 055	128 891	351 964	406 728
马虎山	实测	667 019	216 902	280 445	593 850	211 503	112 683	322 465	394 177
	天然	772 379	244 101	346 310	678 626	240 780	146 996	462 613	400 891
巨流河	实测	698 575	228 404	299 882	612 647	220 521	114 545	332 670	93 592
	天然	808 028	259 223	367 979	700 790	252 509	150 795	476 571	155 869
平安堡	实测	671 110	227 253	292 327	599 890	227 895	117 700	300 692	324 870
	天然	785 692	261 324	365 115	691 044	264 244	157 192	447 198	373 043
辽中	实测	667 661	237 033	299 114	560 367	211 209	99 396	275 667	384 474
	天然	783 280	272 868	372 932	652 611	248 579	139 932	423 193	406 728
六间房	实测	709 021	232 727	289 805	572 010	230 803	91 600	262 398	394 177
	天然	824 792	268 004	363 793	664 444	268 601	132 384	410 204	400 891

5.4.2　物理结构调查监测方案

5.4.2.1　调查时间和监测点布设

调查范围为辽河干流福德店—双台子河口，调查时间为 2016 年 6 月。按照评估河流分段方案，将辽河干流分为 6 个评估河段，分别是福德店—柴河口、柴河口—石佛寺水库出口、石佛寺水库出口—柳河口、柳河口—小徐家房子、小徐家房子—盘山闸、盘山闸—入海口，分别调查这 6 个评估河段的河岸带状况，在每个评估河段选择 3～5 个监测点位，每个监测点位选择设置 3 个监测断面（调查样方区 10 m×30 m），即每个评估河段设置 9～15 个监测断面。监测点布设与分布情况如表 5.4-3 所示。

调查路线：从福德店监测点开始，向下游逐个监测点调查，在柴河口、秀水河口、柳河口等监测点，租船到达对岸实施测量调查，在其余监测点，可以直接通过公路桥、浮桥等到达对岸实施测量。行程总计约 3 000 km。

表 5.4-3 辽河干流河岸带调查断面分布情况

评价河段名称	长度	监测点名称	监测点编码	监测点地理位置
福德店—柴河口	138 km	福德店	11	铁岭市昌图县长发镇
		新发堡村	12	沈阳市法库县双台子乡
		招苏台河河口	13	沈阳市法库县三合屯村
		丈沟子村	14	铁岭市铁岭县双井子乡
		柴河口	15	铁岭市铁岭县镇西堡镇李家屯村
柴河口—石佛寺水库出口	52 km	柴河口	21	铁岭市铁岭县镇西堡镇李家屯村
		大冯家窝堡	22	铁岭市铁岭县蔡牛乡
		珠尔山村	23	铁岭市铁岭县新台子镇
		石佛寺水库出口	24	沈阳市法库县 S2 沈康高速
石佛寺水库出口—柳河口	95 km	石佛寺水库出口	31	沈阳市法库县 S2 沈康高速
		G101 马虎山村公路桥	32	沈阳市新民市马虎山村
		秀水河河口	33	沈阳市新民市东南岗
		G304 公路桥	34	沈阳市新民市杨家窝堡
		柳河口	35	沈阳市新民市梁家烧锅村
柳河口—小徐家房子	102 km	柳河口	41	沈阳市新民市梁家烧锅村
		四法线公路桥	42	新民市金五台子乡
		李家村	43	沈阳市辽中县老大房乡
		下万子村	44	沈阳市辽中县辽中镇
		小徐家房子	45	鞍山市台安县达牛镇
小徐家房子—盘山闸	73 km	小徐家房子	51	鞍山市台安县达牛镇
		张大镇公路桥	52	鞍山市台安县大张镇大张村
		九台子村	53	鞍山市台安县高力房镇
		盘山闸	54	盘锦市双台子区
盘山闸—入海口	56 km	盘山闸	61	盘锦市双台子区
		盘大公路桥	62	盘锦市大洼县西河沿村
		八道湾	63	盘锦市大洼县八道湾
		双台子河口（入海口）	64	盘锦市大洼县赵圈河镇

5.4.2.2 调查方法

（1）河岸稳定性

利用 Leica DISTO D5 激光测距仪直接测量斜坡倾角和斜坡长度，进而反求斜坡高度；对于河岸基质与冲刷情况，现场观察并记录（表 5.4-4）。采用多人目视估计取平均值的方法调查监测河段内植被总覆盖度。

表 5.4-4　河岸稳定性野外调查样表

评估河段代码			监测点代码		监测时间		
1			11		6月6日　10：30		
断面/岸坡代码		斜坡倾角/（°）	植被覆盖率/%	斜坡高度/m	基质（类别）	河流冲刷状况	相片编号
1	左	23.3	50	2.13/30.3/1.02	4	2	31～44
	右	6.5		10.526/6.6/1	4	1	1～8
2	左	32.5	15	8.341/15.8	5	1	45～54
	右	14.7		4.321/20.8/0.9	4	1	9～19
3	左	33.6	80	8.281/29.15/1.0	3	3	55～73
	右	7.6		5.88/10.3/0.9	5	1	20～30

注：基质类别：1. 基岩；2. 岩土；3. 非黏土；4. 黏土；5. 混合土；
冲刷状况：1. 无冲刷；2. 轻度；3. 中度；4. 重度。

（2）河岸带植被覆盖度

对于草本植物覆盖度，在 10 m×30 m 的调查评价样方区内，选择多个 1 m×1 m 的样方，利用相机从上往下垂直照相，最后利用图像处理软件，采用二值分割法，计算各小样方覆盖度，继而推算调查样区草本覆盖度。

对于乔木和灌木覆盖度，采用多人目视估计求平均值的方法估算并记录(表 5.4-5)。

表 5.4-5　河岸带植被覆盖度

评估河段代码		监测点代码		监测时间	
1		11		6月6日　10：40	
断面/岸坡代码		乔木覆盖度	灌木覆盖度	草本覆盖度	相片编号
1	左	0	0	55	
	右	0	0	95	
2	左	10	0	15	
	右	0	0	75	
3	左	0	0	75	
	右	0	0	85	

（3）人工干扰状况调查

在河岸带调查范围内及邻近区域，记录在不同的空间位置（河岸带邻近水域及河道内、河岸带、河岸带邻近陆域）内人类扰动类型。对于各人类干扰活动，利用尼康 D90 相机拍摄照片，并将其与佳明手持 GPS 连接，实时记录其空间坐标（表 5.4-6）。

表 5.4-6　河岸带人工干扰调查表

评估河段代码		监测点代码		监测时间	
1		11		6月6日　10：50	
断面/岸坡代码		河岸带临近水域及河道内	河岸带	河岸带临近水域 30 m 内	相片编号
1	左	0	0	4/3	
	右	0	0	0	
2	左	0	1	4	
	右	1	0	4	
3	左	0	1	3/4	
	右	0	0	4	

注：人类活动类型：1. 河岸硬性砌护；2. 采沙；3. 沿岸建筑物（房屋）；4. 公路（或铁路）；5. 垃圾填埋场或垃圾堆放；6. 河滨公园；7. 管道；8. 农业耕种；9. 畜牧养殖。

（4）湿地保留率

评估河流沿岸分布有辽河口自然保护区重要湿地，采用遥感与 GIS 技术，获取 1970 年和 2015 年沿江保护区内湿地的面积。具体过程如下：

1）获取覆盖评价河段地区的遥感影像，包括 1970 年的 Landsat MSS 影像三景，以及 2015 年的 Landsat8OLI 影像三景，行列号分别为 115/27、116/28、117/28、118/28、119/28。

2）将 1∶100 000 地形图扫描输入计算机，进行投影处理，以 1∶100 000 地形图作为主控数据源，利用 Erdas Image 9.2 将 1970 年 Landsat MSS 和 2015 年的 Landsat8OLI 影像分别与 1∶100 000 地形图进行纠正。

3）对经过纠正的 MSS 和 TM 影像分别进行图像增强等预处理，建立湿地的遥感解译标志，在 ArcMap 10.0 环境下，进行人机交互式判读，构建 1970 年和 2015 年该地区重要湿地的空间和属性数据库。

4）利用 GIS 空间分析功能，从构建的湿地数据库中分别提取 1970 年和 2015 年辽河干流沿江重要湿地自然保护区面积。

5）将 1970 年的湿地面积与 2015 年的湿地面积进行比较，计算出该保护区天然湿地保留率。

5.4.2.3　河岸带数据状况

本次工作调查了辽河干流河岸带状况和河流连通状况，共获取调查表 30 个，其中河岸带状况调查表 18 个，岸坡稳定性、人工干扰、植被覆盖度调查表各 6 个，每个调查表详细记录了监测断面的名称、坡度、植被覆盖度、基质、经纬度、调查时间等数据，每个监测断面还附有 6～10 张照片资料；河流连通状况表 6 个，记录了大坝的类型、所处的位置，并对大坝的阻隔状况进行了详细说明；湿地保留率表 1 个，通过室内人工解译遥感影像获得。

5.4.3 水质调查监测方案

5.4.3.1 监测时间和监测点位布设

辽河干流从上游到下游依次布设了 12 个水质监测断面，分别是福德店、通江口、铁岭、沙宝台、珠尔山、马虎山、毓宝台、平安堡、辽中、张荒地大桥、双台子河闸、向阳（表 5.4-7）。

水质监测时间：2014 年 1 月—2016 年 12 月，每 1 月或 2 月一次，共 6 次或 12 次。

表 5.4-7 辽河干流水质监测断面分布情况

评价河段名称	水质监测断面			
	名称	东经	北纬	具体位置
福德店—柴河口	福德店	123°32′	42°58′	辽宁省铁岭市康平县三门郭家村
	通江口	123°39′	42°37′	辽宁省铁岭市昌图县通江口乡通江口村
柴河口—石佛寺水库出口	铁　岭	123°50′	42°20′	辽宁省铁岭市铁岭县镇西堡镇养马堡村
	沙宝台	123°47′	42°18′	辽宁省铁岭市铁岭县大青乡沙宝台村
	珠尔山	123°33′	42°12′	辽宁省铁岭市铁岭县新台子镇珠尔山村
石佛寺水库出口—柳河口	马虎山	123°12′	42°09′	辽宁省沈阳市新民市三道岗子乡马虎山村
	毓宝台	122°53′	41°55′	辽宁省沈阳市新民市大民屯镇毓宝台村
柳河口—小徐家房子	平安堡	122°52′	41°52′	辽宁省新民市大民屯镇平安堡村
	辽中	122°39′	41°27′	辽宁省沈阳市辽中县城郊乡三家子村
小徐家房子—盘山闸	张荒地大桥	122°32′	41°17′	辽宁省鞍山市台安县新开河镇张荒村
	双台子河闸	122°05′	41°11′	辽宁省盘锦市双台子区吴家乡
盘山闸—入海口	向阳	121°53′	41°03′	辽宁省盘锦市大洼县

5.4.3.2 监测项目和检测方法

水质监测项目包括 23 项，分别是：pH、溶解氧、高锰酸盐指数、化学需氧量、五日生化需氧量、氨氮、总磷、总氮、铜、锌、氟化物、硒、砷、汞、镉、铬（六价）、铅、氰化物、挥发酚、石油类、阴离子表面活性剂、硫化物、粪大肠菌群。各监测指标采用的检测方法见表 5.4-8。

表 5.4-8 地表水水质监测项目检测方法

序号	项目	执行标准	检测方法
1	总氮	HJ 667—2013	盐酸萘乙二胺分光光度法
2	pH	GB 6920—1986	玻璃电极法
3	溶解氧	GB 11913—89	电化学探头法
4	高锰酸盐指数	GB 11892—89	高锰酸钾法
5	化学需氧量（COD）	HJ/T 399—2007	快速消解分光光度法
6	氨氮	HJ 535—2009	纳氏试剂分光光度法
7	五日生化需氧量	HJ 505—2009	稀释与接种法
8	总磷	GB 11893—89	钼酸铵分光光度法
9	铜	GB/T 5750.6—2006	无火焰原子吸收分光光度法
10	锌	GB 7475—87	原子吸收分光光度法
11	氟化物	SL 86—1994	离子色谱法
12	硒	SL 327—2005	双道原子荧光光度法
13	砷	SL 327—2005	双道原子荧光光度法
14	汞	SL 327—2005	双道原子荧光光度法
15	镉	GB/T 5750.6—2006	无火焰原子吸收分光光度法
16	铬（六价）	GB 7467—87	二苯碳酰二肼分光光度法
17	铅	GB/T 5750.6—2006	无火焰原子吸收分光光度法
18	氰化物	HJ 484—2009	容量法和分光光度法
19	挥发酚	GB 7490—1987	溴化容量法
20	石油类	HJ 637—2012	红外分光光度法
21	阴离子表面活性剂	GB/T 5750.4—2006	亚甲蓝分光光度法
22	硫化物	GB/T 5750.5—2006	N,N-二乙基对苯二胺分光光度法
23	粪大肠菌群	HJ/T 347—2007	多管发酵法和滤膜法

5.4.3.3 水质数据状况

评估河流共划分 6 个评估河段，福德店—柴河口控制水质断面为福德店和通江口；

柴河口—石佛寺水库出口控制水质断面为铁岭、沙宝台和珠尔山；石佛寺水库出口—柳河口控制水质断面为马虎山和毓宝台；柳河口—小徐家房子水质控制断面为平安堡、辽中；小徐家房子—盘山闸控制水质断面为张荒地大桥、盘山闸；盘山闸—入海口河段水质断面为向阳。各水质断面主要污染物年均浓度值见表 5.4-9。

表 5.4-9　2014—2016 年辽河干流主要水质监测断面年均水质数据统计表　单位：mg/L

断面名称	年份	高锰酸盐指数	化学需氧量	五日生化需氧量	氨氮	砷	汞	镉	铬（六价）	铅
福德店	2014	5.3	18.4	3.0	0.52	0.003 8	0.000 02	0.004 0	0.004	0.020 0
福德店	2015	4.3	17.0	3.0	0.61	0.000 8	0.000 01	0.001 7	0.004	0.009 3
福德店	2016	4.7	20.2	3.5	0.79	0.000 7	0.000 01	0.000 5	0.004	0.004 8
通江口	2014	6.1	24.2	3.5	1.15	0.001 5	0.000 01	0.000 6	0.004	0.002 5
通江口	2015	6.3	30.3	2.6	3.30	0.001 4	0.000 01	0.000 7	0.004	0.003 6
通江口	2016	4.9	31.6	2.1	1.46	0.001 0	0.000 02	0.000 8	0.004	0.003 7
铁岭	2014	4.7	24.0	2.1	1.12	0.001 3	0.000 01	0.000 6	0.004	0.002 6
铁岭	2015	4.8	22.6	1.8	1.79	0.001 2	0.000 01	0.000 6	0.004	0.003 4
铁岭	2016	4.2	24.6	1.9	0.95	0.000 9	0.000 01	0.000 7	0.004	0.003 3
沙宝台	2014	5.0	20.2	3.3	1.38	0.002 1	0.000 01	0.000 5	0.004	0.002 5
沙宝台	2015	5.0	23.0	2.5	1.44	0.002 3	0.000 01	0.000 5	0.004	0.003 6
沙宝台	2016	4.6	23.9	1.7	0.68	0.001 4	0.000 01	0.000 7	0.004	0.003 8
珠尔山	2014	5.0	21.1	2.7	1.15	0.001 5	0.000 01	0.000 5	0.004	0.002 5
珠尔山	2015	4.8	22.7	1.4	1.63	0.002 0	0.000 01	0.000 6	0.004	0.003 6
珠尔山	2016	4.8	25.2	2.4	0.76	0.001 3	0.000 01	0.000 6	0.004	0.003 3
马虎山	2014	5.1	16.7	3.8	0.79	0.001 2	0.000 02	0.000 5	0.004	0.002 5
马虎山	2015	5.4	19.0	3.5	0.48	0.001 9	0.000 02	0.000 5	0.004	0.002 5
马虎山	2016	5.7	18.7	4.2	0.34	0.001 6	0.000 06	0.000 5	0.004	0.002 5
毓宝台	2014	5.4	19.3	3.6	0.82	0.001 6	0.000 02	0.000 5	0.004	0.002 5
毓宝台	2015	6.4	22.2	4.1	0.42	0.001 9	0.000 02	0.000 5	0.004	0.003 1
毓宝台	2016	6.2	19.3	4.4	0.36	0.001 6	0.000 04	0.000 5	0.004	0.002 5
辽中	2014	5.4	18.4	4.1	0.86	0.001 7	0.000 02	0.000 5	0.004	0.002 5
辽中	2015	8.3	31.3	5.5	0.40	0.001 4	0.000 01	0.000 6	0.004	0.002 5
辽中	2016	6.8	20.4	4.7	1.28	0.001 2	0.000 03	0.000 5	0.004	0.002 5
双台子河闸	2014	5.3	24.5	4.2	0.94	0.001 3	0.000 01	0.002 3	0.004	0.019 9
双台子河闸	2015	6.4	24.9	5.0	0.94	0.000 9	0.000 01	0.001 7	0.004	0.009 3

断面名称	年份	高锰酸盐指数	化学需氧量	五日生化需氧量	氨氮	砷	汞	镉	铬（六价）	铅
双台子河闸	2016	5.4	22.1	4.4	0.50	0.001 1	0.000 01	0.000 5	0.004	0.004 5
平安堡	2016	5.0	22.8	2.8	0.38	0.001 5	0.000 04	0.000 6	0.004	0.003 6
张荒地大桥	2016	7.1	21.6	4.0	0.74	0.002 8	0.000 04	0.000 5	0.004	0.004 4
向阳	2016	8.6	34.0	5.5	1.57	0.003 3	0.000 04	0.000 5	0.004	0.003 4

5.4.4 水生生物调查监测方案

5.4.4.1 调查时间和断面设置

调查评估范围为辽河干流福德店至入海口。调查期间为 2016 年春（5 月）、夏（7 月）、秋（9 月）三季，分别进行鱼类资源调查和底栖动物取样监测。

根据项目研究的目标、内容和要求，依据辽河干流自然水域现状，辽河干流（福德店至入海口）划分为 6 个评估河段，共设置 14 个固定和若干监测点作为水生生物的调查断面，详见表 5.4-10。

表 5.4-10 辽河干流水生生物调查断面分布情况

评估河段	断面	东经	北纬	海拔/m
福德店—柴河口	福德店	123°32′55.12″	42°58′45.17″	81
	通江口	123°39′42.11″	42°36′56.01″	69
	柴河口	123°50′30.14″	42°19′46.55″	51
柴河口—石佛寺水库出口	柴河口	123°50′30.14″	42°19′46.55″	51
	朱尔山	123°33′12.07″	42°12′30.16″	50
	马虎山	123°11′48.62″	42°09′13.64″	38
石佛寺水库出口—柳河口	马虎山	123°11′48.62″	42°09′13.64″	38
	长山子	122°57′06.28″	42°00′49.04″	28
	柳河口	122°53′05.46″	41°52′43.25″	27
柳河口—小徐家房子	柳河口	122°53′05.46″	41°52′43.25″	27
	东古城子	122°44′32.75″	41°41′55.98″	24
	卡南	122°39′35.08″	41°32′19.11″	13
小徐家房子—盘山闸	卡南	122°39′35.08″	41°32′19.11″	13
	张荒地大桥	122°32′25.76″	41°17′34.50″	7
	盘山闸	122°04′40.89″	41°11′10.73″	1

评估河段	断面	东经	北纬	海拔/m
盘山闸—入海口	盘山闸	122°04′40.89″	41°11′10.73″	1
	西河沿	121°54′25.19″	41°07′27.83″	−3
	向阳	121°53′29.11″	41°02′02.77″	−5
	小台子	121°50′26.12″	40°57′53.20″	−8

5.4.4.2 调查方法

按照《内陆水域渔业自然资源调查手册》进行采样和检测，分析评估以类比分析法、常规分析法和生态机理分析法为主。

（1）资料收集

选用 20 世纪 80 年代以前的历史记录作为历史基点。调查评估河流流域鱼类历史调查数据或文献，主要参考《东北地区淡水鱼类》《辽宁省动物志·鱼类》和《黑龙江水系（包括辽河水系及鸭绿江水系）渔业资源调查报告》等，基于历史调查数据分析统计评估河流的鱼类种类数，在此基础上，开展专家咨询调查，确定本评估河流所在水生态分区的鱼类历史背景状况，建立鱼类指标调查评估预期。采取实地踏勘、走访等方式，获取第一手资料。

（2）底栖动物

1）样品采集

底栖动物分四大类水生昆虫、寡毛类、软体动物、甲壳动物。依据断面长度布设采样点，用彼得逊底泥采集器采集定量样品，每个采样点采泥样 2～3 个。软体动物定性样品用 D 形踢网（kick-net）进行采集，水生昆虫、寡毛类定性样品采集同定量样品。砾石底质无法用采泥器挖取的，捞取砾石用 60 目筛绢网筛洗或直接翻起石块在水流下方用筛绢网捞取。

2）样品处理和保存

a. 洗涤和分拣：泥样倒入塑料盆中，对底泥中的砾石，要仔细刷下附着底栖动物，经 40 目分样筛筛选后拣出大型动物，剩余杂物全部装入塑料袋中，加少许清水带回室内，在白色解剖盘中用细吸管、尖嘴镊、解剖针分拣。

b. 保存：软体动物用 5%甲醛或 75%乙醇溶液；水生昆虫用 5%甲醛溶液固定数小时后再用 75%乙醇保存；寡毛类先放入加清水的培养皿中，并缓缓滴数滴 75%乙醇麻醉，待其身体完全舒展后再用 5%甲醛溶液固定、75%乙醇保存。

3）计量和鉴定

a. 计量：按种类计数（损坏标本一般只统计头部），再换算成个/m^2。软体动物用电子称称重，水生昆虫和寡毛类用扭力天平称重，再换算成 mg/m^2。

b. 鉴定：软体动物鉴定到种，水生昆虫（除摇蚊幼虫）至少到科；寡毛类和摇蚊幼虫至少到属。

（3）鱼类

1）鱼类种类组成

根据鱼类种类组成研究方法，在不同河段设置站点，对调查范围内的鱼类资源进行全面调查。采取捕捞、市场调查和走访相结合的方法，采集鱼类标本、收集资料、做好记录，标本用福尔马林溶液固定保存。通过对标本的分类鉴定，资料的分析整理，编制出鱼类种类组成名录。

2）鱼类资源现状

鱼类资源量的调查采取社会捕捞渔获物统计分析，结合现场调查取样进行。采用访问调查和统计表调查方法，调查资源量和渔获量。向沿河各有关渔业主管部门和渔政管理部门及渔民调查了解渔业资源现状以及鱼类资源管理中存在的问题。对渔获物资料进行整理分析，得出各工作站点主要捕捞对象及其在渔获物中所占比重，不同捕捞渔具渔获物的长度和重量组成，以判断鱼类资源状况。

3）鱼类生物学

鱼类生物学基础数据测定，并取鳞片等作为鉴定年龄的材料。必要时检查性别，取性腺鉴别成熟度。标本用 5%的甲醛溶液固定保存。现场解剖获取食性和性腺样品，食性样品用甲醛溶液固定，性腺样品用波恩氏液固定。

5.4.4.3 数据状况

（1）辽河干流（福德店至入海口）鱼类

根据相关文献资料及专家咨询，最终确定辽河干流（福德店至入海口）鱼类为 12 目 27 科 90 种（表 5.4-11），其中淡水鱼类为 12 目 27 科 58 种（鲤科最多为 38 种，鳅科为 5 种，鰕虎鱼科和鲿科为 3 种，鲇科和塘鳢科为 2 种，斗鱼科、鳢科、刺鳅科、清鳉科和合鳃科等均为 1 种），河口鱼类为 9 目 17 科 32 种（鰕虎鱼科最多为 7 种，鳀科 4

种、舌鳎科 3 种，鲀科、鲻科、石首鲳鱼科和银鱼科均为 2 种，鱵鱼科、颌针鱼科、鲳科、鳗鰕虎鱼科、锦鳚科、弹涂鱼科、鳎科、鳗鲡科、杜父鱼科和鲱科等均为 1 种）。依据《国家重点保护动物名录》，《濒危野生动植物种国际贸易公约》附录Ⅰ、附录Ⅱ、附录Ⅲ，1998 年出版的《中国濒危动物动物红皮·鱼类》和 2015 年发布的《中国生物多样性红色名录·内陆鱼类》等相关资料，濒危种类有 3 种（刀鲚、淞江鲈、鳗鲡）。2016 年调查表明，福德店—柴河口段采集种类最多为 37 种，柴河口—石佛寺水库出口为 36 种，石佛寺水库出口—柳河口为 29 种，柳河口—小徐家房子为 29 种，小徐家房子—盘山闸为 29 种，盘山闸—入海口为 30 种。

调查期间辽河干流（福德店至入海口）共采集标本 2 982 尾，统计渔获物 0.36 t，共采集鱼类 12 目 21 科 62 种，其中土著鱼类 58 种，外来鱼类为鳙鱼、草鱼、青鱼、团头鲂等 4 种。58 种土著鱼类中，鲤科最多为 20 种（图 5.4-1）。4 种外来鱼类为为近年来辽河沿岸各县增殖放流的物种，所以 4 种外来鱼类未参与评估。

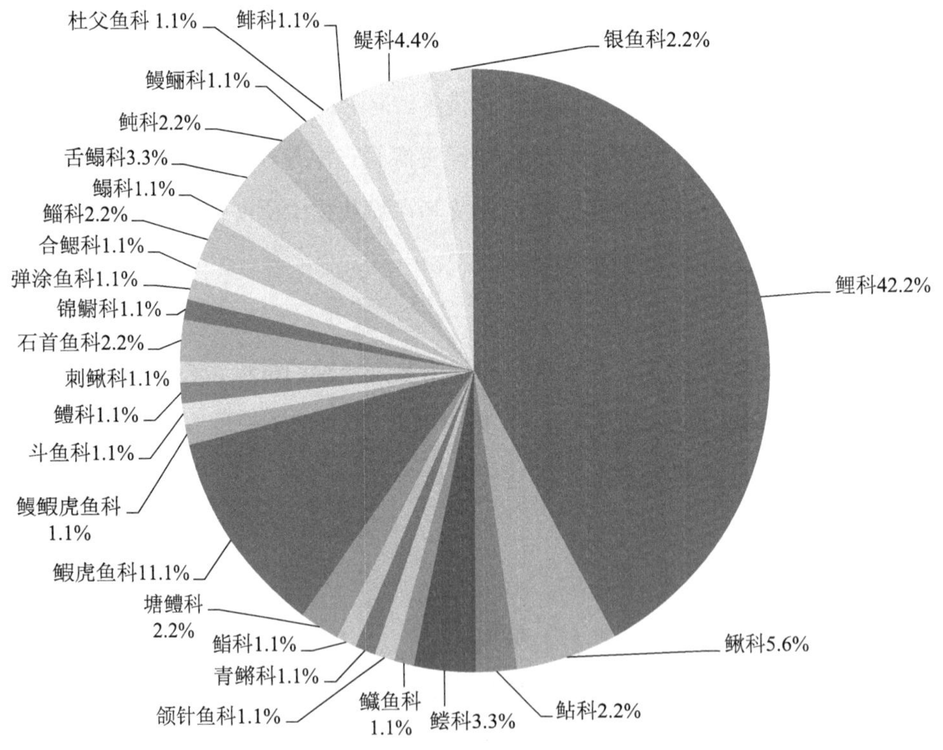

图 5.4-1　辽河干流土著鱼类种类组成

表 5.4-11　2016 年调查期间辽河干流（福德店至入海口）鱼类名录

目	科	种类	福德店—柴河口	柴河口—石佛寺水库出口	石佛寺水库出口—柳河口	柳河口—小徐家房子	小徐家房子—盘山闸	盘山闸—入海口
鲤形目 Cypriniformes	鲤科 Cyprinidae	鲤 *Cyprinus carpio*	+	+	+	+	+	+
		鲫 *Carassius auratus*	+	+	+	+	+	+
		马口鱼 *Opsarichthysbidens*	+	+	+	+	+	
		东北雅罗鱼 *Leucicus waleckii*	+	+				
		宽鳍鱲*Zacco platypus*	+	+				
		拉氏鱥*Phxinus lagowskii*	+	+				
		尖头鱥*Phoxinus oxycephalus*						
		中华细鲫 *Aphyocypuis chinensis*						
		赤眼鳟 *Squaliobarbus curriculus*						
		鳊 *Parabramis pekinensis*	+	+	+	+	+	
		鲂 *Megalobrama skolkoui*	+					
		餐*Hemiculterleucisculus*	+	+	+	+	+	
		贝氏餐*Hemiculterbleekeribleekeri*	+	+	+	+	+	
		红鳍原鲌 *Culterichthysenythropterus*	+	+	+	+	+	
		银飘鱼 *Pseudolausbuca sinensis*						
		银鲴 *Xenocypris argentea*						
		似鳊 *Pseudobrama simony*						
		似鱎*Taxabramis suinhonis*						
		大鳍鱊 *Acheilognathus macrpterus*	+	+	+	+	+	+
		短须鱊 *Acheilognathus barbatulus*						

目	科	种类	福德店—柴河口	柴河口—石佛寺水库出口	石佛寺水库出口—柳河口	柳河口—小徐家房子	小徐家房子—盘山闸	盘山闸—入海口
鲤形目 Cypriniformes	鲤科 Cyprinidae	兴凯鱊 *Acheilognathus chankaensis*	+	+	+	+	+	+
		越南鱊 *Acheilognathu tonkinensis*						
		高体鳑鲏 *Rhodeus ocellatus*						
		彩石鳑鲏 *Rhodeus lighti*	+	+	+	+	+	+
		黑龙江鳑鲏 *Rhoeus seniceus*	+	+	+	+	+	+
		唇䱻 *Hemibarbuslabeo*						
		似刺鳊鮈 *Paracanthobrama guiochenoti*						
		麦穗鱼 *Pseudorasbora parva*	+	+	+	+	+	+
		兴凯银鮈 *Squalidus chankaensis*	+	+				
		银鮈 *Squalidus argentatus*	+	+				
		亮银鮈 *Squalidus nitens*						
		棒花鱼 *Abbotrtina rivularis*	+	+	+	+	+	+
		辽宁棒花 *Abbotrtina liaoningensis*	+	+	+	+	+	+
		辽河突吻鮈 *Rostrogobio liaohensis*						
		似鮈 *Pseudogobio vaillanti*	+	+	+	+	+	
		长蛇鮈 *Saurogobio dumerili*						
		蛇鮈 *Saurogobio dabryi*						
		鲢 *Hypophthalmichthts molitrix*	+	+	+	+	+	
	鳅科 Cobitidae	北方花鳅 *Cobitis granoei*	+	+	+	+	+	

目	科	种类	福德店—柴河口	柴河口—石佛寺水库出口	石佛寺水库出口—柳河口	柳河口—小徐家房子	小徐家房子—盘山闸	盘山闸—入海口
鲤形目 Cypriniformes	鳅科 Cobitidae	泥鳅 *Misqurnus anguillicaudatus*	+	+	+	+	+	+
		大鳞副泥鳅 *Paramisgurnus dabryanus*	+	+	+	+	+	
		北方条鳅 *Barbatula barbatula nuda*（Bleeker）	+	+				
		花斑副沙鳅 *Parabotia fasciata*	+	+				
鲇形目 Siluriformes	鲇科 Siluridae	鲇 *Silurusasotus*	+	+	+	+	+	+
		怀头鲇 *Silurus soldatovi*						
	鲿科 Bagridae	黄颡鱼 *Pelteobagrusfulvidraco*	+	+	+	+	+	
		光泽黄颡鱼 *Pelteobagrusnitidus*						
		乌苏拟鲿 *Pseudobagrusussuriensis*						
鹤鱵目 Beloniformes	鱵鱼科 Hemiramphus	沙氏下鱵鱼 *Hyporhamphus sajori*						+
颌针鱼目 Beloniformes	颌针鱼科 Belonidae	尖嘴后鳍颌针鱼 *Strongylura anastomella*						
	青鳉科 Oryziidae	中华青鳉 *Oryzias latipes sinensis*	+	+				
鲈形目 Perciformes	鮨科 Serranidae	中国花鲈 *Lateolabrax maculatus*						
	塘鳢科 Eleotridae	葛氏鲈塘鳢 *Perccottusglehni*	+	+	+	+	+	
		黄[鱼幼]*Hypseleotrisswinhonis*	+	+	+	+	+	+
	鰕虎鱼科 Gobiidae	纹缟鰕虎鱼 *Tridentiger trigonocephalus*						+
		髭鰕虎鱼 *Tridentiger barbatus*						

目	科	种类	福德店—柴河口	柴河口—石佛寺水库出口	石佛寺水库出口—柳河口	柳河口—小徐家房子	小徐家房子—盘山闸	盘山闸—入海口
鲈形目 Perciformes	鰕虎鱼科 Gobiidae	子陵吻鰕虎鱼 *Rhinogobius pflaumi*	+	+	+	+	+	+
		褐吻鰕虎鱼 *Rhinogobius brunneus*	+	+	+	+	+	+
		波氏吻鰕虎鱼 *Rhinogobiuscliffordpopei*	+	+	+	+	+	+
		乳色阿匍鰕虎鱼 *Aboma lactipes*						+
		斑尾复鰕虎鱼 *Synechogbius ommatunes*						+
		蝌蚪鰕虎鱼 *Lophiogobius ocellicauda*						
		黄带克丽鰕虎鱼 *Chloea laevis*						+
		肉犂克丽鰕虎鱼 *Chloea sarchynnis*						+
	鳗鰕虎鱼科 Taenioididae	拉氏狼牙鰕虎鱼 *Odontamblyyopus lacepedii*						+
	斗鱼科 Belontiidae	圆尾斗鱼 *Macropodus chinensis*						
	鳢科 Channidae	乌鳢 *Channaargus*	+	+	+	+	+	
	刺鳅科 Mastacembelidae	刺鳅 *Mastacembelus sinensis*						
	石首鱼科 Sciaenidae	皮氏叫姑鱼 *Johnius belengeri*						
		棘头梅童 *Collichthys lucidus*						+
	锦鳚科 Pholidae	方氏云鳚 *Enedrias fang*						+
	弹涂鱼科 Periophthalmidae	弹涂鱼 *Periophthalmus cantonensia*						+
颌鳃鱼目 Synbgranchiformes	合鳃科 Synbranchidae	黄鳝 *Monopterus aibus*			+	+	+	

目	科	种类	福德店—柴河口	柴河口—石佛寺水库出口	石佛寺水库出口—柳河口	柳河口—小徐家房子	小徐家房子—盘山闸	盘山闸—入海口
鲻形目 Mugiliformesmugiliform fishes	鲻科 Mugilidae	鲻 *Mugil cephalus*						
		鮻*Liza hamatocheila*						+
	鳎科 Soleidae	带纹条鳎 *Zebrias zebra*						+
	舌鳎科 Cynoglossidae	短吻红舌鳎 *Cynoglossus*（*Areliscus*）*joyneri*						
		窄体舌鳎 *Cynoglossus*（*Areliscus*）*gracilis*						
		半滑舌鳎 *Cynoglossus*（*Areliscus*）*smeilaevis*						+
鲀形目 Tetraodontiformes	鲀科 Tetraodentidae	星点东方鲀 *Takifugu niphobles*						
		暗纹东方鲀 *Takifugu fasciatus*						+
鳗鲡目 Anguilliformes	鳗鲡科 Anguillidae	鳗鲡 *Anguilla japonica*						
鲉形目 Scorpaeniformes	杜父鱼科 Cottidae	淞江鲈 *Trachidermus fasciatus*						+
鲱形目 Clupeiformes	鲱科 Clupeidae	鰶*Konosirus punctatus*						+
	鳀科 Engraulidae	赤鼻棱鳀 *Thryssa kammalensis*						+
		中颌棱鳀 *Thryssa mystax*						+
		凤鲚 *Coilia mystus*						+
		刀鲚 *Coilia nasus*						+
鲑形目 Salmoniformes	银鱼科 Salangidae	安氏新银鱼 *Neosalanx anderssoni*						+
		有明银鱼 *Salanx ariakensis*						+
合计			37	36	29	29	29	30

注：“+”表示在此河段捕获到该种鱼类。

福德店至盘山闸为淡水水域，盘山闸至入海口为河口水域，鱼类组成上所有不同应分别给予评估。2016 年的调查结果与历史资料相比，辽河干流福德店至盘山闸鱼类种类减少了 21 种，其中鲤科 16 种，鲿科 2 种，鲇科、刺鳅科和斗鱼科各 1 种。盘山闸至入海口鱼类种类减少了 10 种，其中鲻科、鰕虎鱼科和舌鳎科各 2 种，颌针鱼科、石首鱼科、鲀科和鳗鲡科各 1 种。

与历史相比，辽河干流鱼类群落结构发生了巨大变化。分析原因，主要是由于辽河干流水利工程（盘山闸、石佛寺水库以及辽河干流 11 座橡胶坝）、环境变化、水质污染等原因，造成鱼类洄游通道被切断，一些种群资源下降甚至消失，分布区域缩小。

（2）辽河干流（福德店至入海口）底栖动物

调查期间，辽河干流共采到底栖动物 5 类（软体动物、甲壳动物、环节动物、水生昆虫和其他动物），共计为 16 目 44 科 100 种，其中水生昆虫种类最多 59 种，隶属为 6 目 27 科（图 5.4-2 和表 5.4-12）。在大型底栖动物类群上，辽河干流以水生昆虫和软体

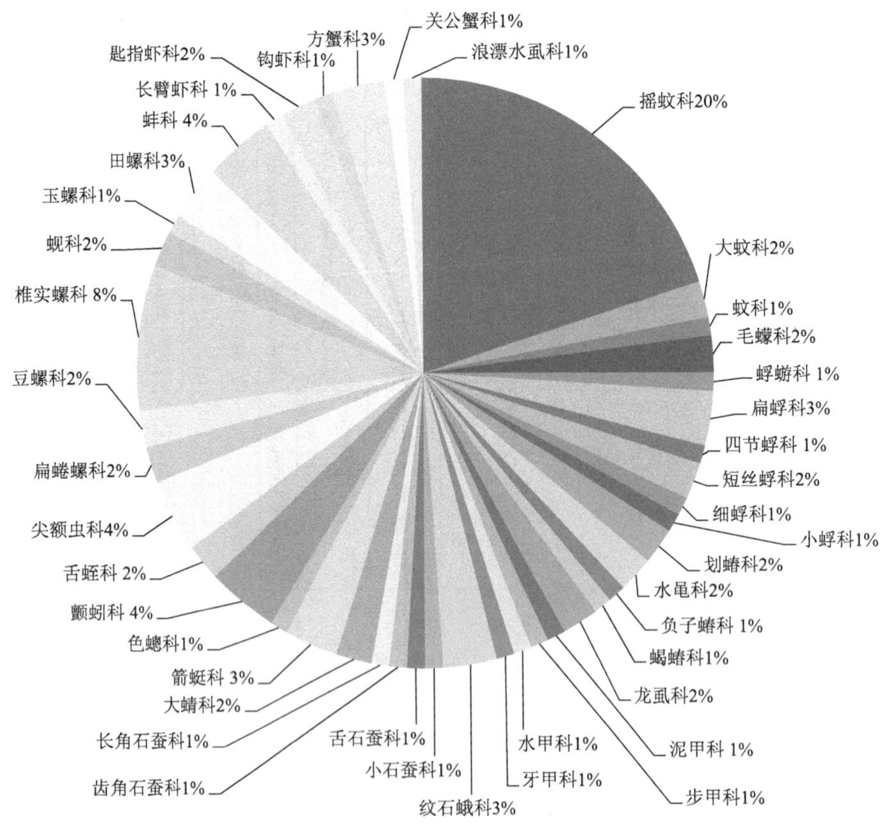

图 5.4-2　辽河干流（福德店至入海口）底栖动物种类组成

表 5.4-12　2016 年调查期间辽河干流（福德店至入海口）采集底栖动物名录

类别	目	科	种类	1	2	3	4	5	6
水生昆虫 Aquatic insects	双翅目 Diptera	摇蚊科 Chironomidae	粗腹摇蚊 *Pentaneura* sp.		+		+	+	+
			壳粗腹摇蚊 *Conchapelopia* sp.	+	+	+	+	+	+
			长铗无突摇蚊 *Ablabesmyia longistyla*	+	+		+	+	+
			斑点流粗腹摇蚊 *Rheopelopla maculipennis*	+	+	+	+	+	+
			溪流摇蚊 *Chironomus riparius*	+	+		+	+	
			中禅小突摇蚊 *Micropsectra chuzeprima*	+	+			+	
			双色短突摇蚊 *Nanocladius dichromus*			+	+		
			暗肩哈摇蚊 *Hamischia fuscimana*	+			+		
			中华摇蚊 *Chironomus sinicus*	+			+	+	+
			亮铗真开氏摇蚊 *Eukiefferiella claripennis*		+	+	+		
			花翅前突摇蚊 *Porcladius choreus*		+	+	+		
			合铗特突摇蚊 *Thienemannimyia fuscipes*				+		
			双线环足摇蚊 *Cricotopus bicintus*	+	+				
			弯松施密摇蚊 *Krenosmittia camptophieps*			+	+		
			伪施密摇蚊 *Pseudosittia* sp.	+		+			
			白色环足摇蚊 *Cricotopus albiforceps*	+					
			鲜艳多足摇蚊 *Polypedilum laetum*		+				
			直突摇蚊 *Orthocladius* sp.			+			
			羽摇蚊 *Chironomus* sp.	+	+	+	+	+	+
			高田似波摇蚊 *Sympotthastia takatensis*				+	+	
		大蚊科 Tipulidae	大蚊 *Tipulinae* sp.	+					
			双大蚊 *Dicranota* sp.		+				
		蚊科 Culicidae	幽蚊 *Chaoborus* sp.			+			
		毛蠓科 Psychodidae	白斑池畔蠓 *Telmatoscopus albipunctatud*					+	
			星毛蠓 *Psychoda alternate*				+	+	

类别	目	科	种类	1	2	3	4	5	6
水生昆虫 Aquatic insects	蜉蝣目 Ephemeroptera	蜉蝣科 Ephemeridae	生米蜉 *Ephemera shengmi*	+					
		扁蜉科 Heptageniidae	扁蜉 *Heptagenia* sp.	+	+	+		+	
			动蜉属 *Cinygma* sp.	+					
			扁蚴蜉 *Ecdyonurus* sp.	+	+				
		四节蜉科 Baetidae	四节蜉 *Baetis* sp.	+					
		短丝蜉科 Siphlonuridae	短丝蜉科一种 *Dipteromimus* sp.	+			+	+	
			湖生短丝蜉 *Siphlonurus lacustris*	+	+	+			
		细蜉科 Caenidae	细蜉 *Caenis* sp.	+		+	+		
		小蜉科 Ephemerellidae	小蜉属 *Ephemerella* sp.	+					
	半翅目 Hemiptera	划蝽科 Corixidae	横纹划蝽 *Sigara substriata*	+					
			小划蝽 *Micronectinae*	+		+	+	+	
		水黾科 Gerridae	小黾蝽 *Gerris lacustris*	+	+			+	+
			水黾蝽 *Gerris paludum insularis*	+	+				
		负子蝽科 Belostomatidae	负子蝽 *Kirkaldyia deyrollei*	+					
		蝎蝽科 Nepidae	日本长蝎蝽 *Laccotrephes japonensis*	+					
	鞘翅目 Coleoptera	龙虱科 Dytiscidae	善游山龙虱 *Oreodytes natrix*		+				
			小雀斑龙虱 *Rhantus suturalis*	+	+		+	+	+
		泥甲科 Dryopidae	泥甲科一种 *Dryopidae* sp.	+	+	+	+	+	
		步甲科 Carabidae	青步甲 *Chlaenius* sp.	+	+				
		水甲科 Hydrobiidae	沼梭甲科 *Haliplidae* sp.	+					
		牙甲科 Hydrophilidae	苍白牙甲 *Enochrus* sp.	+					
	毛翅目 Trichoptera	纹石蛾科 Hydropsydae	灰纹石蛾 *Hydropsyche ulmeri*	+	+	+	+		
			纹石蚕 *Hydropsyche* sp.	+	+	+			
			短线短脉纹石蚕 *Cheumatopsyche brevilineata*	+	+	+	+		
		小石蚕科 Hydroptilidae	小石蚕 *Hydroptila* sp.	+					
		舌石蚕科 Glossosomatidae	舌石蚕 *Glossosoma* sp.	+	+	+			
		齿角石蚕科 Odontoceridae	木曽裸齿角石蚕 *Psilotreta kisoensis*	+	+			+	
		长角石蚕科 Leptoceridae	津突长角石蚕 *Ceraclea tsudai*		+				

类别	目	科	种类	1	2	3	4	5	6
水生昆虫 Aquatic insects	蜻蜓目 Odonata	大蜻科 Macromiidae	闪蓝丽大蜻 *Epophthalmia elegans*		+				
			缘斑毛伪蜻 *Epitheca marginala*			+			
		箭蜓科 Gomphidae	斯氏环尾春蜓 *Trigomphus ogumai*	+	+		+	+	
			福加戴春蜓 *Davidius fujiama*	+	+				
			纳戈阔腹春蜓 *Stylurus nagoyanus*				+	+	+
		色蟌科 Calopterygidae	黑色蟌 *Agrion atratum*	+	+				
环节动物 Annelida	颤蚓目 Tubificida	颤蚓科 Tubificidae	霍甫水丝蚓 *Limnodrilus hoffmeisteri*	+			+	+	+
			正颤蚓 *Tubifex tubifex*	+	+		+	+	+
			瑞士水丝蚓 *Limncdrilus helveticus*		+			+	+
			钝毛水丝蚓 *Limnodrilus amblysetus*		+	+			
	无吻蛭目 Arhynchobdellida	舌蛭科 Glossiphoniidae	宽身舌蛭 *Glossiphonia lata*		+				
			静泽蛭 *Helobdella nuda*				+		
	足刺目 Aciculata	尖额虫科 Glyceridae	长吻沙蚕 *Glycera chirori*						+
			新三齿巢沙蚕 *Diopatra neotridens*						+
			异足索沙蚕 *Lumbrineris heteropoda*						+
			微齿吻沙蚕 *Micronephtys* sp.	+	+				+
软体动物 Mollusca	基眼目 Basommatophora	扁蜷螺科 Planorbidae	白旋螺 *Gyraulus albus*	+	+		+		
			半球多脉扁螺 *Polypylis hemisphaerula*	+					
	异鳃总目 Heterobranchia	豆螺科 Bithyniidae	赤豆螺 *Bithynia fuchsianus*		+	+			
			纹沼螺 *Parafossarulus striatulus*	+	+				
		椎实螺科 Lymnaeidae	卵萝卜螺 *Radix ovata*	+	+	+	+		
			小土蜗 *Galba pervia*	+	+	+	+	+	
			椭圆萝卜螺 *Radix swinhoei*				+		
			狭萝卜螺 *Radix lagotis*		+				
			香螺 *Neptunea cumingi*						+
			直缘萝卜螺 *Radix clessini*	+	+				
			尖高旋螺 *Acrilla acuminata*				+		
			耳萝卜螺 *Radix auricularia*	+					

类别	目	科	种类	1	2	3	4	5	6
软体动物 Mollusca	异鳃总目 Heterobranchia	蚬科 Corbiculidae	湖球蚬 *Sphaerium lacustre*	+					
			日本镜蛤 *Dosinia japonica*						+
	中腹足目 Mesogastropoda	玉螺科 Naticidae	斑玉螺 *Natica maculosa*						+
		田螺科 Viviparidae	中国圆田螺 *Cipangopaludina chinensis*	+	+	+	+	+	+
			铜锈环棱螺 *Bellamya aeruginosa*		+	+		+	
			梨形环棱螺 *Bellamya purificata*	+	+		+	+	
	真瓣鳃目 Eulamellibranchia	蚌科 Unionidae	圆顶珠蚌 *Unio dougladiae*	+		+	+	+	
			皱纹冠蚌 *Lanceolaria grayana*	+	+				+
			角贝 *Dentaliida* sp.			+			+
甲壳动物 Crustacean	十足目 Decapoda	樱虾科 Sergestidae	中国毛虾 *Acetes chinensis*	+	+		+	+	+
		长臂虾科 Palaemonidae	秀丽白虾 *Leander modestus*	+	+	+	+	+	+
		匙指虾科 Atyidae	中华齿米虾 *Neocaridina sinensis*	+	+	+	+	+	+
			日本沼虾 *Macrobrachium nipponense*				+	+	
	端足目 Amphipoda	钩虾科 Gammaridae	异钩虾 *Anisogammarus* sp.						+
		方蟹科 Grapsidae	天津厚蟹 *Helice tientsinensis*						+
			中华绒螯蟹 *Eriocheir sinensis*				+		+
			豆形拳蟹 *Pyrhila pisum*						+
		关公蟹科 Tymolidae	关公蟹 *Dorippe* sp.						+
其他 other	等足目 Isopoda	浪漂水虱科 Cirolanidae	哈氏浪漂水虱 *Cirolana harfordi japonica*					+	

注：1：福德店—柴河口；2：柴河口—石佛寺水库出口；3：石佛寺水库出口—柳河口；4：柳河口—小徐家房子；5：小徐家房子—盘山闸；6：盘山闸—入海口；7—“+”表示在此河段采集到该种底栖动物。

动物为主。但就物种而言，双翅目种类最多达 25 种，占总数的 25%。从时间上看，夏季采集到的物种最多，为 51 种，明显高于春季（44 种）和秋季（37 种），这说明夏季水生昆虫大量繁殖，特别是蜉蝣目、毛翅目、半翅目等出现较多。相反，在秋季少见种出现得比较少，秋季物种数仅有 37 种，这与秋季捕食者的捕食压力大和部分摇蚊幼虫羽化有关。盘山闸至入海口段处于河口水域，受海水的影响，该河段与上游底栖动物种类组成差异巨大。

5.4.5 社会服务功能调查监测方案

5.4.5.1 水功能区达标率

收集评估河流的水功能区划，根据《地表水资源质量评价技术规程》（SL 395—2007）进行评价。

该河段 11 个水功能区中有 1 个排污控制区不参加水功能区水质达标评价，1 个水功能区没有水质监测站点，其余 9 个水功能区都有监测站点。

1）每个水功能区至少有一个监测断面，各水功能区监测断面见表 5.4-13。

表 5.4-13 辽河干流水功能区水质监测站点

序号	二级水功能区	水功能区类型	监测站点
1	辽河福德店饮用、农业用水区	饮用水水源区	福德店、通江口
2	辽河小莲花排污控制区	排污控制区	无
3	辽河小莲花过渡区	过渡区	铁岭
4	辽河八天地农业、饮用水水源区	农业用水区	沙宝台
5	辽河石佛寺水库饮用、农业用水区	农业用水区	珠尔山
6	辽河马虎山农业、饮用水水源区	农业用水区	马虎山
7	辽河柳河口农业用水区	农业用水区	毓宝台
8	辽河小徐家房子农业用水区	农业用水区	平安堡、辽中
9	辽河小徐家房子农业、饮用水水源区	农业用水区	张荒地大桥
10	双台子河西沟稍子农业、饮用水水源区	农业用水区	盘山闸
11	双台子河盘山渔业用水区	渔业用水区	向阳

2）监测项目为《地表水环境质量标准》（GB 3838—2002）中的常规 3 项指标（化学需氧量或高锰酸盐指数、氨氮）；

3）根据监测化验结果进行两因子（化学需氧量或高锰酸盐指数、氨氮）评价；

4）水功能区年度监测次数不少于 6 次；

5）达标频率不低于 80%的水功能区视为年度达标。

12 个水质监测断面中，平安堡、张荒地大桥、向阳 3 个断面为 2016 年本次监测，监测频率为每两月一次，全年 6 次。其余 9 个水质监测断面均为常规水质监测断面，收集了这 9 个断面 2014—2016 年的常规监测水质数据，监测频率为每月一次，全年 12 次。水质监测频率达到《地表水资源质量评价技术规程》（SL 395—2007）关于水功能区频次法每年不低于 6 次的要求。

5.4.5.2 水资源开发利用率

水资源开发利用率是指流域或区域用水量占水资源可利用量的比率，从流域水资源公报、《辽河流域综合规划》中获取相关数据。水资源开发利用率数据来源于 2015 年松辽流域水资源公报、《辽河流域综合规划》。

5.4.5.3 堤防防洪标准及达标情况

收集评估河流的堤防划分情况、重现期、堤防长度、达标长度等数据。重点关注盘锦市的堤防建设及达标情况。主要根据《辽河流域防洪规划报告》《辽河流域综合规划》以及辽宁省水利厅提供的堤防现状资料，获得评估河段的堤防长度、达标长度及堤防划分等数据。

5.4.5.4 公众满意度

通过发放调查问卷调查不同人群对于评估河流各种功能的满意程度。本次评估共向不同人群发放调查问卷 70 份，回收 70 份，问卷回收率达到 100%，有效问卷 70 份。

5.5 河流健康评价

5.5.1 河流水文水资源完整性评估

5.5.1.1 流量过程变异程度

根据流量过程变异程度的计算公式进行计算并赋分，2010—2016 年流量过程变异程度指标各年评估结果见表 5.5-1 和表 5.5-2，2010—2016 年总体评估结果见表 5.5-3。

表 5.5-1 2010—2013 年各评估河段流量过程变异程度计算及赋分情况表

评估河段	测站名称	2010 年		2011 年		2012 年		2013 年	
		FD	赋分	FD	赋分	FD	赋分	FD	赋分
福德店—柴河口	福德店	0.04	100.00	0.10	76.47	0.08	83.02	0.03	100.00
	通江口	0.28	52.97	0.71	41.48	0.48	46.17	0.17	66.10
	小计	0.16	76.49	0.41	58.98	0.28	64.60	0.10	83.05
柴河口—石佛寺水库出口	铁岭	0.97	36.07	1.68	23.65	1.71	23.45	0.86	38.33
石佛寺水库出口—柳河口	马虎山	0.97	36.04	1.33	28.61	1.54	24.68	0.85	38.44
	巨流河	0.96	36.32	1.31	28.99	1.47	25.65	0.85	38.49
	小计	0.97	36.18	1.32	28.80	1.51	25.17	0.85	38.47
柳河口—小徐家房子	平安堡	1.00	35.39	1.35	28.03	1.52	24.84	0.88	38.00
小徐家房子—盘山闸	辽中	1.01	35.21	1.31	26.43	1.50	25.09	0.93	36.78
盘山闸—入海口	六间房	0.96	36.26	1.33	28.57	1.53	24.74	0.92	37.10

表 5.5-2 2014—2016 年各评估河段流量过程变异程度计算及赋分情况表

评估河段	测站名称	2014 年		2015 年		2016 年	
		FD	赋分	FD	赋分	FD	赋分
福德店—柴河口	福德店	0.12	72.93	0.22	60.21	0.11	73.83
	通江口	0.51	45.64	0.89	37.71	0.44	47.05
	小计	0.32	59.29	0.56	48.96	0.28	60.44
柴河口—石佛寺水库出口	铁岭	1.58	24.39	2.27	19.20	1.93	21.79
石佛寺水库出口—柳河口	马虎山	1.44	26.31	1.99	21.33	1.80	22.76
	巨流河	1.41	26.79	1.97	21.48	1.79	22.85
	小计	1.43	26.55	1.98	21.41	1.80	22.81
柳河口—小徐家房子	平安堡	1.39	27.28	1.97	21.49	1.91	21.92
小徐家房子—盘山闸	辽中	1.49	25.28	2.22	19.58	2.03	21.02
盘山闸—入海口	六间房	1.38	27.52	2.35	18.61	2.10	20.51

表 5.5-3 2010—2016 年辽河干流流量过程变异程度赋分表

评估河段	测站名称	FD	赋分
福德店—柴河口	福德店、通江口	0.30	64.54
柴河口—石佛寺水库出口	铁岭	1.57	26.70
石佛寺水库出口—柳河口	马虎山、巨流河	1.41	28.48
柳河口—小徐家房子	平安堡	1.43	28.14
小徐家房子—盘山闸	辽中	1.50	27.06
盘山闸—入海口	六间房	1.51	27.62

从评价结果可以看出，6 个评估河段流量变异过程赋分为 26.70～64.54 分，除福德店—柴河口赋分为 64.54 分，处于健康状态外，其余 5 个评估河段，即辽河干流柴河口—入海口区间赋分为 26.70～28.48 分，全部为不健康状态。

总体来看，辽河干流流量变异过程赋分较低主要受两方面影响：一是辽河干流石佛寺水库以及主要支流清河水库、柴河水库、闹得海水库等大中型水利工程建设，导致辽河干流柴河口以下区间水文情势发生较大变化；二是柴河口以下区间生产生活取用水量较大，导致柴河口—入海口区间水文情势发生较大变化。在这两方面因素的共同影响下，辽河干流柴河口以下水文情势较天然状态发生较大改变，基本处于不健康状态。

5.5.1.2 生态流量满足程度

根据生态流量满足程度的计算公式进行计算并赋分，生态流量满足程度指标各年评估结果见表 5.5-4～表 5.5-10，2010—2016 年总体评估结果见表 5.5-11。

表 5.5-4 2010 年评估河段生态流量满足程度计算及赋分情况表

评估河段	站名	min（qd）10 月—次年 3 月/（m^3/s）	EF_1/%	min（qd）9 月—次年 4 月/（m^3/s）	EF_2/%	多年平均流量/（m^3/s）	EF_{1r}	EF_{2r}	EF_r
福德店—柴河口	福德店	0.10	0.3	0.24	0.8	29.68	1.28	1.64	1.28
	通江口	0.87	1.8	2.40	4.9	49.43	7.07	9.71	7.07
	小计	0.49	1.05	1.32	2.85	39.56	4.18	5.68	4.18
柴河口—石佛寺水库出口	铁岭	3.01	2.9	26.80	26.0	103.02	11.69	36.02	11.69

评估河段	站名	min（*qd*）10月—次年3月/（m³/s）	EF₁/%	min（*qd*）9月—次年4月/（m³/s）	EF₂/%	多年平均流量/（m³/s）	EF_{1r}	EF_{2r}	EF_r
石佛寺水库出口—柳河口	马虎山	6.85	5.8	7.59	6.4	118.29	23.16	12.83	12.83
	巨流河	6.92	5.7	7.67	6.3	121.92	22.70	12.58	12.58
	小计	6.89	5.8	7.63	6.4	120.11	22.93	12.71	12.71
柳河口—小徐家房子	平安堡	6.46	5.0	13.90	10.8	128.97	20.04	20.78	20.04
小徐家房子—盘山闸	辽中	6.92	5.5	7.67	6.1	124.99	22.14	12.27	12.27
盘山闸—入海口	六间房	3.57	2.8	11.00	8.7	127.12	11.23	17.31	11.23

表 5.5-5 2011 年评估河段生态流量满足程度计算及赋分情况表

评估河段	站名	min（*qd*）10月—次年3月/（m³/s）	EF₁/%	min（*qd*）9月—次年4月/（m³/s）	EF₂/%	多年平均流量/（m³/s）	EF_{1r}	EF_{2r}	EF_r
福德店—柴河口	福德店	2.03	6.8	3.43	11.6	29.68	27.36	21.56	21.56
	通江口	4.15	8.4	7.28	14.7	49.43	33.59	24.73	24.73
	小计	3.09	7.6	5.36	13.2	39.56	30.48	23.15	23.15
柴河口—石佛寺水库出口	铁岭	7.66	7.4	18.70	18.2	103.02	29.74	28.15	28.15
石佛寺出口—柳河口	马虎山	8.31	7.0	18.30	15.5	118.29	28.10	25.47	25.47
	巨流河	8.39	6.9	20.41	16.7	121.92	27.54	26.74	26.74
	小计	8.35	7.0	19.36	16.1	120.11	27.82	26.11	26.11
柳河口—小徐家房子	平安堡	11.70	9.1	27.90	21.6	128.97	36.29	31.63	31.63
小徐家房子—盘山闸	辽中	8.39	6.7	20.41	16.3	124.99	26.86	26.33	26.33
盘山闸—入海口	六间房	9.80	7.7	13.80	10.9	127.12	30.84	20.86	20.86

表 5.5-6 2012 年评估河段生态流量满足程度计算及赋分情况表

评估河段	站名	min（*qd*）10月—次年3月/（m³/s）	EF₁/%	min（*qd*）9月—次年4月/（m³/s）	EF₂/%	多年平均流量/（m³/s）	EF_{1r}	EF_{2r}	EF_r
福德店—柴河口	福德店	1.65	5.6	3.45	11.6	29.68	22.24	21.62	21.62
	通江口	6.58	13.3	7.65	15.5	49.43	53.25	25.48	25.48
	小计	4.12	9.5	5.55	13.6	39.56	37.75	23.55	23.55

评估河段	站名	min（qd）10月—次年3月/（m^3/s）	EF_1/%	min（qd）9月—次年4月/（m^3/s）	EF_2/%	多年平均流量/（m^3/s）	EF_{1r}	EF_{2r}	EF_r
柴河口—石佛寺水库出口	铁岭	4.24	4.1	16.20	15.7	103.02	16.46	25.73	16.46
石佛寺水库出口—柳河口	马虎山	6.74	5.7	27.30	23.1	118.29	22.79	33.08	22.79
	巨流河	6.81	5.6	32.44	26.6	121.92	22.34	36.60	22.34
	小计	6.78	5.7	29.87	24.9	120.11	22.57	34.84	22.57
柳河口—小徐家房子	平安堡	6.82	5.3	26.30	20.4	128.97	21.15	30.39	21.15
小徐家房子—盘山闸	辽中	6.81	5.4	32.44	25.9	124.99	21.79	35.95	21.79
盘山闸—入海口	六间房	6.69	5.3	31.20	24.5	127.12	21.05	34.54	21.05

表 5.5-7 2013 年评估河段生态流量满足程度计算及赋分情况表

评估河段	站名	min（qd）10月—次年3月/（m^3/s）	EF_1/%	min（qd）9月—次年4月/（m^3/s）	EF_2/%	多年平均流量/（m^3/s）	EF_{1r}	EF_{2r}	EF_r
福德店—柴河口	福德店	1.92	6.5	10.30	34.7	29.68	25.88	58.82	25.88
	通江口	8.20	16.6	17.40	35.2	49.43	66.36	60.82	60.82
	小计	5.06	11.6	13.85	35.0	39.56	46.12	59.82	43.35
柴河口—石佛寺水库出口	铁岭	32.60	31.6	43.00	41.7	103.02	100.00	83.48	83.48
石佛寺水库出口—柳河口	马虎山	29.70	25.1	35.10	29.7	118.29	90.22	38.69	38.69
	巨流河	30.00	24.6	35.89	29.4	121.92	89.22	39.44	39.44
	小计	29.85	24.9	35.50	29.6	120.11	89.72	39.07	39.07
柳河口—小徐家房子	平安堡	29.30	22.7	21.70	16.8	128.97	85.44	26.83	26.83
小徐家房子—盘山闸	辽中	30.00	24.0	35.89	28.7	124.99	88.01	38.71	38.71
盘山闸—入海口	六间房	37.90	29.8	32.10	25.3	127.12	99.63	35.25	35.25

表 5.5-8 2014 年评估河段生态流量满足程度计算及赋分情况表

评估河段	站名	min（qd）10 月—次年 3 月/（m³/s）	EF_1/%	min（qd）9 月—次年 4 月/（m³/s）	EF_2/%	多年平均流量/（m³/s）	EF_{1r}	EF_{2r}	EF_r
福德店—柴河口	福德店	5.25	17.7	9.30	31.3	29.68	70.76	45.35	45.35
	通江口	13.20	26.7	18.10	36.6	49.43	93.41	66.48	66.48
	小计	9.23	22.2	13.70	34.0	39.56	82.09	55.92	55.92
柴河口—石佛寺水库出口	铁岭	13.30	12.9	33.50	32.5	103.02	51.64	50.08	50.08
石佛寺水库出口—柳河口	马虎山	7.15	6.0	12.50	10.6	118.29	24.18	20.57	20.57
	巨流河	7.22	5.9	12.72	10.4	121.92	23.70	20.43	20.43
	小计	7.19	6.0	12.61	10.5	120.11	23.94	20.50	20.50
柳河口—小徐家房子	平安堡	6.95	5.4	21.80	16.9	128.97	21.55	26.90	21.55
小徐家房子—盘山闸	辽中	7.22	5.8	12.72	10.2	124.99	23.11	20.18	20.18
盘山闸—入海口	六间房	7.35	5.8	23.20	18.3	127.12	23.13	28.25	23.13

表 5.5-9 2015 年评估河段生态流量满足程度计算及赋分情况表

评估河段	站名	min（qd）10 月—次年 3 月/（m³/s）	EF_1/%	min（qd）9 月—次年 4 月/（m³/s）	EF_2/%	多年平均流量/（m³/s）	EF_{1r}	EF_{2r}	EF_r
福德店—柴河口	福德店	3.33	11.2	4.51	15.2	29.68	44.88	25.20	25.20
	通江口	5.07	10.3	9.70	19.6	49.43	41.03	29.63	29.63
	小计	4.20	10.8	7.11	17.4	39.56	42.96	27.42	27.42
柴河口—石佛寺水库出口	铁岭	7.97	7.7	18.00	17.5	103.02	30.95	27.47	27.47
石佛寺水库出口—柳河口	马虎山	7.00	5.9	4.21	3.6	118.29	23.67	7.12	7.12
	巨流河	7.07	5.8	4.29	3.5	121.92	23.20	7.03	7.03
	小计	7.04	5.9	4.25	3.6	120.11	23.44	7.08	7.08
柳河口—小徐家房子	平安堡	8.11	6.3	7.03	5.5	128.97	25.15	10.90	10.90
小徐家房子—盘山闸	辽中	7.07	5.7	4.29	3.4	124.99	22.63	6.86	6.86
盘山闸—入海口	六间房	4.81	3.8	5.31	4.2	127.12	15.14	8.35	8.35

表 5.5-10　2016 年评估河段生态流量满足程度计算及赋分情况表

评估河段	站名	min（*qd*）10 月—次年 3 月/（m^3/s）	EF_1/%	min（*qd*）9 月—次年 4 月/（m^3/s）	EF_2/%	多年平均流量/（m^3/s）	EF_{1r}	EF_{2r}	EF_r
福德店—柴河口	福德店	2.17	7.3	3.25	11.0	29.68	29.25	20.95	20.95
	通江口	4.80	9.7	11.00	22.3	49.43	38.85	32.26	32.26
	小计	3.49	8.5	7.13	16.7	39.56	34.05	26.61	26.61
柴河口—石佛寺水库出口	铁岭	8.90	8.6	14.10	13.7	103.02	34.56	23.69	23.69
石佛寺水库出口—柳河口	马虎山	4.74	4.0	2.77	2.3	118.29	16.03	4.68	4.68
	巨流河	4.79	3.9	2.93	2.4	121.92	15.71	4.81	4.81
	小计	4.77	4.0	2.85	2.4	120.11	15.87	4.75	4.75
柳河口—小徐家房子	平安堡	7.77	6.0	6.48	5.0	128.97	24.10	10.05	10.05
小徐家房子—盘山闸	辽中	4.79	3.8	2.93	2.3	124.99	15.32	4.69	4.69
盘山闸—入海口	六间房	4.93	3.9	5.87	4.6	127.12	15.52	9.24	9.24

表 5.5-11　2010—2016 年评估河段生态流量满足程度计算及赋分情况表

评估河段	站名	*EFr*
福德店—柴河口	福德店、通江口	29.17
柴河口—石佛寺水库出口	铁岭	34.43
石佛寺水库出口—柳河口	马虎山、巨流河	18.97
柳河口—小徐家房子	平安堡	20.80
小徐家房子—盘山闸	辽中	18.69
盘山闸—入海口	六间房	18.44

根据评价结果，辽河干流福德店—入海口区间生态流量满足程度情况相对较差，赋分为 18.44～34.43。福德店—石佛寺水库出口赋分为 29.17～34.43，处于不健康状态；石佛寺水库出口—入海口赋分为 18.44～20.80，基本处于不健康状态。整体来看，受水利工程建设和工农业取水活动影响，辽河干流生态流量遭到破坏，尤其是下游接近入海口区间满足程度较差。

5.5.1.3 水文水资源准则层赋分

根据水文水资源准则层的计算公式进行计算并赋分，2010—2016 年辽河干流水文水资源准则层各年评估结果见表 5.5-12 和表 5.5-13，2010—2016 年总体评估结果见表 5.5-14。

表 5.5-12 2010—2013 年评估河段水文水资源准则层赋分情况表

评估河段（断面）	2010 年赋分			2011 年赋分			2012 年赋分			2013 年赋分		
	流量变异程度	生态流量满足程度	水文水资源准则层	流量变异程度	生态流量满足程度	水文水资源准则层	流量变异程度	生态流量满足程度	水文水资源准则层	流量变异程度	生态流量满足程度	水文水资源准则层
福德店—柴河口	76.49	4.18	25.87	58.98	23.15	33.90	64.6	23.55	35.87	83.05	43.35	55.26
柴河口—石佛寺水库出口	36.07	11.69	19.00	23.65	28.15	26.80	23.45	16.46	18.56	38.33	83.48	69.94
石佛寺水库出口—柳河口	36.18	12.71	19.75	28.8	26.11	26.92	25.17	22.57	23.35	38.47	39.07	38.89
柳河口—小徐家房子	35.39	20.04	24.65	28.03	31.63	30.55	24.84	21.15	22.26	38	26.83	30.18
小徐家房子—盘山闸	35.21	12.27	19.15	26.43	26.33	26.36	25.09	21.79	22.78	36.78	38.71	38.13
盘山闸—入海口	36.26	11.23	18.74	28.57	20.86	23.17	24.74	21.05	22.16	37.1	35.25	35.81
河流整体赋分			22.09			29.01			25.79			44.23

注：流量变异程度权重 0.3，生态流量满足程度权重 0.7。

表 5.5-13 2014—2016 年评估河段水文水资源准则层赋分情况表

评估河段（断面）	2014 年赋分			2015 年赋分			2016 年赋分		
	流量变异程度	生态流量满足程度	水文水资源准则层	流量变异程度	生态流量满足程度	水文水资源准则层	流量变异程度	生态流量满足程度	水文水资源准则层
福德店—柴河口	59.29	55.92	56.93	48.96	27.42	33.88	60.44	26.61	36.76
柴河口—石佛寺水库出口	24.39	50.08	42.37	19.2	27.47	24.99	21.79	23.69	23.12
石佛寺水库出口—柳河口	26.55	20.5	22.32	21.41	7.08	11.38	22.81	4.75	10.17

评估河段（断面）	2014年赋分			2015年赋分			2016年赋分		
	流量变异程度	生态流量满足程度	水文水资源准则层	流量变异程度	生态流量满足程度	水文水资源准则层	流量变异程度	生态流量满足程度	水文水资源准则层
柳河口—小徐家房子	27.28	21.55	23.27	21.49	10.9	14.08	21.92	10.05	13.61
小徐家房子—盘山闸	25.28	20.18	21.71	19.58	6.86	10.68	21.02	4.69	9.59
盘山闸—入海口	27.52	23.13	24.45	18.61	8.35	11.43	20.51	9.24	12.62
河流整体赋分			33.93			19.21			19.45

注：流量变异程度权重0.3，生态流量满足程度权重0.7。

表5.5-14　2010—2016年评估河段水文水资源准则层赋分情况表

评估河段（断面）	流量变异程度		生态流量满足程度		水文水资源准则层赋分	河流整体赋分
	评估分值	权重	评估分值	权重		
福德店—柴河口	64.54	0.3	29.17	0.7	39.78	27.67
柴河口—石佛寺水库出口	26.70	0.3	34.43	0.7	32.11	
石佛寺水库出口—柳河口	28.48	0.3	18.97	0.7	21.82	
柳河口—小徐家房子	28.14	0.3	20.31	0.7	22.66	
小徐家房子—盘山闸	27.06	0.3	18.69	0.7	21.20	
盘山闸—入海口	27.62	0.3	18.44	0.7	21.20	

总体来看，辽河干流柴河口以下水文情势较天然情况下发生了较大改变，流量变异程度较高；受大中型水利工程建设和沿途工农业取用水影响，生态流量满足程度较差，尤其是石佛寺水库出口—入海口区间生态流量遭到破坏的问题较为突出。

福德店—柴河口与柴河口—石佛寺水库出口区间得分相对较高，为32.11～39.78分；石佛寺水库出口—柳河口、柳河口—小徐家房子、小徐家房子—盘山闸、盘山闸—入海口区间得分较低，为21.20～22.66分，接近于病态。辽河干流水文水资源整体得分27.67分，处于不健康状态。

5.5.2　河流物理结构完整性评估

5.5.2.1　河岸带状况

（1）岸坡稳定性指标

辽河干流福德店至入海口共划分为6个评估河段，按照调查监测河段监测断面调查数据进行算术平均得到岸坡稳定性指标。6个分项指标的评估数据及其赋分如表5.5-15所示。

表 5.5-15　河段岸坡稳定性评估指标代表值计算与赋分表

评价河段名称	监测点名称	岸坡特征		调查数据					赋分					岸坡稳定性指标赋分
				斜坡倾角/（°）	植被覆盖率/%	斜坡高度/m	基质类别	河岸冲刷状况	斜坡倾角/（°）	植被覆盖率/%	斜坡高度/m	基质类别	河岸冲刷状况	
福德店—柴河口	福德店	监测断面1	左岸/右岸	23.3/6.5	55/95	0.075/0.21	4/4	2/1	81.7/90	78/90	90/90	25/25	75/90	69.94/77
		监测断面2	左岸/右岸	32.5/14.7	25/75	2.271/0.634	5/4	1/1	66.67/90	25/90	61.45/90	15/25	90/90	51.62/77
		监测断面3	左岸/右岸	33.6/7.6	85/80	3.078/0.151	3/5	3/1	63/90	90/90	24.03/90	0/15	25/90	40.41/75
	新发堡村	监测断面1	左岸/右岸	17.7/70.5	82/85	1.375/1.138	4/5	1/4	87.3/0	90/90	84.37/87.93	25/15	90/0	75.33/38.59
		监测断面2	左岸/右岸	36/38.4	93/70	1.987/0.341	4/3	2/3	55/47	90/87	75.2/90	25/0	75/25	64.04/49.8
		监测断面3	左岸/右岸	33.4/16	97/90	1.7/0.783	4/5	1/2	63.67/89	90/90	79.5/90	25/15	90/75	69.63/71.8
	招苏台河口	监测断面1	左岸/右岸	29.5/32.3	96/67	1.351/1.129	3/3	2/4	75.5/67.33	90/85.2	84.73/88.06	0/0	75/0	65.05/48.12
		监测断面2	左岸/右岸	44.9/23.6	95/83	2.298/0.919	3/3	4/3	25.33/81.4	90/90	60.08/90	0/0	0/25	35.08/57.28
		监测断面3	左岸/右岸	23.3/32.5	90/49	1.617/1.211	3/5	1/2	81.7/66.67	90/73	80.75/86.83	0/15	90/75	68.49/63.3
	丈沟子村	监测断面1	左岸/右岸	49.9/39.4	90/97	1.682/2.462	3/3	2/3	16.83/43.67	90/90	79.77/51.89	0/0	75/25	52.32/42.11
		监测断面2	左岸/右岸	41.1/41.2	91/95	0.95/1.82	3/3	2/2	38/37.67	90/90	90/77.69	0/0	75/75	58.6/56.07
		监测断面3	左岸/右岸	30/36.3	94/95	1.153/2.677	3/3	2/1	75/54	90/90	87.7/41.14	0/0	75/90	65.54/55.03
	柴河口	监测断面1	左岸/右岸	22.1/19	70/61	2.555/1.494	3/3	2/2	82.9/86	87/81.6	47.23/82.59	0/0	75/75	58.43/65.04
		监测断面2	左岸/右岸	11.6/30.4	65/87	1.464/3.2	3/3	2/2	90/73.67	84/90	83.04/22.5	0/0	75/75	66.41/52.23
		监测断面3	左岸/右岸	15.2/30.6	50/94	1.313/2.718	3/3	2/2	89.8/73	75/90	85.31/39.11	0/0	75/75	65.02/55.42
	监测河段平均		左岸/右岸	29.61/29.27	78.53/81.53	1.66/1.39			66.16/65.96	83.27/87.79	74.21/74.52	7.67/7.33	70.67/59	60.39/58.92
			平均值	29.44	80.03	1.525	0	0	66.06	85.53	74.365	7.5	64.835	59.66
柴河口—石佛寺水库出口	柴河口	监测断面1	左岸/右岸	22.1/19	70/61	2.555/1.494	3/3	2/2	82.9/86	87/81.6	47.23/82.59	0/0	75/75	58.43/65.04
		监测断面2	左岸/右岸	11.6/30.4	65/87	1.464/3.2	3/3	2/2	90/73.67	84/90	83.04/22.5	0/0	75/75	66.41/52.23
		监测断面3	左岸/右岸	15.2/30.6	50/94	1.313/2.718	3/3	2/2	89.8/73	75/90	85.31/39.11	0/0	75/75	65.02/55.42
	大冯家窝堡	监测断面1	左岸/右岸	29.1/40.4	54/79	2.471/4.704	4/5	1/1	75.9/40.33	77.4/90	51.44/3.7	25/15	90/90	63.95/47.81
		监测断面2	左岸/右岸	21.4/40.1	76/85	3.305/3.295	5/3	1/1	83.6/41.33	90/90	21.19/21.32	15/0	90/90	59.96/48.53
		监测断面3	左岸/右岸	24.9/45.2	87/83	1.718/3.203	3/3	1/1	80.1/24.67	90/90	79.23/22.46	0/0	90/90	67.87/45.43
	珠尔山村	监测断面1	左岸/右岸	27.7/16.9	87/86	2.734/2.796	5/4	1/1	77.3/88.1	90/90	38.29/35.22	15/25	90/90	62.12/65.66
		监测断面2	左岸/右岸	22.7/18.5	36/78	0.925/1.142	1/5	1/2	82.3/86.5	47/90	90/87.87	90/15	90/75	79.86/70.87
		监测断面3	左岸/右岸	22.6/17.9	91/74	1.265/1.135	3/5	3/2	82.4/87.1	90/89.4	86.02/87.98	0/15	25/75	56.68/70.9

评价河段名称	监测点名称	岸坡特征		调查数据					赋分					岸坡稳定性指标赋分
				斜坡倾角/（°）	植被覆盖率/%	斜坡高度/m	基质类别	河岸冲刷状况	斜坡倾角/（°）	植被覆盖率/%	斜坡高度/m	基质类别	河岸冲刷状况	
柴河口—石佛寺水库出口	石佛寺水库	监测断面1	左岸/右岸	8.9/6.4	57/31	1.42/1.539	3/3	1/1	90/90	79.2/37	83.7/81.92	0/0	90/90	68.58/59.78
		监测断面2	左岸/右岸	4.6/6.2	78/4	0.522/0.465	2/3	1/1	90/90	90/4	90/90	75/0	90/90	87/54.8
		监测断面3	左岸/右岸	9.6/26.9	91/66	0.283/2.884	5/3	1/3	90/78.1	90/84.6	90/30.79	15/0	90/25	75/43.7
	监测断面		左岸/右岸	18.37/24.88	70.17/69	1.66/2.38			84.53/71.57	82.47/77.22	70.45/50.45	19.58/6	80.83/78.33	67.57/56.68
			平均值	21.62	69.58	2.02			78.05	79.84	60.45	12.71	79.58	62.13
石佛寺水库出口—柳河口	石佛寺水库出口	监测断面1	左岸/右岸	8.9/6.4	57/31	1.42/1.539	3/3	1/1	90/90	79.2/37	83.7/81.92	0/0	90/90	68.58/59.78
		监测断面2	左岸/右岸	4.6/6.2	78/4	0.522/0.465	2/3	1/1	90/90	90/4	90/90	75/0	90/90	87/54.8
		监测断面3	左岸/右岸	9.6/26.9	91/66	0.283/2.884	5/3	1/3	90/78.1	90/84.6	90/30.79	15/0	90/25	75/43.7
	G101马虎山村公路桥	监测断面1	左岸/右岸	43.3/12.8	71/35	3.994/0.919	3/3	3/1	30.67/90	87.6/45	12.57/90	0/0	25/90	31.17/63
		监测断面2	左岸/右岸	37.7/15	91/42	5.027/0.941	3/3	3/2	49.33/90	90/59	0/90	0/0	25/75	32.87/62.8
		监测断面3	左岸/右岸	42.7/5.7	87/47	4.642/0.549	3/3	3/2	32.67/90	90/69	4.47/90	0/0	25/75	30.43/64.8
	秀水河河口	监测断面1	左岸/右岸	43.7/2.1	75/0	2.828/0.448	2/3	1/3	29.33/90	90/0	33.58/90	75/0	90/25	63.58/41
		监测断面2	左岸/右岸	34.3/1.5	10/0	2.144/0.519	2/3	1/2	60.67/90	10/0	67.79/90	75/0	90/75	60.69/51
		监测断面3	左岸/右岸	34.8/3.8	86/3	2.169/0.377	2/3	1/2	59/90	90/3	66.54/90	75/0	90/75	76.11/51.6
	G304公路桥	监测断面1	左岸/右岸	16.1/22	55/84	0.859/1.69	5/3	1/1	88.9/83	78/90	90/79.65	15/0	90/90	72.38/68.53
		监测断面2	左岸/右岸	30/29.1	57/80	0.968/2.524	5/5	1/1	75/75.9	79.2/90	90/48.78	15/15	90/90	69.84/63.94
		监测断面3	左岸/右岸	9.7/15.2	70/85	1.512/2.031	3/3	2/1	90/89.8	87/90	82.31/73.47	0/0	75/90	66.86/68.65
	柳河口	监测断面1	左岸/右岸	36/90	48/42	1.062/7.897	3/3	2/4	55/0	71/59	89.07/0	0/0	75/0	58.01/11.8
		监测断面2	左岸/右岸	23.1/90	3/26	0.513/4.752	3/3	2/4	81.9/0	3/27	90/3.1	0/0	75/0	49.98/6.02
		监测断面3	左岸/右岸	2.3/90	2/63	0.281/4.07	3/3	1/4	90/0	2/82.8	90/11.63	0/0	90/0	54.4/18.89
	监测断面		左岸/右岸	25.12/27.78	58.73/40.53	1.88/2.11			67.5/69.79	69.13/49.36	65.34/63.96	23/1	74/59.33	59.79/48.69
			平均值	26.45	49.63	1.99			68.64	59.25	64.65	12	66.67	54.24

评价河段名称	监测点名称	岸坡特征		调查数据					赋分					岸坡稳定性指标赋分
				斜坡倾角/（°）	植被覆盖率/%	斜坡高度/m	基质类别	河岸冲刷状况	斜坡倾角/（°）	植被覆盖率/%	斜坡高度/m	基质类别	河岸冲刷状况	
柳河口—小徐家房子	柳河口	监测断面1	左岸/右岸	36/90	48/42	1.062/7.897	3/3	2/4	55/0	71/59	89.07/0	0/0	75/0	58.01/11.8
		监测断面2	左岸/右岸	23.1/90	3/26	0.513/4.752	3/3	2/4	81.9/0	3/27	90/3.1	0/0	75/0	49.98/6.02
		监测断面3	左岸/右岸	2.3/90	2/63	0.281/4.07	3/3	1/4	90/0	2/82.8	90/11.63	0/0	90/0	54.4/18.89
	四法线公路桥	监测断面1	左岸/右岸	39.4/84.6	68/89	0.917/2.913	4/5	3/3	43.67/0	85.8/90	90/29.36	25/15	25/25	53.89/31.87
		监测断面2	左岸/右岸	26/90	8/81	1.083/3.665	3/3	1/4	79/0	8/90	88.76/16.69	0/0	90/0	53.15/21.34
		监测断面3	左岸/右岸	90/27.8	49/77	3.046/2.175	3/3	4/2	0/77.2	73/90	24.42/66.24	0/0	0/75	19.48/61.69
	李家村	监测断面1	左岸/右岸	7.5/87.2	36/42	0.311/3.295	5/3	1/4	90/0	47/59	90/21.31	15/0	90/0	66.4/16.06
		监测断面2	左岸/右岸	4.2/38.2	33/27	0.172/1.995	4/5	1/1	90/47.67	41/29	90/75.08	25/15	90/90	67.2/51.35
		监测断面3	左岸/右岸	2.6/90	28/66	0.329/2.585	5/3	1/4	90/0	31/84.6	90/45.75	15/0	90/0	63.2/26.07
	下万子村	监测断面1	左岸/右岸	4.3/19.1	4/45	0.325/0.807	3/3	1/1	90/85.9	4/65	90/90	0/0	90/90	54.8/66.18
		监测断面2	左岸/右岸	90/17.7	22/34	2.25/2.56	3/3	1/3	0/87.3	22/43	62.5/47	0/0	90/25	34.9/40.46
		监测断面3	左岸/右岸	25.8/29.3	92/76	3.201/2.392	5/3	2/1	79.2/75.7	90/90	22.49/55.41	15/0	75/90	56.34/62.22
	小徐家房子	监测断面1	左岸/右岸	90/31.4	38/67	3.358/2.438	3/3	3/2	0/70.33	51/85.2	20.53/53.08	0/0	25/75	19.31/56.72
		监测断面2	左岸/右岸	90/29.4	12/65	2.75/2.321	3/3	3/2	0/75.6	12/84	37.51/58.93	0/0	25/75	14.9/58.71
		监测断面3	左岸/右岸	40/31.2	27/15	2.947/0.797	3/3	1/2	41.67/71	29/15	27.67/90	0/0	90/75	37.67/50.2
	监测断面		左岸/右岸	38.08/56.39	31.33/54.33	1.5/2.98			55.36/39.38	37.99/66.24	66.86/44.24	6.33/2	68/41.33	46.91/38.64
			平均值	47.24	42.83	2.24			47.37	52.12	55.55	4.17	54.67	42.77
小徐家房子—盘山闸	小徐家房子	监测断面1	左岸/右岸	90/31.4	38/67	3.358/2.438	3/3	3/2	0/70.33	51/85.2	20.53/53.08	0/0	25/75	19.31/56.72
		监测断面2	左岸/右岸	90/29.4	12/65	2.75/2.321	3/3	3/2	0/75.6	12/84	37.51/58.93	0/0	25/75	14.9/58.71
		监测断面3	左岸/右岸	40/31.2	27/15	2.947/0.797	3/3	1/2	41.67/71	29/15	27.67/90	0/0	90/75	37.67/50.2
	张大镇公路桥	监测断面1	左岸/右岸	80.3/35.5	76/95	1.181/1.517	5/4	1/1	0/56.67	90/90	87.29/82.24	15/25	90/90	56.46/68.78
		监测断面2	左岸/右岸	25.4/10.2	62/97	1.202/0.337	5/4	2/1	79.6/90	82.2/90	86.97/90	15/25	75/90	67.75/77
		监测断面3	左岸/右岸	22.8/28.3	47/66	0.736/2.846	5/3	2/1	82.2/76.7	69/84.6	90/32.71	15/0	75/90	66.24/56.8

评价河段名称	监测点名称	岸坡特征		调查数据					赋分					岸坡稳定性指标赋分
				斜坡倾角/（°）	植被覆盖率/%	斜坡高度/m	基质类别	河岸冲刷状况	斜坡倾角/（°）	植被覆盖率/%	斜坡高度/m	基质类别	河岸冲刷状况	
小徐家房子—盘山闸	九台子村	监测断面1	左岸/右岸	46.2/5.8	92/75	1.883/0.459	4/4	1/1	23/90	90/90	76.75/90	25/25	90/90	60.95/77
		监测断面2	左岸/右岸	24/12.5	95/89	1.148/1.25	5/4	1/1	81/90	90/90	87.78/86.25	15/25	90/90	72.76/76.25
		监测断面3	左岸/右岸	90/40.3	93/79	3.3/2.13	4/5	1/2	0/40.67	90/90	21.25/68.51	25/15	90/75	45.25/57.83
	盘山闸	监测断面1	左岸/右岸	21.8/18	64/43	2.003/2.297	4/5	1/1	83.2/87	83.4/61	74.86/60.17	25/15	90/90	71.29/62.63
		监测断面2	左岸/右岸	22/14	15/65	5.615/0.593	5/5	1/1	83/90	15/84	0/90	15/15	90/90	40.6/73.8
		监测断面3	左岸/右岸	23.6/22.8	21/92	6.673/2.031	5/5	1/1	81.4/82.2	21/90	0/73.46	15/15	90/90	41.48/70.13
	监测断面		左岸/右岸	48.01/23.28	53.5/70.67	2.73/1.58			46.26/76.68	60.22/79.48	50.88/72.95	13.75/13.33	76.67/85	49.55/65.49
			平均值	35.65	62.09	2.16			61.47	69.85	61.92	13.54	80.84	57.52
盘山闸—入海口	盘山闸	监测断面1	左岸/右岸	21.8/18	64/43	2.003/2.297	4/5	1/1	83.2/87	83.4/61	74.86/60.17	25/15	90/90	71.29/62.63
		监测断面2	左岸/右岸	22/14	15/65	5.615/0.593	5/5	1/1	83/90	15/84	0/90	15/15	90/90	40.6/73.8
		监测断面3	左岸/右岸	23.6/22.8	21/92	6.673/2.031	5/5	1/1	81.4/82.2	21/90	0/73.46	15/15	90/90	41.48/70.13
	盘大公路桥	监测断面1	左岸/右岸	90/90	95/87	2.123/0.686	5/5	2/2	0/0	90/90	68.85/90	15/15	75/75	49.77/54
		监测断面2	左岸/右岸	18/14.8	63/40	0.877/0.952	3/3	1/1	87/90	82.8/55	90/90	0/0	90/90	69.96/65
		监测断面3	左岸/右岸	20.6/21.5	75/67	0.876/0.88	3/3	1/1	84.4/83.5	90/85.2	90/90	0/0	90/90	70.88/69.74
	八道弯	监测断面1	左岸/右岸	15.3/90	18/95	1.045/1.159	4/5	1/1	89.7/0	18/90	89.33/87.62	25/15	90/90	62.41/56.52
		监测断面2	左岸/右岸	6/7.8	70/96	1.13/1.567	4/4	1/1	90/90	87/90	88.05/81.49	25/25	90/90	76.01/75.3
		监测断面3	左岸/右岸	6.6/5.6	90/98	1.33/0.854	4/4	1/1	90/90	90/90	85.05/90	25/25	90/90	76.01/77
	双台子河口	监测断面1	左岸/右岸	43.5/14.2	15/2	1.352/0.632	4/4	2/3	30/90	15/2	84.72/90	25/25	75/25	45.94/46.4
		监测断面2	左岸/右岸	12.3/30.8	20/1	1.45/0.747	4/4	2/3	90/72.33	20/1	83.25/90	25/25	75/25	58.65/42.67
		监测断面3	左岸/右岸	5.6/24.3	55/3	1.26/0.74	4/4	2/3	90/80.7	78/3	86.1/90	25/25	75/25	70.82/44.74
	监测断面		左岸/右岸	23.78/29.48	50.08/57.42	2.14/1.09			74.89/71.31	57.52/61.77	70.02/85.23	18.33/16.67	85/72.5	61.15/61.49
			平均值	26.63	53.75	1.62	0.00	0.00	73.10	59.65	77.63	17.50	78.75	61.32

注：基质类别中“1—基岩沙岩、2—岩土河岸、3—非黏土河岸、4—黏土河岸、5—混合土河岸”；
河岸冲刷状况中“1—无冲刷、2—轻度冲刷、3—中度冲刷、4—重度冲刷”。

福德店—柴河口，左岸岸坡稳定性指标赋分 60.39 分，右岸岸坡稳定性指标赋分 58.92 分，平均赋分 59.66 分。

柴河口—石佛寺水库出口，左岸岸坡稳定性指标赋分 67.57 分，右岸岸坡稳定性指标赋分 56.68 分，平均赋分 62.13 分。

石佛寺水库出口—柳河口，左岸岸坡稳定性指标赋分 59.79 分，右岸岸坡稳定性指标赋分 48.69 分，平均赋分 54.24 分。

柳河口—小徐家房子，左岸岸坡稳定性指标赋分 46.91 分，右岸岸坡稳定性指标赋分 38.64 分，平均赋分 42.77 分。

小徐家房子—盘山闸，左岸岸坡稳定性指标赋分 49.55 分，右岸岸坡稳定性指标赋分 65.49 分，平均赋分 57.52 分。

盘山闸—入海口，左岸岸坡稳定性指标赋分 61.15 分，右岸岸坡稳定性指标赋分 61.49 分，平均赋分 61.32 分。

（2）植被覆盖度

根据河岸植被覆盖度指标直接评估赋分标准进行河岸植被覆盖度指标评估赋分，如表 5.5-16 所示，6 个评估河段的河岸植被覆盖度赋分分别为：92.45 分、79.55 分、61.93 分、55.69 分、71.20 分、62.01 分。

表 5.5-16 植被覆盖度评估指标代表值计算与赋分表

评价河段名称	监测点名称	岸坡		覆盖度调查值			覆盖度赋分		
				乔木/%	灌木/%	草本/%	乔木	灌木	草本
福德店—柴河口	福德店	断面 1	左/右	0/0	0/0	55/95	0/0	0/0	60.71/95
		断面 2	左/右	10/0	0/0	15/75	25/0	0/0	29.17/75
		断面 3	左/右	0/0	0/0	75/85	0/0	0/0	75/85
	新发堡村	断面 1	左/右	0/0	7/40	75/45	0/0	25/50	75/53.57
		断面 2	左/右	20/0	3/15	70/55	33.33	25/29.17	71.43/60.71
		断面 3	左/右	0/0	7/30	90/60	0/0	25/41.67	90/64.29
	招苏台河口	断面 1	左/右	0/0	18/0	78/67	0/0	31.67/0	78/69.29
		断面 2	左/右	0/0	2/0	93/83	0/0	25/0	93/83
		断面 3	左/右	0/0	5/11	85/38	0/0	25/25.83	85/48.33
	丈沟子村	断面 1	左/右	0/0	43/2	47/95	0/0	52.14/25	55/95
		断面 2	左/右	0/0	68/3	23/92	0/0	70/25	35.83/92
		断面 3	左/右	0/8	3/0	91/87	0/25	25/0	91/87
	柴河口	断面 1	左/右	0/0	0/0	70/61	0/0	0/0	71.43/65
		断面 2	左/右	0/0	0/0	65/87	0/0	0/0	67.86/87
		断面 3	左/右	0/0	0/0	50/94	0/0	0/0	57.14/94
	监测河段合计			1.27	8.57	70.03	2.78	16.68	72.99

评价河段名称	监测点名称	岸坡		覆盖度调查值			覆盖度赋分		
				乔木/%	灌木/%	草本/%	乔木	灌木	草本
柴河口—石佛寺水库出口	柴河口	断面 1	左/右	0/0	0/0	70/61	0/0	0/0	71.43/65
		断面 2	左/右	0/0	0/0	65/87	0/0	0/0	67.86/87
		断面 3	左/右	0/0	0/0	50/94	0/0	0/0	57.14/94
	大冯家窝堡	断面 1	左/右	0/23	0/9	54/47	0/35.83	0/25	60/55
		断面 2	左/右	0/22	42/0	34/63	0/35	51.43/0	45/66.43
		断面 3	左/右	0/41	83/0	4/42	0/50.71	83/0	25/51.43
	珠尔山村	断面 1	左/右	0/0	0/0	87/86	0/0	0/0	87/86
		断面 2	左/右	0/0	23/0	13/78	0/0	35.83/0	27.5/78
		断面 3	左/右	0/0	56/0	35/74	0/0	61.43/0	45.83/74.29
	石佛寺水库出口	断面 1	左/右	0/0	0/0	57/31	0/0	0/0	62.14/42.5
		断面 2	左/右	0/0	0/0	78/4	0/0	0/0	78/25
		断面 3	左/右	0/37	0/0	91/29	0/47.5	0/0	91/40.83
	监测河段合计			5.13	8.88	55.58	7.04	10.7	61.81
石佛寺水库—柳河口	石佛寺水库出口	断面 1	左/右	0/0	0/0	57/31	0/0	0/0	62.14/42.5
		断面 2	左/右	0/0	0/0	78/4	0/0	0/0	78/25
		断面 3	左/右	0/37	0/0	91/29	0/47.5	0/0	91/40.83
	马虎山村公路桥	断面 1	左/右	44/4	0/0	27/31	52.86/25	0/0	39.17/42.5
		断面 2	左/右	0/0	0/0	91/42	0/0	0/0	91/51.43
		断面 3	左/右	0/0	0/0	87/47	0/0	0/0	87/55
	秀水河河口	断面 1	左/右	0/0	0/0	75/0	0/0	0/0	75/0
		断面 2	左/右	0/0	0/0	10/0	0/0	0/0	25/0
		断面 3	左/右	20/0	0/0	66/3	33.33/0	0/0	68.57/25
	G304 公路桥	断面 1	左/右	0/0	0/33	55/51	0/0	0/44.17	60.71/57.86
		断面 2	左/右	0/0	25/28	32/52	0/0	37.5/40	43.33/58.57
		断面 3	左/右	0/0	12/0	58/85	0/0	26.67/0	62.86/85
	柳河口	断面 1	左/右	0/0	5/0	43/42	0/0	25/0	52.14/51.43
		断面 2	左/右	0/0	0/0	3/26	0/0	0/0	25/38.33
		断面 3	左/右	0/0	0/0	2/63	0/0	0/0	25/66.43
	监测河段合计			3.5	3.43	42.7	5.29	5.78	50.86
柳河口—小徐家房子	柳河口	断面 1	左/右	0/0	5/0	43/42	0/0	25/0	52.14/51.43
		断面 2	左/右	0/0	0/0	3/26	0/0	0/0	25/38.33
		断面 3	左/右	0/0	0/0	2/63	0/0	0/0	25/66.43
	四法线公路桥	断面 1	左/右	0/0	0/0	68/89	0/0	0/0	70/89
		断面 2	左/右	0/0	0/0	8/81	0/0	0/0	25/81
		断面 3	左/右	0/0	0/5	49/72	0/0	0/25	56.43/72.86
	李家村	断面 1	左/右	0/8	0/0	36/34	0/25	0/0	46.67/45
		断面 2	左/右	0/0	0/0	33/27	0/0	0/0	44.17/39.17
		断面 3	左/右	0/10	0/0	28/56	0/25	0/0	40/61.43

评价河段名称	监测点名称	岸坡		覆盖度调查值			覆盖度赋分		
				乔木/%	灌木/%	草本/%	乔木	灌木	草本
柳河口—小徐家房子	下万子村	断面 1	左/右	0/0	0/0	4/45	0/0	0/0	25/53.57
		断面 2	左/右	0/0	0/0	22/34	0/0	0/0	35/45
		断面 3	左/右	10/0	0/0	82/76	25/0	0/0	82/76
	小徐家房子	断面 1	左/右	0/0	0/0	38/67	0/0	0/0	48.33/69.29
		断面 2	左/右	0/0	0/30	12/35	0/0	0/41.67	26.67/45.83
		断面 3	左/右	0/0	0/0	27/15	0/0	0/0	39.17/29.17
	监测河段合计			0.93	1.33	40.57	2.5	3.06	50.14
小徐家房子—盘山闸	小徐家房子	断面 1	左/右	0/0	0/0	38/67	0/0	0/0	48.33/69.29
		断面 2	左/右	0/0	0/30	12/35	0/0	0/41.67	26.67/45.83
		断面 3	左/右	0/0	0/0	27/15	0/0	0/0	39.17/29.17
	张大镇公路桥	断面 1	左/右	0/0	0/0	76/95	0/0	0/0	76/95
		断面 2	左/右	0/0	0/0	62/97	0/0	0/0	65.71/97
		断面 3	左岸	0/0	0/0	47/66	0/0	0/0	55/68.57
	九台子村	断面 1	左/右	60/0	0/0	32/75	64.29/0	0/0	43.33/75
		断面 2	左/右	75/0	0/0	20/89	75/0	0/0	33.33/89
		断面 3	左/右	67/0	0/34	26/45	69.29/0	0/45	38.33/53.57
	盘山闸	断面 1	左/右	3/0	0/0	61/43	25/0	0/0	65/52.14
		断面 2	左/右	0/0	0/0	15/65	0/0	0/0	29.17/67.86
		断面 3	左/右	0/0	0/0	21/92	0/0	0/0	34.17/92
	监测河段合计			8.54	2.67	50.88	9.73	3.61	57.86
盘山闸—入海口	盘山闸	断面 1	左/右	3/0	0/0	61/43	25/0	0/0	65/52.14
		断面 2	左/右	0/0	0/0	15/65	0/0	0/0	29.17/67.86
		断面 3	左/右	0/0	0/0	21/92	0/0	0/0	34.17/92
	盘大公路桥	断面 1	左/右	0/0	0/0	95/87	0/0	0/0	95/87
		断面 2	左/右	0/0	0/0	63/40	0/0	0/0	66.43/50
		断面 3	左/右	0/0	0/0	75/67	0/0	0/0	75/69.29
	八道弯	断面 1	左/右	0/0	0/0	18/95	0/0	0/0	31.67/95
		断面 2	左/右	0/0	0/0	70/96	0/0	0/0	71.43/96
		断面 3	左/右	0/0	0/0	90/98	0/0	0/0	90/98
	入海口	断面 1	左/右	0/0	0/0	15/2	0/0	0/0	29.17/25
		断面 2	左/右	0/0	0/0	20/1	0/0	0/0	33.33/25
		断面 3	左/右	0/0	0/0	55/3	0/0	0/0	60.71/25
	监测河段合计			0.13	0/0	53.63	1.04	0/0	60.97

（3）河岸带人工干扰程度

根据各评估河段监测断面设置，评估河流共发现了采沙、农业耕种、居民房屋、公路桥、河岸硬性砌护、浮桥、畜牧养殖、河滨公园建设等 8 类人类活动，6 个评估河段河岸带人工干扰程度赋分依次为：91 分、85 分、88 分、88 分、78.75 分、78.75 分。各监测河段赋分情况详见表 5.5-17。

表 5.5-17 人工干扰评估指标调查与赋分表

评价河段名称	监测点名称	人类活动所在位置	人类活动类型：河岸硬性砌护	采沙	沿岸建筑物（房屋）	公路（或铁路）	垃圾填埋场或垃圾堆放	河滨公园	管道	农业耕种	畜牧养殖	干扰赋分	指标赋分
福德店—柴河口	福德店	河岸带近水区（水边线以内）										0	85
		河岸带	√									−5	
		河岸带临近陆域（30 m 以内）			√	√						−10	
	新发堡村	河岸带近水区（水边线以内）										0	95
		河岸带	√									−5	
		河岸带临近陆域（30 m 以内）	√									0	
	招苏台河口	河岸带近水区（水边线以内）										0	85
		河岸带	√									−5	
		河岸带临近陆域（30 m 以内）				√					√	−10	
	丈沟子村	河岸带近水区（水边线以内）				√						−5	90
		河岸带										0	
		河岸带临近陆域（30 m 以内）			√							−5	
	柴河口	河岸带近水区（水边线以内）										0	100
		河岸带										0	
		河岸带临近陆域（30 m 以内）										0	
	河段平均指标赋分												91
柴河口—石佛寺水库出口	柴河口	河岸带近水区（水边线以内）										0	100
		河岸带										0	
		河岸带临近陆域（30 m 以内）										0	

评价河段名称	监测点名称	人类活动所在位置	人类活动类型									干扰赋分	指标赋分
			河岸硬性砌护	采沙	沿岸建筑物（房屋）	公路（或铁路）	垃圾填埋场或垃圾堆放	河滨公园	管道	农业耕种	畜牧养殖		
柴河口—石佛寺水库出口	大冯家窝堡	河岸带近水区（水边线以内）	√									0	95
		河岸带	√									−5	
		河岸带临近陆域（30 m 以内）										0	
	珠尔山村	河岸带近水区（水边线以内）				√						−5	70
		河岸带	√			√						−15	
		河岸带临近陆域（30 m 以内）	√		√	√						−10	
	石佛寺水库出口	河岸带近水区（水边线以内）				√						−5	75
		河岸带	√			√						−15	
		河岸带临近陆域（30 m 以内）	√			√						−5	
	河段平均指标赋分												85
石佛寺水库出口—柳河口	石佛寺水库出口	河岸带近水区（水边线以内）				√						−5	75
		河岸带	√			√						−15	
		河岸带临近陆域（30 m 以内）	√			√						−5	
	G101 马虎山村公路桥	河岸带近水区（水边线以内）										0	95
		河岸带										0	
		河岸带临近陆域（30 m 以内）	√		√							−5	
	秀水河河口	河岸带近水区（水边线以内）				√						−5	75
		河岸带	√			√						−15	
		河岸带临近陆域（30 m 以内）				√						−5	
	G304 公路桥	河岸带近水区（水边线以内）	√									0	95
		河岸带	√									−5	
		河岸带临近陆域（30 m 以内）										0	

评价河段名称	监测点名称	人类活动所在位置	人类活动类型									干扰赋分	指标赋分
			河岸硬性砌护	采沙	沿岸建筑物（房屋）	公路（或铁路）	垃圾填埋场或垃圾堆放	河滨公园	管道	农业耕种	畜牧养殖		
石佛寺水库出口—柳河口	柳河口	河岸带近水区（水边线以内）										0	100
		河岸带										0	
		河岸带临近陆域（30 m 以内）										0	
	河段平均指标赋分												88
柳河口—小徐家房子	柳河口	河岸带近水区（水边线以内）										0	100
		河岸带										0	
		河岸带临近陆域（30 m 以内）										0	
	四法线公路桥	河岸带近水区（水边线以内）				√						−5	80
		河岸带				√						−10	
		河岸带临近陆域（30 m 以内）				√						−5	
	李家村	河岸带近水区（水边线以内）										0	90
		河岸带	√									−5	
		河岸带临近陆域（30 m 以内）								√		−5	
	下万子村	河岸带近水区（水边线以内）	√									0	95
		河岸带	√									−5	
		河岸带临近陆域（30 m 以内）	√									0	
	小徐家房子	河岸带近水区（水边线以内）				√						−5	75
		河岸带				√						−10	
		河岸带临近陆域（30 m 以内）				√				√		−10	
	河段平均指标赋分												88
小徐家房子—盘山闸	小徐家房子	河岸带近水区（水边线以内）				√						−5	75
		河岸带				√						−10	
		河岸带临近陆域（30 m 以内）				√				√		−10	

评价河段名称	监测点名称	人类活动所在位置	人类活动类型									干扰赋分	指标赋分
			河岸硬性砌护	采沙	沿岸建筑物（房屋）	公路（或铁路）	垃圾填埋场或垃圾堆放	河滨公园	管道	农业耕种	畜牧养殖		
小徐家房子—盘山闸	张大镇公路桥	河岸带近水区（水边线以内）	√									0	100
		河岸带										0	
		河岸带临近陆域（30 m 以内）										0	
	九台子村	河岸带近水区（水边线以内）				√						−5	75
		河岸带	√			√						−15	
		河岸带临近陆域（30 m 以内）				√						−5	
	盘山闸	河岸带近水区（水边线以内）				√			√			−10	65
		河岸带				√						−10	
		河岸带临近陆域（30 m 以内）			√	√				√		−15	
	河段平均指标赋分												78.75
盘山闸—入海口	盘山闸	河岸带近水区（水边线以内）				√			√			−10	65
		河岸带				√						−10	
		河岸带临近陆域（30 m 以内）			√	√				√		−15	
	盘大公路桥	河岸带近水区（水边线以内）				√						−5	65
		河岸带	√			√						−15	
		河岸带临近陆域（30 m 以内）			√	√					√	−15	
	八道弯	河岸带近水区（水边线以内）										0	95
		河岸带										0	
		河岸带临近陆域（30 m 以内）	√			√						−5	
	入海口	河岸带近水区（水边线以内）										0	90
		河岸带	√									−5	
		河岸带临近陆域（30 m 以内）				√						−5	
	河段平均指标赋分												78.75

（4）河岸带状况赋分

根据前述计算公式和权重，计算各评估河段河岸带状况指标赋分情况。辽河干流 6 个评估河段河岸带状况赋分分别为 83.89 分、76.56 分、66.52 分、60.54 分、69.67 分、66.02 分（表 5.5-18）。

表 5.5-18 评估河段河岸带状况指标赋分表

评估河段	河岸稳定性		河岸植被覆盖率		河岸人工干扰程度		河岸带状况赋分
	赋分	权重	赋分	权重	赋分	权重	
福德店—柴河口	59.66	0.25	92.45	0.5	91	0.25	83.89
柴河口—石佛寺水库出口	62.13	0.25	79.55	0.5	85	0.25	76.56
石佛寺水库出口—柳河口	54.24	0.25	61.39	0.5	88	0.25	66.52
柳河口—小徐家房子	42.77	0.25	55.69	0.5	88	0.25	60.54
小徐家房子—盘山闸	57.52	0.25	71.20	0.5	78.75	0.25	69.67
盘山闸—入海口	61.32	0.25	62.01	0.5	78.75	0.25	66.02

5.5.2.2 河流连通状况

近年来，辽河流域持续干旱，干流来水偏枯，造成河道内生态水面锐减，影响河道自然修复能力。根据辽河干流河道生态建设实施方案，在辽河干流福德店至入海口之间的重点河道主槽修建 11 座生态抗旱临时蓄水橡胶坝/拦水坝。此外，辽河干流上还建有石佛寺水库和盘山闸。经调查从辽河福德店至入海口，有 13 处阻隔。各评估河段河流连通状况赋分情况见表 5.5-19。

表 5.5-19 河流连通状况调查与赋分表

评价河段	闸坝类型/名称	位置	阻隔状况说明	赋分	河流连通阻隔状况指标赋分
福德店—柴河口	拦水坝	福德店水文站	拦水坝，抬高水位；拦水坝，减缓冲刷作用，保护大桥（危桥）	−5	50
	拦水坝	招苏台河口	无明显阻隔	−5	
	拦水坝	大冯家窝堡	无明显阻隔	−5	
	橡胶坝	辽宁省铁岭市铁岭县凡河镇	无明显阻隔	−5	
	石佛寺水库	辽宁省沈阳市新城子区	阻隔，无鱼道	−50	

评价河段	闸坝类型/名称	位置	阻隔状况说明	赋分	河流连通阻隔状况指标赋分
福德店—柴河口	橡胶坝	辽宁省沈阳市沈北新区石佛寺朝鲜族锡伯族乡	无明显阻隔	−5	50
	橡胶坝	辽宁省新民市三道岗子乡	无明显阻隔	−5	
	橡胶坝	辽宁省沈阳市新民市新城街道	无明显阻隔	−5	
	橡胶坝	辽宁省沈阳市新民市大民屯镇	无明显阻隔	−5	
	橡胶坝	辽宁省鞍山市台安县西佛镇	无明显阻隔	−5	
	橡胶坝	辽宁省鞍山市台安县黄沙镇	无明显阻隔	−5	
	盘山闸	盘锦市盘山县	阻隔，无鱼道	−25	
	橡胶坝	盘大公路桥	无明显阻隔	−5	
柴河口—石佛寺水库出口	拦水坝	大冯家窝堡	无明显阻隔	−25	50
	橡胶坝	辽宁省铁岭市铁岭县凡河镇	无明显阻隔	−5	
	石佛寺水库	辽宁省沈阳市新城子区	阻隔，无鱼道，下泄流量满足生态基流	−50	
	橡胶坝	辽宁省沈阳市沈北新区石佛寺朝鲜族锡伯族乡	无明显阻隔	−5	
	橡胶坝	辽宁省新民市三道岗子乡	无明显阻隔	−5	
	橡胶坝	辽宁省沈阳市新民市新城街道	无明显阻隔	−5	
	橡胶坝	辽宁省沈阳市新民市大民屯镇	无明显阻隔	−5	
	橡胶坝	辽宁省鞍山市台安县西佛镇	无明显阻隔	−5	
	橡胶坝	辽宁省鞍山市台安县黄沙镇	无明显阻隔	−5	
	盘山闸	盘锦市盘山县	阻隔，无鱼道	−25	
	橡胶坝	盘大公路桥	无明显阻隔	−5	
石佛寺水库出口—柳河口	橡胶坝	辽宁省鞍山市台安县西佛镇	无明显阻隔	−5	75
	橡胶坝	辽宁省鞍山市台安县黄沙镇	无明显阻隔	−5	
	盘山闸	盘锦市盘山县	阻隔，无鱼道	−25	
	橡胶坝	盘大公路桥	无明显阻隔	−5	

<table>
<tr><th>评价河段</th><th>闸坝类型/名称</th><th>位置</th><th>阻隔状况说明</th><th>赋分</th><th>河流连通阻隔状况指标赋分</th></tr>
<tr><td rowspan="3">柳河口—小徐家房子</td><td>橡胶坝</td><td>辽宁省鞍山市台安县黄沙镇</td><td>无明显阻隔</td><td>−5</td><td rowspan="3">75</td></tr>
<tr><td>盘山闸</td><td>盘锦市盘山县</td><td>阻隔，无鱼道</td><td>−25</td></tr>
<tr><td>橡胶坝</td><td>盘大公路桥</td><td>无明显阻隔</td><td>−5</td></tr>
<tr><td rowspan="2">小徐家房子—盘山闸</td><td>盘山闸</td><td>盘锦市盘山县</td><td>阻隔，无鱼道</td><td>−25</td><td rowspan="2">75</td></tr>
<tr><td>橡胶坝</td><td>盘大公路桥</td><td>无明显阻隔</td><td>−5</td></tr>
<tr><td>盘山闸—入海口</td><td>橡胶坝</td><td>盘大公路桥</td><td>无明显阻隔</td><td>−5</td><td>95</td></tr>
</table>

5.5.2.3 湿地保留率

根据调查，评估河流沿岸分布有辽河口国家级自然保护区重要湿地。1977 年该保护区湿地面积为 477.38 km^2，截至 2014 年，该保护区湿地面积为 443.63 km^2，湿地保留率为 92.9%，根据评估标准，湿地保留率指标赋分为 100 分（表 5.5-20）。

表 5.5-20 湿地保留率调查与赋分表

<table>
<tr><th rowspan="2">评价河段名称</th><th rowspan="2">湿地保护区名称</th><th colspan="2">湿地面积/km²</th><th rowspan="2">湿地保留率/%</th><th rowspan="2">湿地保留率赋分</th></tr>
<tr><th>1977 年</th><th>2014 年</th></tr>
<tr><td>盘山闸—入海口</td><td>辽河口国家自然保护区</td><td>477.38</td><td>443.63</td><td>92.9</td><td>100</td></tr>
</table>

5.5.2.4 物理结构准则层赋分

对各评估河段的河岸带状况、湿地保留率、河流连通状况进行加权计算，获得物理结构准则层赋分。从表 5.5-21 评价结果可以看出，福德店—柴河口与盘山闸—入海口评估河段的物理结构完整性处于理想状态，柴河口—石佛寺水库出口、石佛寺水库出口—柳河口、柳河口—小徐家房子、小徐家房子—盘山闸，这 4 个评估河段的物理结构稳定性都处于健康状态。从河岸带物理结构整体评估，辽河干流整体处于健康状态。

表 5.5-21 辽河干流各评估河段河岸带物理结构评价结果

<table>
<tr><th rowspan="3">评估河段名称</th><th colspan="6">物理结构指标</th><th rowspan="3">物理结构指标赋分</th><th rowspan="3">河流整体赋分</th></tr>
<tr><th colspan="4">河岸带状况</th><th rowspan="2">湿地保留率</th><th rowspan="2">河流连通状况</th></tr>
<tr><th>岸坡稳定性</th><th>植被覆盖度</th><th>人工干扰</th><th>河岸带状况指标赋分</th></tr>
<tr><td>福德店—柴河口</td><td>59.66</td><td>85.53</td><td>91</td><td>80.43</td><td>—</td><td>50</td><td>70.28</td><td rowspan="6">70.30</td></tr>
<tr><td>柴河口—石佛寺水库出口</td><td>62.13</td><td>80.72</td><td>85</td><td>77.14</td><td>—</td><td>50</td><td>68.09</td></tr>
<tr><td>石佛寺水库出口—柳河口</td><td>54.24</td><td>62.85</td><td>88</td><td>66.98</td><td>—</td><td>75</td><td>69.65</td></tr>
<tr><td>柳河口—小徐家房子</td><td>42.77</td><td>54.15</td><td>88</td><td>59.77</td><td>—</td><td>75</td><td>64.85</td></tr>
<tr><td>小徐家房子—盘山闸</td><td>57.52</td><td>70.81</td><td>78.75</td><td>69.47</td><td>—</td><td>75</td><td>71.31</td></tr>
<tr><td>盘山闸—入海口</td><td>61.32</td><td>63.44</td><td>78.75</td><td>66.74</td><td>100</td><td>95</td><td>82.12</td></tr>
</table>

5.5.3 河流化学完整性评估

5.5.3.1 DO 水质状况

将已获得的评估河段 DO 浓度数据按汛期与非汛期进行平均，分别评估汛期与非汛期赋分，取其最低赋分为 DO 水质状况指标的赋分，DO 水质状况指标赋分结果见表 5.5-22～表 5.5-24。

表 5.5-22 2014 年评估河段 DO 水质状况赋分

<table>
<tr><th rowspan="2">评估河段</th><th rowspan="2">水质站</th><th colspan="2">汛期 6—9 月</th><th colspan="2">非汛期 10 月—次年 5 月</th><th>DO 水质状况</th></tr>
<tr><th>浓度/（mg/L）</th><th>赋分</th><th>浓度/（mg/L）</th><th>赋分</th><th>赋分</th></tr>
<tr><td>福德店—柴河口</td><td>福德店、通江口</td><td>7.72</td><td>100</td><td>8.79</td><td>100</td><td>100</td></tr>
<tr><td>柴河口—石佛寺水库出口</td><td>铁岭</td><td>6.62</td><td>88</td><td>9.14</td><td>100</td><td>88</td></tr>
<tr><td>石佛寺水库出口—柳河口</td><td>马虎山</td><td>10.57</td><td>100</td><td>13.58</td><td>100</td><td>100</td></tr>
<tr><td>柳河口—小徐家房子</td><td>平安堡</td><td>10.18</td><td>100</td><td>12.81</td><td>100</td><td>100</td></tr>
<tr><td>小徐家房子—盘山闸</td><td>辽中、张荒地大桥</td><td>6.58</td><td>88</td><td>9.26</td><td>100</td><td>88</td></tr>
<tr><td>盘山闸—入海口</td><td>盘山闸、向阳</td><td>—</td><td>—</td><td>—</td><td>—</td><td>—</td></tr>
</table>

表 5.5-23　2015 年评估河段 DO 水质状况赋分

评估河段	水质站	汛期 6—9 月		非汛期 10 月—次年 5 月		DO 水质状况赋分
		浓度/（mg/L）	赋分	浓度/（mg/L）	赋分	
福德店—柴河口	福德店、通江口	7.43	99	8.83	100	99
柴河口—石佛寺水库出口	铁岭	7.13	95	8.84	100	95
石佛寺水库出口—柳河口	马虎山	9.63	100	12.36	100	100
柳河口—小徐家房子	平安堡	7.53	100	12.29	100	100
小徐家房子—盘山闸	辽中、张荒地大桥	8.74	100	8.64	100	100
盘山闸—入海口	盘山闸、向阳	—	—	—	—	—

表 5.5-24　2016 年评估河段 DO 水质状况赋分

评估河段	水质站	汛期 6—9 月		非汛期 10 月—次年 5 月		DO 水质状况赋分
		浓度/（mg/L）	赋分	浓度/（mg/L）	赋分	
福德店—柴河口	福德店、通江口	8.77	100	10.25	100	100
柴河口—石佛寺水库出口	铁岭	7.93	100	9.82	100	100
石佛寺水库出口—柳河口	马虎山	8.02	100	12.39	100	100
柳河口—小徐家房子	平安堡	7.88	100	11.43	100	100
小徐家房子—盘山闸	辽中、张荒地大桥	7.32	98	11.24	100	98
盘山闸—入海口	盘山闸、向阳	5.65	73	7.70	100	73

根据表 5.5-22～表 5.5-24，评估河流 2014—2016 年度各河段水体中溶解氧含量高，DO 水质状况赋分均较高，均处于健康状态。

5.5.3.2　耗氧有机污染状况（OCP）

将已获得的多期水质数据高锰酸盐指数、化学需氧量、五日生化需氧量、氨氮按汛期与非汛期进行平均，分别进行汛期与非汛期赋分，取其最低赋分为对应水质指标的赋分。2014—2016 年评估河流耗氧有机污染状况分指标赋分结果见表 5.5-25～表 5.5-27。

表 5.5-25 2014 年评估河段耗氧有机污染状况赋分

评估河段	NH_3-N					COD_{Cr}					COD_{Mn}					BOD_5					OCP
	汛期		非汛期		最终	汛期		非汛期		最终	汛期		非汛期		最终	汛期		非汛期		最终	
	浓度	赋分	浓度	赋分	赋分	浓度	赋分	浓度	赋分	赋分	浓度	赋分	浓度	赋分	赋分	浓度	赋分	浓度	赋分	赋分	
福德店—柴河口	0.42	85	1.03	58	58	24.08	48	20.65	58	48	6.07	59	5.61	64	59	3.88	65	3.07	97	65	58
柴河口—石佛寺水库出口	0.48	81	1.54	28	28	20.42	59	22.9	51	51	5.19	68	4.71	73	68	2.83	100	2.46	100	100	62
石佛寺水库出口—柳河口	0.64	74	0.9	64	64	18.48	72	18.38	73	72	5	70	5.44	66	66	3.97	61	3.53	79	61	66
柳河口—小徐家房子	0.62	75	0.99	60	60	17.93	77	18.65	71	71	4.75	73	5.65	64	64	3.65	74	4.38	54	54	62
小徐家房子—盘山闸	0.73	71	1.06	56	56	26.93	39	23.33	50	39	4.55	75	5.64	64	64	3.48	81	4.61	51	51	53
盘山闸—入海口	—	—	—	—	—	—	—	—	—	—	—	—	—	—	—	—	—	—	—	—	—

表 5.5-26 2015 年评估河段耗氧有机污染状况赋分

评估河段	NH_3-N					COD_{Cr}					COD_{Mn}					BOD_5					OCP
	汛期		非汛期		最终	汛期		非汛期		最终	汛期		非汛期		最终	汛期		非汛期		最终	
	浓度	赋分	浓度	赋分	赋分	浓度	赋分	浓度	赋分	赋分	浓度	赋分	浓度	赋分	赋分	浓度	赋分	浓度	赋分	赋分	
福德店—柴河口	0.48	81	2.70	0	0	21.69	55	24.62	46	46	5.47	65	5.25	68	65	2.38	100	2.97	100	100	53
柴河口—石佛寺水库出口	0.43	84	2.27	0	0	18.56	72	24.76	46	46	4.63	74	4.92	71	71	1.70	100	1.81	100	100	54
石佛寺水库出口—柳河口	0.14	100	0.59	76	76	19.07	67	22.12	54	54	5.70	63	6.28	58	58	3.50	80	4.13	58	58	62

评估河段	NH_3-N					COD_{Cr}					COD_{Mn}					BOD_5					OCP
	汛期		非汛期		最终	汛期		非汛期		最终	汛期		非汛期		最终	汛期		非汛期		最终	
	浓度	赋分	浓度	赋分	赋分	浓度	赋分	浓度	赋分	赋分	浓度	赋分	浓度	赋分	赋分	浓度	赋分	浓度	赋分	赋分	
柳河口—小徐家房子	0.13	100	0.53	79	79	23.90	48	34.95	15	15	6.60	56	9.19	36	36	3.75	70	6.33	28	28	40
小徐家房子—盘山闸	0.39	86	1.21	47	47	17.95	76	28.35	35	35	5.02	70	7.03	52	52	4.28	56	5.39	39	39	43
盘山闸—入海口	—	—	—	—	—	—	—	—	—	—	—	—	—	—	—	—	—	—	—	—	—

表 5.5-27　2016 年评估河段耗氧有机污染状况赋分

评估河段	NH_3-N					COD_{Cr}					COD_{Mn}					BOD_5					OCP
	汛期		非汛期		最终	汛期		非汛期		最终	汛期		非汛期		最终	汛期		非汛期		最终	
	浓度	赋分	浓度	赋分	赋分	浓度	赋分	浓度	赋分	赋分	浓度	赋分	浓度	赋分	赋分	浓度	赋分	浓度	赋分	赋分	
福德店—柴河口	0.39	86	1.49	31	31	26.63	40	25.53	43	40	5.02	70	4.66	73	70	3.29	88	2.56	100	88	57
柴河口—石佛寺水库出口	0.17	99	1.15	51	51	23.04	51	25.54	43	43	4.80	72	4.41	76	72	2.84	100	1.67	100	100	67
石佛寺水库出口—柳河口	0.16	99	0.45	83	83	18.00	76	19.68	63	63	5.55	65	6.24	58	58	4.08	59	4.44	53	53	64
柳河口—小徐家房子	1.99	1	0.47	82	1	17.10	83	23.22	50	50	4.53	75	7.02	52	52	3.48	81	4.31	55	55	40
小徐家房子—盘山闸	0.63	75	0.56	78	75	15.62	95	25.05	45	45	4.06	79	6.87	53	53	3.25	90	4.78	48	48	55
盘山闸—入海口	0.38	87	2.17	0	0	33.05	21	34.40	17	17	8.20	44	8.78	39	39	3.30	88	6.58	26	26	21

从耗氧有机污染状况赋分情况来看，除盘山闸河段（感朝河口）以外，各评估河段OCP赋分属于亚健康或健康状态。

5.5.3.3 重金属污染状况（HMP）

将已获得的多期水质数据砷、汞、镉、六价铬、铅按汛期与非汛期进行平均，分别进行汛期与非汛期赋分，取其最低赋分为对应水质指标的赋分。重金属污染状况分指标赋分结果见表5.5-28。各评估河段基本不存在重金属污染，赋分均较高。

表5.5-28 2014—2016年评估河段重金属赋分表

评估河段	砷	汞	镉	六价铬	铅	HMP
福德店—柴河口	100	100	94	100	100	94
柴河口—石佛寺水库出口	100	100	100	100	100	100
石佛寺水库出口—柳河口	100	100	100	100	100	100
柳河口—小徐家房子	100	100	100	100	100	100
小徐家房子—盘山闸	100	100	89	100	100	89
盘山闸—入海口	100	100	100	100	100	100

5.5.3.4 水质准则层评价与赋分

辽河干流河流健康评价的水质准则层选用了溶解氧状况、耗氧有机污染状况、重金属污染状况3项指标。以3项指标的最小分值作为水质准则层赋分。经计算，辽河干流河流水质准则层的最终赋分为51分，水质状况整体处于亚健康状态。2014—2016年各评估河段水质准则层赋分见表5.5-29。

表5.5-29 2014—2016年各评估河段水质准则层赋分

评估河段	2014年				2015年				2016年				三年均值
	DO	OCP	HMP	WQ	DO	OCP	HMP	WQ	DO	OCP	HMP	WQ	
福德店—柴河口	100	58	87	58	99	53	95	53	100	57	100	57	56
柴河口—石佛寺水库出口	88	62	100	62	95	54	100	54	100	67	100	67	61
石佛寺水库出口—柳河口	100	66	100	66	100	62	100	62	100	64	100	64	64

评估河段	2014 年				2015 年				2016 年				三年均值
	DO	OCP	HMP	WQ	DO	OCP	HMP	WQ	DO	OCP	HMP	WQ	
柳河口—小徐家房子	100	62	100	62	100	40	100	40	100	40	100	40	47
小徐家房子—盘山闸	88	53	79	53	100	43	88	43	98	55	100	55	50
盘山闸—入海口	—	—	—	—	—	—	—	—	73	21	100	21	21
最终评分												52	51

5.5.4 河流生物完整性评估

5.5.4.1 鱼类生物损失指数

结合历史调查成果（《黑龙江水系（包括辽河流域和鸭绿江流域）渔业资源调查报告》《辽宁动物志·鱼类》《辽河的鱼类区系》《东北地区淡水鱼类》）及相关专家咨询，20 世纪 80 年代以前辽河干流鱼类共有 12 目 27 科 90 种，其中，淡水鱼类为 12 目 27 科 58 种（鲤科最多为 38 种，鳅科为 5 种，鰕虎鱼科和鲿科为 3 种，鲇科和塘鳢科为 2 种，斗鱼科、鳢科、刺鳅科和合鳃科等均为 1 种），河口鱼类为 9 目 17 科 32 种。

2016 年调查期间辽河干流（福德店—入海口）共采集标本 2 982 尾，统计渔获物 0.36 t，共采集鱼类 12 目 21 科 62 种，其中土著鱼类 58 种，外来鱼类为鳙鱼、草鱼、青鱼、团头鲂等 4 种。58 种土著鱼类中，鲤科最多为 20 种。4 种外来鱼类为为近年来辽河沿岸各县增殖放流的物种，所以 4 种外来鱼类未参与评估。

福德店—盘山闸为淡水水域，盘山闸—入海口为河口水域，鱼类组成上有所不同应分别给予评估。2016 年的调查结果与历史资料相比，辽河干流福德店—盘山闸鱼类种类减少了 21 种（鲤科 16 种，鲿科 2 种，鲇科、刺鳅科和斗鱼科各 1 种）。盘山闸—入海口鱼类种类减少了 10 种（鲻科、鰕虎鱼科和舌鳎科各 2 种，颌针鱼科、石首鱼科、鲀科和鳗鲡科各 1 种）。

辽河干流（福德店至入海口）划分为 6 个评估河段，福德店—盘山闸段取历史种类 58 种，盘山闸—入海口取历史种类 40 种，进行指标赋分计算，指标赋分计算成果如表 5.5-30 所示。

表 5.5-30 指标赋分计算成果

河段	鱼类生物损失指数	指标赋分
福德店—柴河口	0.64	45.3
柴河口—石佛寺水库出口	0.62	42.7
石佛寺水库出口—柳河口	0.5	30
柳河口—小徐家房子	0.5	30
小徐家房子—盘山闸	0.5	30
盘山闸—入海口	0.75	60

从表 5.5-30 可以看出，福德店—石佛寺水库出口共 2 个江段的鱼类生物指标赋分呈下降趋势，从石佛寺水库出口—盘山闸共 3 个江段的鱼类生物指标赋分基本持平，但较上游江段下降明显，盘山闸—入海口河段赋分最高，鱼类生物指标赋分水平反映了整个河段的鱼类生境状况，充分说明河流连通性好的江段更有利于鱼类生存。

5.5.4.2 底栖动物完整性指数（BIBI）

本项目以春、夏、秋 3 季全年平均结果进行完整性指数计算。参照点的确定应遵循客观的、定量的划分程序，从多空间尺度分析所研究流域土地的利用情况，并进行实地考察评估。因为盘山闸—入海口段为河口水域，水域生态环境与上游差异较大，底栖动物种群结构差异很大，所以本次评估将辽河干流（福德店—盘山闸段）和辽河干流（盘山闸—入海口段）分别进行评价。辽河干流（福德店—盘山闸段）选取福德店 1 个断面为参照点，其他断面为干扰点。辽河干流（盘山闸—入海口段）选取小台子 1 个断面为参照点，其他断面为干扰点。

（1）福德店—盘山闸段底栖动物完整性指数

1）候选指标

选用反映群落丰富度、个体数量比例、营养级组成、生物耐污程度和栖息地环境质量等 4 类的 16 个指标作为备选指标，以反映环境变化对目标生物（个体、种群、群落）数量、结构和功能的影响，从而能够有效地监测和评估水环境质量（表 5.5-31）。

表 5.5-31　生物参数对干扰的反应

类群	参数	符号	对干扰的反应
多样性和丰富性	总物种数	M1	降低
	蜉蝣目、毛翅目和襀翅目种类数	M2	降低
	蜉蝣目种类数	M3	降低
	襀翅目种类数	M4	降低
群落结构组成	毛翅目种类数	M5	降低
	蜉蝣目、毛翅目和襀翅目数量所百分比	M6	降低
	蜉蝣目数量所占百分比	M7	降低
耐污度（抗逆力）	摇蚊类数量所占百分比	M8	增加
	敏感类群数量所占百分比	M9	降低
	耐污类群数量所占百分比	M10	增加
	生物指数	M11	增加
营养结构及生境质量	优势类群数量所占百分比	M12	可变
	黏食者种类数	M13	降低
	黏食者数量所占百分比	M14	降低
	滤食者数量所占百分比	M15	增加
	刮食者数量所占百分比	M16	增加

2）评估指标

16 个候选生物参数在 10 个参照点中的分布情况见表 5.5-32。M4 参数的 25%分位数和中位数均为 0，说明随着污染的增强，其值的可变动范围非常窄，不适宜参与构建 *BIBI* 指标体系。

表 5.5-32　16 个生物参数值在参照点中的分布范围

生物参数	标准差	最大值	最小值	25%分位数	中位数	75%分位数
M1	19.00	36.00	5.00	8.75	18.5	26.25
M2	3.00	8.00	0	1	2	5.25
M3	1.60	6.00	0	0	1.5	2.25
M4	0	0	0	0	0	0
M5	1.40	4.00	0	0	1	2.25
M6	20.86	76.84	0	0.19	8.36	35.13
M7	2.82	21.95	0	0.00	0.30	2.13
M8	9.89	32.83	1.94	5.63	7.64	11.29
M9	9.83	48.98	0	0.00	3.60	12.57
M10	9.37	31.00	0	1.58	3.74	16.09

生物参数	标准差	最大值	最小值	25%分位数	中位数	75%分位数
M11	5.45	6.67	3.45	4.43	5.92	6.61
M12	69.44	86.44	37.60	57.28	74.17	85.51
M13	3.90	7.00	0	2.75	4.00	5.50
M14	26.09	82.38	0.55	4.98	12.71	41.93
M15	6.22	27.36	0.00	0.51	3.37	9.06
M16	47.32	88.05	4.26	13.77	43.31	86.09

对余下 15 个参数可进行判别能力分析。根据 Q 值（生物判别能力）的评定方法和筛选原则，参与分析的 12 个生物参数中，M1、M2、M3、M5、M6、M7、M8、M9、M10、M12、M13 和 M15，Q 值都大于或等于 2，可进入下一筛选（图 5.5-1）。

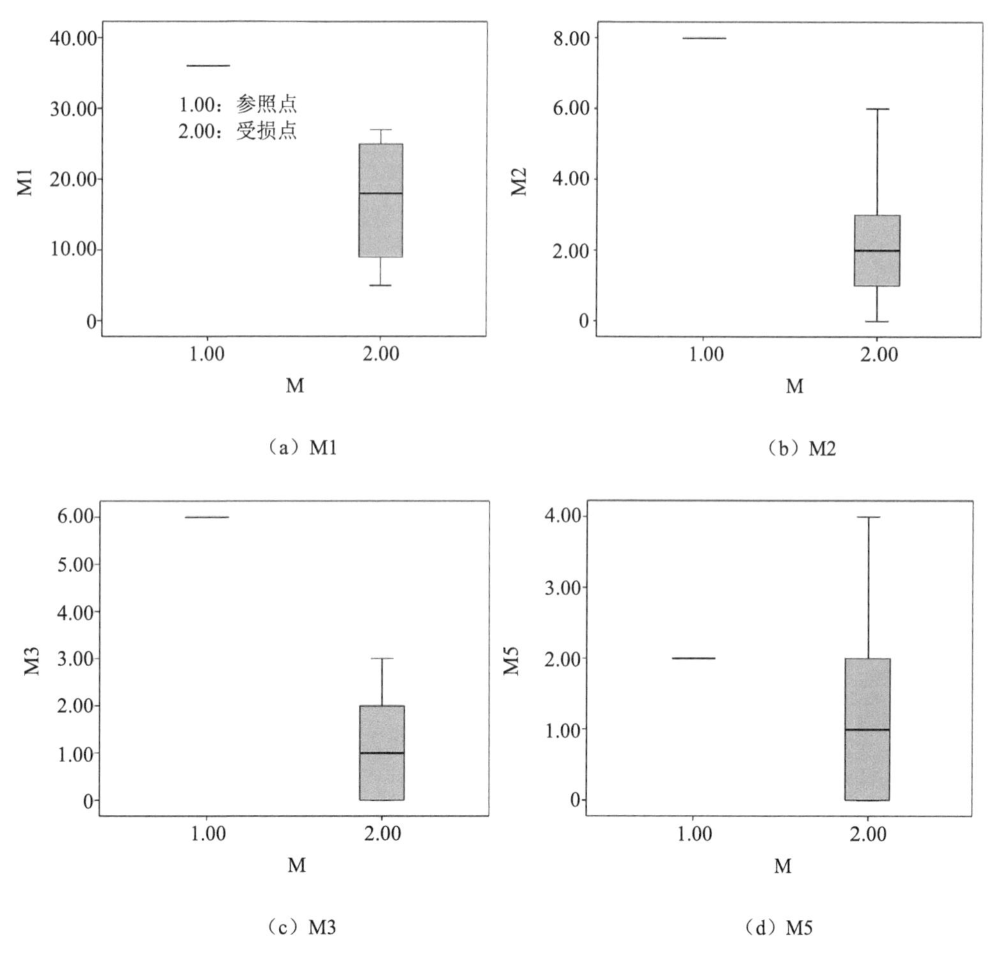

（a）M1　（b）M2

（c）M3　（d）M5

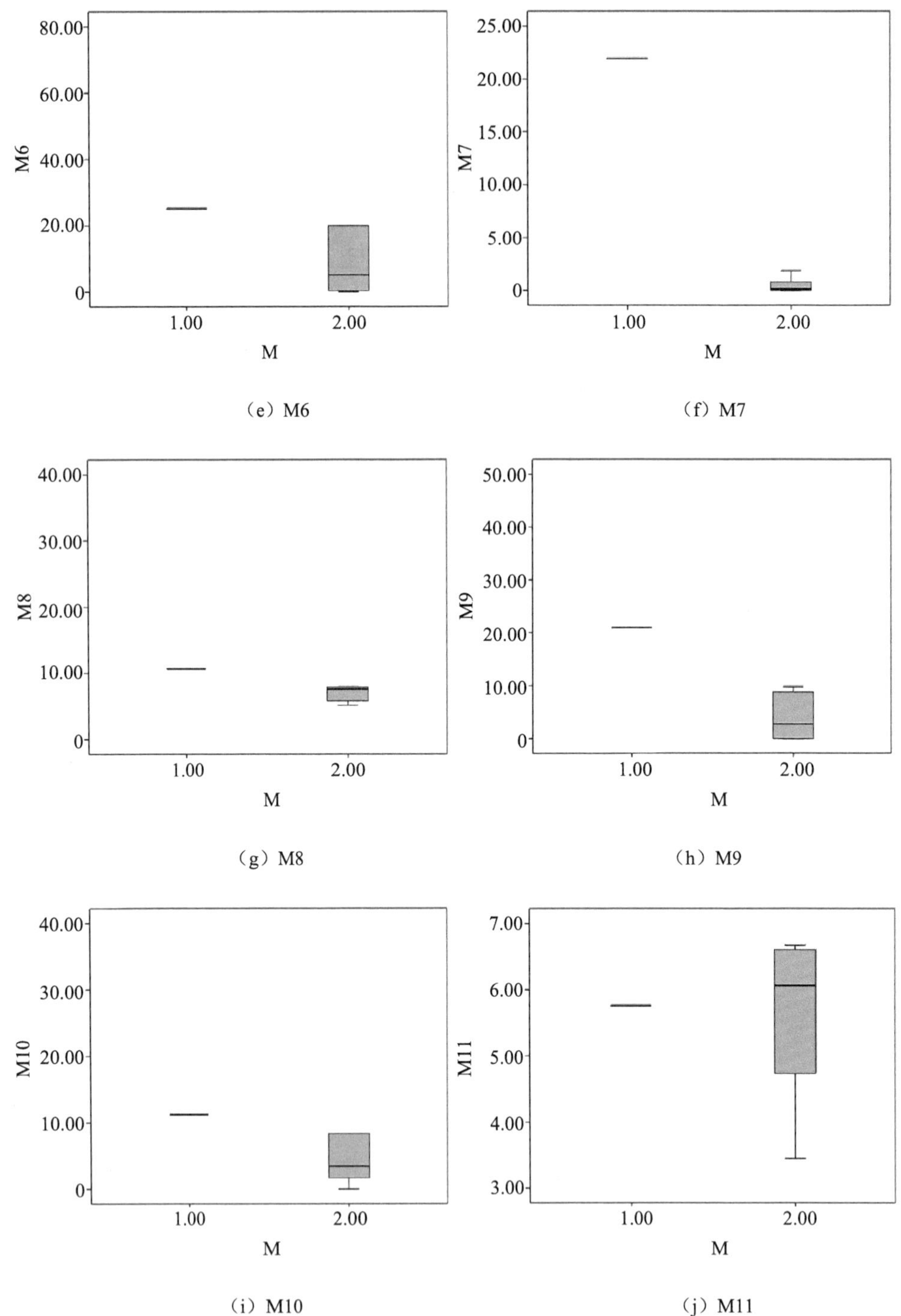

（e）M6　（f）M7

（g）M8　（h）M9

（i）M10　（j）M11

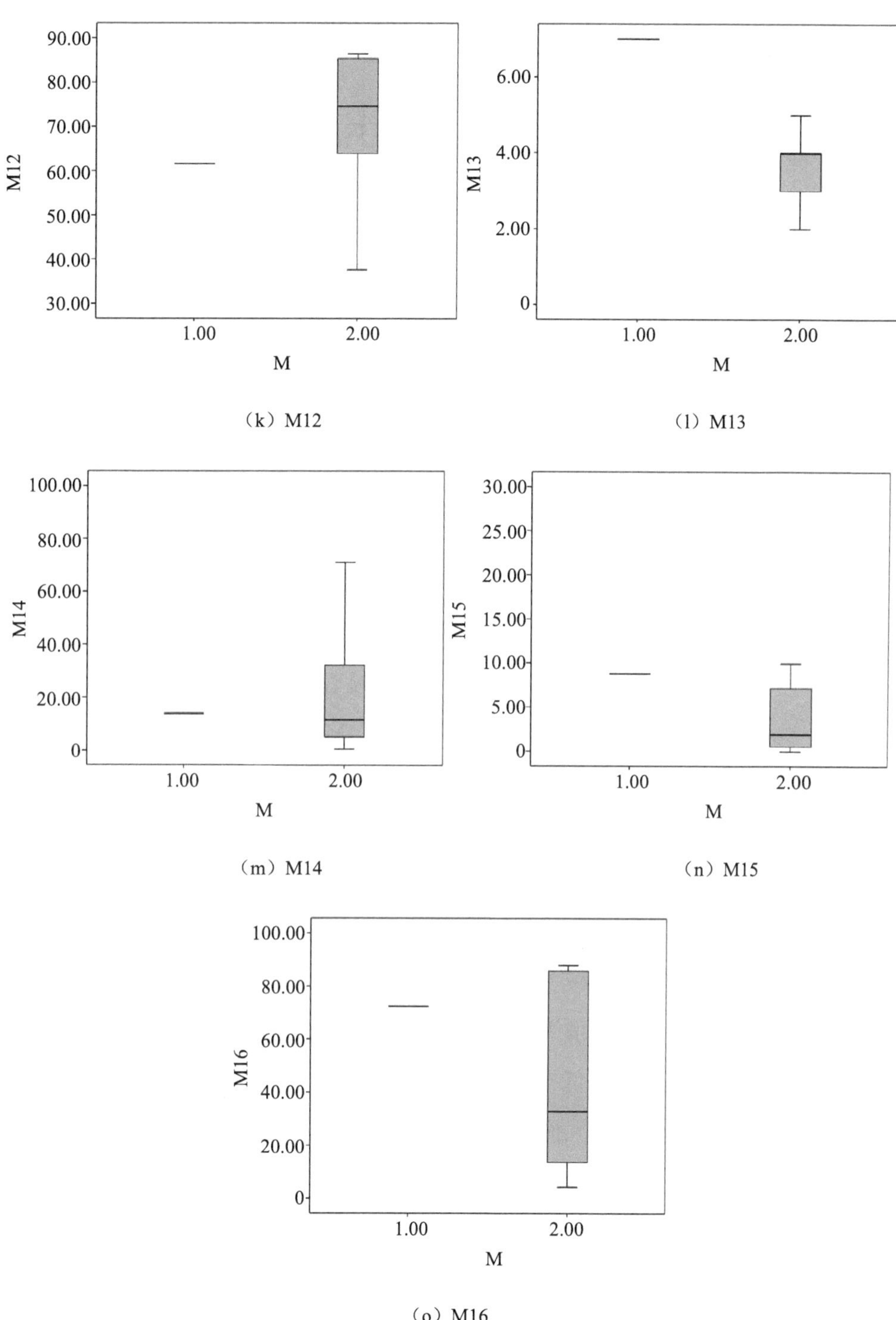

（k）M12

（l）M13

（m）M14

（n）M15

（o）M16

图 5.5-1　15 个候选生物参数在参照点和受损点的箱线图

表 5.5-33　12 个生物参数 Pearson 相关分析结果

生物参数	M2	M3	M5	M6	M7	M8	M9	M11	M13	M14	M15	M16
M2	1	0.743	0.803	0.269	−0.148	0.663	0.109	0.291	0.334	−0.342	0.874	0.208
M3		1	0.854	0.681	0.402	0.749	−0.050	0.671	0.038	−0.431	0.616	−0.085
M5			1	0.200	0.109	0.863	−0.143	0.585	0.044	−0.064	0.676	0.369
M6				1	0.602	0.195	0.108	0.439	0.010	−0.721	0.209	−0.678
M7					1	0.067	−0.220	0.471	−0.330	−0.038	−0.020	−0.497
M8						1	0.002	0.330	0.125	−0.171	0.534	0.252
M9							1	0.045	0.630	−0.682	0.200	−0.443
M11								1	0.063	−0.243	0.270	−0.185
M13									1	−0.473	0.191	−0.298
M14										1	−0.244	0.686
M15											1	0.213
M16												1

根据 12 个生物参数进行相关分析，M1 与 M3、M13 极显著相关，M1 与 M2、M7 显著相关；M2 与 M3 极显著相关；M2 与 M5、M7、M9 极显著相关；M3 与 M7 极显著相关，M3 与 M13 显著相关；M5 与 M12、M16 显著相关；M8 与 M12 显著相关；M12 与 M16 显著相关，所以将 M2、M3、M8、M9、M10、M11、M13 和 M16 等参数淘汰。根据以上生物指数的筛选方法，最终确定 BIBI 指数构成体系：M1、M5、M6、M7 和 M12。

3）BIBI 最佳预期值

根据各生物参数在参照点和所有样点中的分布，确定计算各指数分值的比值法计算公式。对于外界压力响应下降或减少的参数，以所有样点由高到低排序的 95%的分位值作为最佳期望值，该类参数的分值等于参数实际值除以最佳期望值；对于外界压力响应增加的参数，以所有样点由高到低排序的 5%的分位值作为最佳期望值，该类参数的分值等于（最大值−实际值）/（最大值−最佳期望值）。

将计算后的指数分值加和，即获得 BIBI 指数值。根据参照点 BIBI 指数值的 25%分位数值，确定最佳期望值为 2.60。

4）BIBI 赋分评估

根据公式，对辽河干流 5 个河段 12 个断面的底栖生物完整性况进行评估，BIBI 指标赋分计算成果如表（5.5-34）所示。

表 5.5-34 BIBI 指标赋分计算成果表

评估河段	河段赋分	断面	点位性质	BIBI	$BIBI_r$
福德店—柴河口	71.36	福德店	参照点	2.24	100.00
		通江口	受损点	0.45	20.26
		柴河口	受损点	2.10	93.80
柴河口—石佛寺水库出口	63.48	柴河口	受损点	0.65	28.88
		朱尔山	受损点	1.51	67.76
		马虎山	受损点	1.99	89.18
石佛寺水库出口—柳河口	61.46	马虎山	受损点	0.61	27.44
		长山子	受损点	0.26	11.49
		柳河口	受损点	1.06	47.48
柳河口—小徐家房子	28.80	柳河口	受损点	0.30	13.35
		东古城子	受损点	2.24	100.00
		卡南	受损点	0.45	20.26
小徐家房子—盘山闸	30.41	卡南	受损点	2.10	93.80
		张荒地大桥	受损点	0.65	28.88

（2）盘山闸—入海口段底栖动物完整性指数

1）候选指标

选用反映群落丰富度、个体数量比例、营养级组成、生物耐污程度和栖息地环境质量等 4 类的 16 个指标作为备选指标，以反映环境变化对目标生物（个体、种群、群落）数量、结构和功能的影响，从而能够有效地监测和评估水环境质量。

2）评估指标

16 个候选生物参数在 4 个参照点中的分布情况见表 5.5-35。M2、M3、M4、M5、M6、M7、M8、M13 和 M14 参数的 25%分位数和中位数均为 0，说明随着污染的增强，其值的可变动范围非常窄，不适宜参与构建 BIBI 指标体系。

表 5.5-35 16 个生物参数值在参照点中的分布范围

生物参数	标准差	最大值	最小值	25%分位数	中位数	75%分位数
M1	9.75	13	5	5	10	13
M2	0	0	0	0	0	0
M3	0	0	0	0	0	0
M4	0	0	0	0	0	0
M5	0	0	0	0	0	0
M6	0	0	0	0	0	0
M7	0	0	0	0	0	0

生物参数	标准差	最大值	最小值	25%分位数	中位数	75%分位数
M8	5	20	0	0	0	20
M9	3.13	11.72	0	0	0.80	11.72
M10	23.54	65.46	3.43	3.43	20.69	65.46
M11	5.39	7.27	3.66	3.66	5.39	7.27
M12	78.69	93.93	62.07	62.07	78.69	93.93
M13	1.5	6	0	0	0	6
M14	5	20	0	0	0	20
M15	31.19	46.94	2.86	2.86	34.94	46.94
M16	16.29	61.85	0	0	2.76	61.85

对余下 7 个参数可进行判别能力分析。根据 Q 值的评定方法和筛选原则，参与分析的 4 个生物参数中，M10、M11、M12 和 M16 四个参数 Q 值都大于或等于 2，可进入下一筛选（图 5.5-2）。

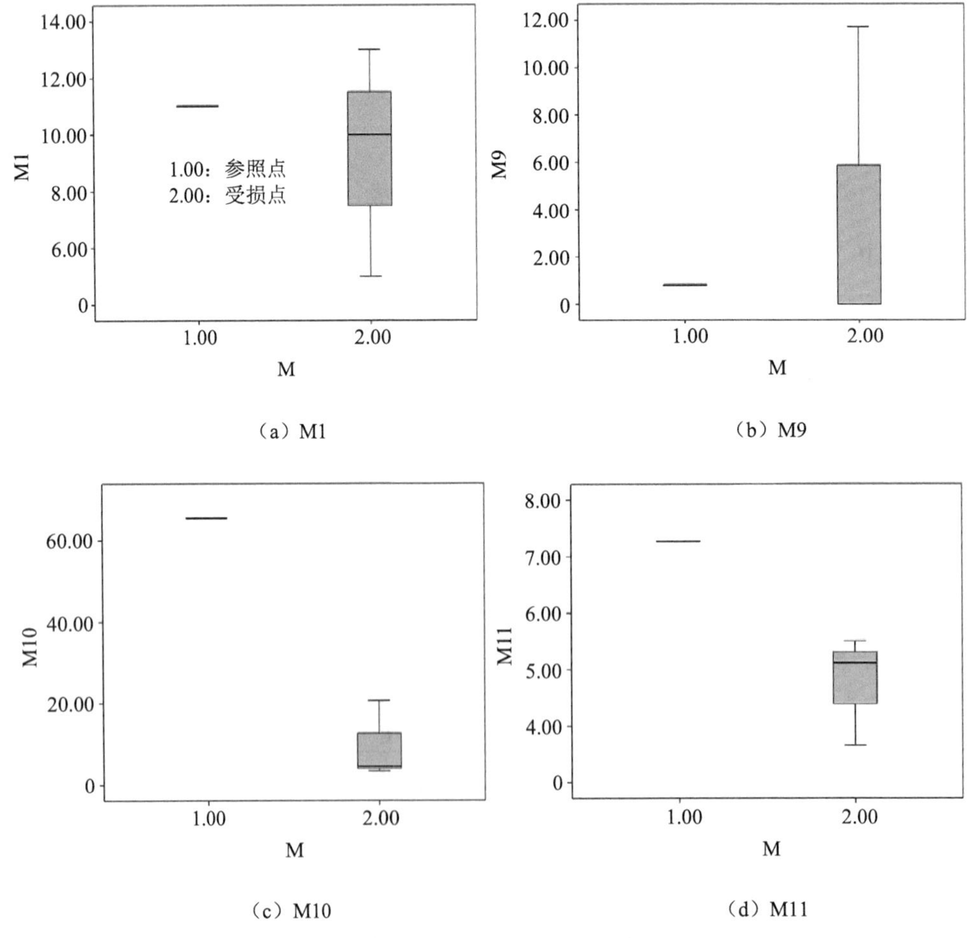

（a）M1

（b）M9

（c）M10

（d）M11

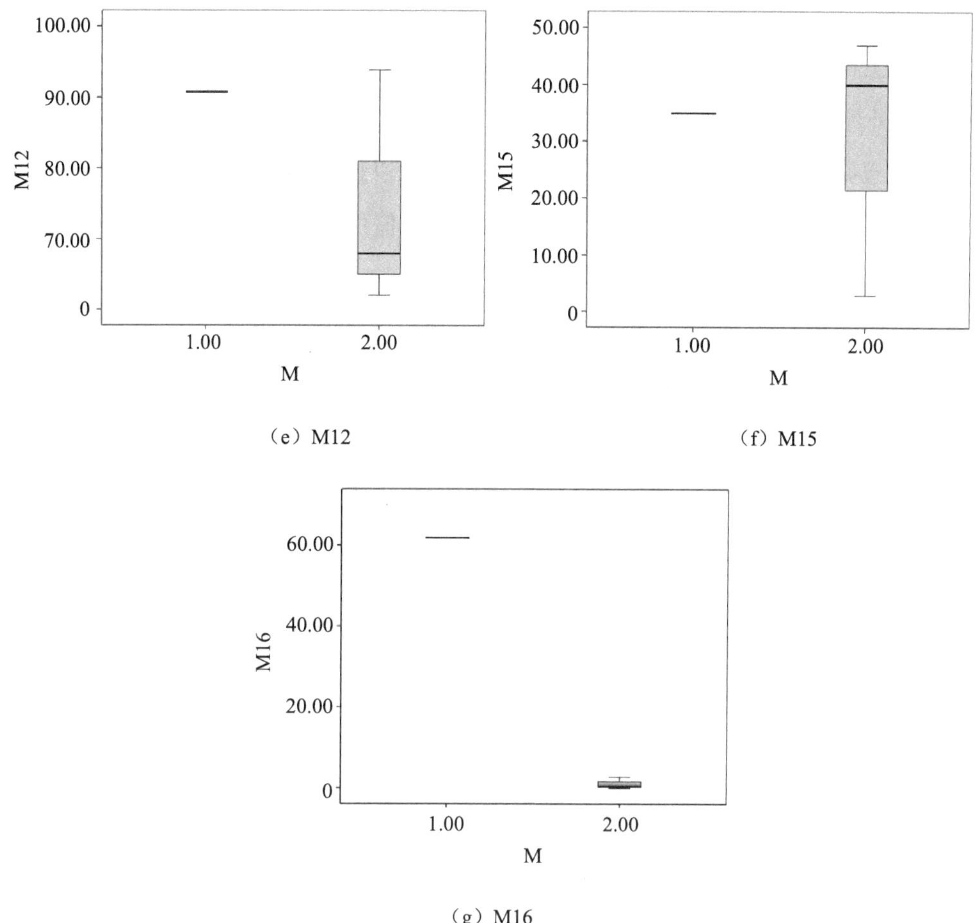

（e）M12

（f）M15

（g）M16

图 5.5-2　7 个候选生物参数在参照点和受损点的箱线图

根据 4 个生物参数进行相关分析（表 5.5-36），M10 与 M16 显著相关，所以将 M16 参数淘汰。根据以上生物指数的筛选方法，最终确定 BIBI 指数构成体系：M10、M11 和 M12。

表 5.5-36　4 个生物参数 Pearson 相关分析结果

生物参数	M10	M11	M12	M16
M10	1	0.868	0.344	0.972
M11		1	0.664	0.847
M12			1	0.476
M16				1

3）BIBI 最佳预期值

根据各生物参数在参照点和所有样点中的分布，确定计算各指数分值的比值法计算公式。对于外界压力响应下降或减少的参数，以所有样点由高到低排序的 95%的分位值作为最佳期望值，该类参数的分值等于参数实际值除以最佳期望值；对于外界压力响应增加的参数，以所有样点由高到低排序的 5%的分位值作为最佳期望值，该类参数的分值等于（最大值-实际值）/（最大值-最佳期望值）。

将计算后的指数分值加和，即获得 BIBI 指数值。根据参照点 BIBI 指数值的 25%分位数值，确定最佳期望值为 2.60。

4）BIBI 赋分评估

根据公式，对辽河干流 1 个河段 4 个断面的底栖生物完整性况进行评估，BIBI 指标赋分计算成果如表 5.5-37 所示。

表 5.5-37　BIBI 指标赋分计算成果表

评估河段	河段赋分	断面	点位性质	BIBI	$BIBI_r$
盘山闸—入海口	76.25	盘山闸	受损点	2.13	71.39
		西河沿	受损点	1.94	65.11
		向阳	受损点	2.04	68.50
		小台子	参照点	2.98	100

5.5.4.3　河流生物准则层赋分（AL）

生物准则层包括鱼类生物损失指标和底栖动物完整性指数两个指标赋分，以两个评估指标的最小分值作为生物准则层赋分（表 5.5-38）。

表 5.5-38　生物指标赋分计算成果表

河段	鱼类生物损失指标赋分	底栖动物完整性指数赋分	生物准则赋分	总分
福德店—柴河口	45.3	71.36	45.3	38.39
柴河口—石佛寺水库出口	42.7	63.48	42.7	
石佛寺水库出口—柳河口	30	61.46	30	
柳河口—小徐家房子	30	28.80	28.80	
小徐家房子—盘山闸	30	30.41	30	
盘山闸—入海口	60	76.25	60	

根据以上计算结果，辽河干流（福德店至入海口）生物准则层赋分为 38.39 分，辽河干流（福德店至入海口）水生生物处于不健康状态。

5.5.5 河流社会服务功能完整性评估

5.5.5.1 水功能区达标指标

排污控制区没有水质目标要求，不参与水功能区水质达标评价。根据《地表水资源质量评价技术规程》(SL 395—2007)中的有关要求，评价河段 10 个水功能区 2014—2016 年至少每两个月监测 1 次，进行 1 次达标评价，达标频次不小于 80%的水功能区为年度达标水功能区。

评估河流 2014 年、2015 年、2016 年水功能区达标率均为 0。主要超标污染物有氨氮、化学需氧量、总磷。另外，多个监测断面出现镉、石油类超标。

取 2014—2016 年三年评估河流水功能区达标率的平均值，该指标得分为 0 分，处于不健康状态。

表 5.5-39 水功能区达标频率计算表

<table>
<tr><th rowspan="2">评估河段</th><th rowspan="2">水功能区</th><th rowspan="2">水质目标</th><th rowspan="2">水质站</th><th colspan="3">达标频率/%</th></tr>
<tr><th>2014 年</th><th>2015 年</th><th>2016 年</th></tr>
<tr><td rowspan="2">福德店—柴河口</td><td rowspan="2">辽河福德店饮用、农业用水区</td><td rowspan="2">III</td><td>福德店</td><td>60</td><td>67</td><td>50</td></tr>
<tr><td>通江口</td><td>0</td><td>0</td><td>8</td></tr>
<tr><td rowspan="4">柴河口—石佛寺水库出口</td><td>辽河小莲花排污控制区</td><td></td><td>无</td><td>—</td><td>—</td><td>—</td></tr>
<tr><td>辽河小莲花过渡区</td><td>III</td><td>铁岭</td><td>17</td><td>42</td><td>33</td></tr>
<tr><td>辽河八天地农业、饮用水水源区</td><td>III</td><td>沙宝台</td><td>50</td><td>50</td><td>33</td></tr>
<tr><td>辽河石佛寺水库饮用、农业用水区</td><td>III</td><td>珠尔山</td><td>33</td><td>42</td><td>25</td></tr>
<tr><td rowspan="2">石佛寺水库出口—柳河口</td><td>辽河马虎山农业、饮用水水源区</td><td>III</td><td>马虎山</td><td>50</td><td>67</td><td>67</td></tr>
<tr><td>辽河柳河口农业用水区</td><td>III</td><td>毓宝台</td><td>33</td><td>42</td><td>58</td></tr>
<tr><td rowspan="2">柳河口—小徐家房子</td><td rowspan="2">辽河小徐家房子农业用水区</td><td rowspan="2">III</td><td>平安堡</td><td>—</td><td>—</td><td>67</td></tr>
<tr><td>辽中</td><td>33</td><td>17</td><td>58</td></tr>
<tr><td rowspan="2">小徐家房子—盘山闸</td><td>辽河小徐家房子农业、饮用水水源区</td><td>III</td><td>张荒地大桥</td><td>—</td><td>—</td><td>50</td></tr>
<tr><td>双台子河西沟稍子农业、饮用水水源区</td><td>III</td><td>盘山闸</td><td>8</td><td>33</td><td>58</td></tr>
<tr><td>盘山闸—入海口</td><td>双台子河盘山渔业用水区</td><td>III</td><td>向阳</td><td>—</td><td>—</td><td>0</td></tr>
</table>

5.5.5.2 水资源开发利用指标

根据2015年实际用水量、供水量和1956—2016年水资源量数据，辽河干流供水量为40.14亿m^3，平均水资源总量为69.9亿m^3，水资源开发利用率为56.2%，开发利用程度较高。国际公认的河流合理开发利用率为30%～40%，因此，评估河段的水资源开发利用状况不甚合理。

经综合评估赋分为23.7分，处于不健康状态。

5.5.5.3 防洪指标

辽河干流现状堤防长度为620.82 km，其中左堤313.44 km，右堤307.38 km。现状防洪标准为20～100年一遇。已建成的石佛寺水库一期、清河、南城子、柴河、榛子岭5座大型水库，基本控制了辽河干流中下游的干支流洪水，解除了洪水对该地区的威胁。但由于辽河口盘山闸与南侧分洪滩地过流能力不足，给河口地区防洪构成严重威胁。辽河干流石佛寺水库至盘山闸防洪标准为100年一遇；辽河干流石佛寺以上和盘山闸以下防洪标准均为50年一遇。

防洪指标评价结果见表5.5-40。

表5.5-40 评估河流防洪指标评价结果表

河段	堤防长度/km	达标长度/km	防洪标准/年	防洪指标/%
石佛寺以上堤防	119.10	0	50	83
石佛寺—盘山闸堤防	446.12	446.12	100	
盘山闸以下堤防	55.60	0	50	

根据防洪指标的赋分标准进行插值，评估河流防洪指标最终赋分为46.7分，处于亚健康状态。

5.5.5.4 公众满意度指标

本次评估共向不同人群发放调查问卷70份，回收有效问卷70份。其中沿河居民27人，占受访人数的38%；非沿河居民43人，占受访人数的60%。在非沿河居民中，有河道管理者15人，河道周边从事生产活动者10人，旅游经常来河道者9人，旅游偶尔来河道者 9 人。

受访人群对评估河流的打分为 30～80 分。其中给 30 分的人数为 1 人，占总人数的 1.5%，为旅游偶尔来河道者。给 60 分的人数为 32 人，占总人数的 46%，其中，沿河居民 12 人，河道周边从事生产活动者 7 人，旅游偶尔来河道者 4 人，旅游经常来河道者 4 人。给 80 分的人数为 32 人，占总人数的 46%，其中沿岸居民 15 人，河道管理者 6 人，河道周边从事生产活动者 5 人，旅游经常来河道者 3 人，旅游偶尔来河道者 3 人。

受访居民类型及打分情况见表 5.5-41。

表 5.5-41 受访居民类型及打分情况表 单位：人

受访人群类型	沿河居民（河岸 1 km 以内居民）	非沿河居民			
		河道管理者	河道周边从事生产活动者	旅游经常来河道者	旅游偶尔来河道者
100 分	0	2	0	2	1
80 分	15	6	5	3	3
60 分	12	7	5	4	4
30 分	0	0	0	0	1
人数合计	27	15	10	9	9

超过 87%的受访人群认为河流对自己的生活较重要或很重要，反映了普通大众对于河流健康重要性的认识程度很高。对于河流水量，超过 22%的人群认为评估河流的水量太少，其余则认为水量还可以或不好判断。对于河流水质，超过 71%的人群认为评估河流的水质达到了一般水平及以上。对于河滩地现状，60%大部分的受访群众认为河滩地上树草数量还可以，并且没有垃圾堆放。对于河流中的鱼类，超过 58%的人群认为鱼类数量比以前有所减少，31%的人认为比以前少很多。对于河流景观，受访群众普遍认为达到一般水平以上，超过 39%的人群认为河流容易接近且安全，超过 45%的人群认为河流适宜散步或进行娱乐休闲活动。对于与河流相关的历史古迹和文化名胜，大部分受访群众都表示不太了解。

根据公众满意度指标计算公式进行赋分，评估河流公众满意度指标得分为 71.8 分。

5.5.5.5 社会服务功能准则层赋分

根据社会服务功能准则层计算公式进行计算并赋分，评估结果见表 5.5-42。

表 5.5-42 社会服务功能准则层计算及赋分情况表

水功能区达标率		水资源开发利用率		防洪指标		公众满意度		河流整体赋分
评估分值	权重	评估分值	权重	评估分值	权重	评估分值	权重	
0	0.25	23.7	0.25	46.7	0.25	71.8	0.25	35.55

从表 5.5-42 可以看出，辽河干流河流社会服务功能准则层的整体得分为 36 分，处于不健康状态。从各分项指标看，水功能区达标率指标得分为 0，处于病态，说明辽河流域水污染治理工作仍需持续加强；水资源开发利用率指标赋分为 23 分，处于不健康状态，流域水资源开发利用程度较高；防洪指标赋分 47 分，处于亚健康状态；公众满意度指标得分为 72 分，处于健康状态。

5.5.6 河流健康评价

5.5.6.1 河流生态完整性评估

辽河干流健康评价包括 5 个准则层，基于水文水资源、物理结构、水质和生物准则层评价河流生态完整性。根据河流生态完整性评估计算公式，计算出 6 个评估河段的河流生态完整性赋分情况，详见表 5.5-43。根据计算，从河流生态完整性状况评估，福德店—柴河口、柴河口—石佛寺水库出口、石佛寺水库出口—柳河口、小徐家房子—盘山闸、盘山闸—入海口五个河段属于亚健康状态，柳河口—小徐家房子河段处于不健康状态。

经各评估河段的长度加权计算，最终计算出辽河干流福德店至入海口河流生态完整性赋分为 45 分，处于亚健康状态。

表 5.5-43 河流生态完整性赋分

评估河段	河长/km	水文水资源		水质		物理结构		水生生物		河流生态完整性	
		赋分	权重	赋分	权重	赋分	权重	赋分	权重	赋分	状况
福德店—柴河口	138	39.78	0.2	56	0.2	70.28	0.2	45.3	0.4	51.30	亚健康
柴河口—石佛寺水库出口	52	32.11	0.2	61	0.2	68.09	0.2	42.7	0.4	49.29	亚健康
石佛寺水库出口—柳河口	95	21.82	0.2	64	0.2	69.65	0.2	30	0.4	43.06	亚健康
柳河口—小徐家房子	102	22.66	0.2	47	0.2	64.85	0.2	28.8	0.4	38.44	不健康
小徐家房子—盘山闸	73	21.2	0.2	50	0.2	71.31	0.2	30	0.4	40.57	亚健康
盘山闸—入海口	56	21.2	0.2	21	0.2	82.12	0.2	60	0.4	48.76	亚健康
合计	516	27.67	0.2	52	0.2	70.30	0.20	38.4	0.4	45.24	亚健康

福德店—柴河口河段：从东辽河与西辽河汇合口至柴河口，流经丘陵地区，上游地区为辽、吉、蒙三省交界地带。上游东辽河、西辽河来水较少，河流左岸支流发育，相继有招苏台河、亮子河、清河、中固河汇入，过境水资源相对较丰富。河流蜿蜒曲折，河岸带基质多为黏土和混合土，岸坡倾角小、侵蚀弱，河岸带林草植被覆盖率高，局部地区存在一定的道桥建设、河岸带硬性砌护等人工干扰。沿河在福德店水文站和招苏台河口处建有两座拦河坝。受历史时期水质污染因素及下游拦河建筑物阻隔影响，水生生物资源遭到一定程度的破坏。经综合评估，该河段处于亚健康状况。

柴河口—石佛寺水库出口河段：该河段流经铁岭市、沈阳市，左岸有支流柴河、汎河汇入。河道相对顺直，河岸带林草植被覆盖率高，岸坡稳定性良好、侵蚀弱。该河段建有石佛寺水库，属于石佛寺水库的回水河段，水面开阔，水流平缓。河流沿岸为辽河平原农业耕作区，农业生产用水量较大，水资源开发利用程度较高。该河段流经铁岭市区，有多个市政、企业排污口入河，河段水功能区达标率低。河道内有石佛寺水库大坝、冯家窝堡拦河坝、铁岭市橡胶坝、新民市橡胶坝等多个拦河建筑物，水生生物资源遭受一定破坏。经综合评估，该河段处于亚健康状况。

石佛寺水库出口—柳河口河段：流经沈阳市，右侧有支流秀水河、养息牧河汇入。河道弯曲，摆动幅度较大。河流流经宽阔的辽河平原，农业开发程度较高。由于石佛寺水库的建设影响，坝下出现减水河段。河岸带基质为沙土，岸坡倾角较大，造成中度河岸带侵蚀，岸坡稳定性较差。但由于上游石佛寺水库的蓄流作用，该河段水流较小且平缓，沿河植被覆盖率较高，部分河段河岸被人工固化，因此河岸带状况较稳定，河岸带植被恢复良好，局部河岸存在道桥建设、河岸带硬性砌护等人工干扰。新民市有两个入河排污口，对河段水质造成一定不利影响。经综合评估，该河段处于亚健康状况。

柳河口—小徐家房子河段：流经沈阳辽中市，右侧有大支流柳河汇入。受柳河泥沙淤积影响，下游河床逐年抬高，河槽宽浅，河道游荡性特征突出。该段河流流经辽河平原的腹地，河流沿岸农业开发历时久远，辽河保护区成立后实行退耕还河政策，但由于河岸带为沙质岸带，有残余沙地，河岸带植被恢复一般。河岸带稳定性较差、侵蚀比较严重，有多处橡胶坝阻隔，鱼类资源和底栖动物处于较低水平。经综合评估，该河段处于不健康状况。

小徐家房子—盘山闸河段：流经鞍山市和盘锦市，无大支流汇入。受上游来沙及下游盘山闸长期关闸蓄水的影响，河床逐年淤高。该河段位于辽河流域下游，以过境水资源为主，水资源开发利用率高。该河段靠近城市，人工干扰比较多，河岸带植被以一年生草本植物为主，有农业耕种、道桥建设、河岸硬性砌护等现象。经综合评估，该河段处于亚健康状况。

盘山闸—入海口河段：河流流经辽河口国家级自然保护区、双台子河口海蜇中华绒螯蟹国家级水产种质资源保护区，有支流绕阳河汇入。该河段为感潮河口区域，流经盘锦市区，有多个市政或企业排污口排入河口水域。河道两岸为开阔的冲积平原，地势平坦，河床多以壤土为主；由于受潮汐和上游来沙的双向影响，泥沙在此处有严重的淤积现象。河岸带自然植被覆盖率较高，多为芦苇等耐盐植被，河岸带状况良好，入海口处在河流和倒灌海水的双重作用下形成了大面积的天然湿地和滩涂，其中大部分为芦苇沼泽湿地。经综合评估，该河段处于亚健康状况。

5.5.6.2 河流健康评价

辽河干流福德店至入海口河流生态完整性指标赋分为 45 分，社会服务功能准则层赋分为36分。综合河流生态完整性指标赋分和社会服务功能准则层指标评估赋分结果，进行加权计算，计算出辽河干流典型河流健康评价指数赋分为 42 分。按照评估等级划分，辽河干流河流属于亚健康状况。

5.6　河流健康整体特征

根据评估，辽河干流福德店至入海口段河流健康评价赋分为 42 分，属于亚健康状态（接近不健康）的河流。

辽河干流河流沿岸地势平坦，地貌单元比较单一，均属辽河冲积平原，河道局部蛇曲发育。辽河非汛期河道流量较小，河道内滩地开阔、比降小，泥沙淤积严重，是辽宁省汇流时间最长、泄洪能力较差的河流。盘山闸以下河段为感潮河段，受双台子河口和潮水共同影响，水流流态较为复杂。

辽河干流区间多年平均水资源总量为 69.9 亿 m^3，占整个辽河流域的 31.5%。从干流 8 个水文站 1956—2016 年差积曲线及径流历史曲线可以看出，辽河干流径流量总体呈现减少趋势，2000 年以来为一个相对较长的枯水段。从水文水资源准则层分析，受上游西辽河、东辽河来水影响，加之流域内石佛寺、闹得海、清河、柴河水库等大型水利工程建设和沿岸生产生活取用水影响，辽河干流河段水文情势较天然状态发生了很大改变，处于不健康状态，赋分不及 30 分。尤其在石佛寺水库以下河段，生态流量满足程度为病态。

从物理结构准则层分析，自 2010 年辽河保护区管理局成立后，为恢复辽河河流自然生境，对保护区全河段内的河道两侧实行自然封育、农田撂荒、退耕还草还林政策，严厉打击非法采沙，关闭沙场 105 家，坚决遏制严重破坏生态环境的行为，河岸带生态系统受人为干扰破坏压力减小，河岸自然植被逐步恢复。部分河段河岸带两侧设置了铁丝网围栏，进行了阻隔带与管理路的建设，有效制止了人为破坏、牛羊家畜啃食等对河岸带土壤与植被的破坏。河岸带地表植被整体覆盖状况也明显改善，多生长有一年生草本植物。经评估，辽河干流各评价河段物理结构赋分均在 60 分以上，处于健康状态。

从水质准则层分析，经多年治理，辽河干流水质有所改善。各断面水质类别在Ⅳ类～劣Ⅴ类，丰水期、平水期水质优于枯水期水质，主要超标污染物氨氮、化学需氧量、总磷等。受上游来水和区域点、面源排污影响，水质仍总体较差，河流水质超Ⅴ类问题尚不能妥善定解决。辽河干流共有 10 个入河排污口，废污水入河量为 1.26 亿 t/a。经评价，辽河干流水质准则层总体处于亚健康状态。

从生物准则层分析，本次调查共采集鱼类 62 种，与历史资料相比较，辽河干流福德店—盘山闸鱼类种类减少了21种，盘山闸—入海口减少了10种。受水质污染，盘山闸、石佛寺水库建设，过度捕捞等因素影响，辽河干流鱼类资源急剧减少，多以环境耐受性强的鲫鱼和餐条、鳑鲏为主，鱼类食性主要为杂食性，缺乏大型经济肉食性鱼类，已基本失去渔业价值。盘山闸阻断了刀鲚、鳗鲡、淞江鲈等鱼类洄游通道，导致这3个物种资源量趋于枯竭。水生生物准则层总体评价为不健康状态。

从社会服务功能准则层分析，该段河流流经铁岭、盘锦市区，受河流上游来水、沿岸工业废水排放和农业退水影响，评估河流水功能区达标率为0。流域水资源开发利用率为56.2%，其中地表水37.1%，地下水78.2%，开发利用程度较高。目前，辽河干流已基本形成了以干支流石佛寺水库、清河水库、南城子水库、柴河水库、闹得海水库、榛子岭水库和区间堤防共同组成的辽河干流防洪工程体系，但辽河干流属蜿蜒型多沙河流，洪水条件下河道演变剧烈，河势摆动频繁，部分堤防未达标，险工、险段未得到有效控制，河道淤积严重。普通公众对于河流健康重要性的认知程度较高。社会服务功能总体评价为不健康状态。

5.6.1 河流亚健康的主要表征

5.6.1.1 水质污染尚未得到根本改善，水功能区水体不达标

辽河干流河流水质目标整体较高。除铁岭市区内的辽河小莲花排污控制区（7 km）外，其余509 km河段的水质目标均为Ⅲ类。辽河两岸为辽河平原，工农业开发历史久远，水污染历史遗留问题突出。尽管从国家“九五”计划开始，辽河被列入国家重点治理的“三河三湖”黑名单，开展了一系列治理工程，但辽河水污染问题仍然没有得到根本改善，辽河干流水质仍处于Ⅳ类～劣Ⅴ类，尚不能达到水功能区水质目标要求。

5.6.1.2 鱼类等水生生物资源量及多样性降低

受人类开发活动影响，辽河干流鱼类资源衰减明显，河流水生态系统结构遭到损害。与历史时期相比，目前辽河干流鱼类群落结构存在如下变化：第一，环境指示性物种濒危程度加剧，鳗鲡、刀鲚等洄游鱼类洄游通道被阻隔，濒危程度加剧。第二，鱼类群落结构趋于简单化，鱼类物种数减少了20余种。第三，重要经济物种资源量下降明显，主要渔获物为小型低值鱼类；2016年调查期间采集的土著鱼类优势种，多为鲫、棒花鱼、

鳘、麦穗鱼、鳑鲏等小型低值鱼类；鲢、鳙、青鱼、草鱼等大型鱼类，均为增殖放流物种。第四，鱼类群落功能特征单一化，大型肉食性鱼类比例大幅减少，杂食性鱼类比例上升。

5.6.1.3 河流防洪减灾体系不完善

辽河是我国七大江河之一，新中国成立以来，至今有 8 次较大洪水给辽河干流地区造成了严重经济损失，灾情较重的有 1951 年、1953 年、1985 年、1995 年和 2010 年。尽管新中国成立之后辽宁省在辽河防御洪灾方面做出了巨大努力并取得显著成就，但由于自然、社会和经济条件的原因，近年来辽河干流一直未经系统治理。辽河防洪能力还不能完全适应社会、经济迅速发展的要求。据调查，辽河干流现有 76 处重点险工险段、96 处沙堤沙基处理、44 处穿堤建筑物需要进行治理，共涉及辽河两岸 14 个县（区）和 1 个国营农场。

5.6.1.4 湿地资源的萎缩与功能退化，辽河口重要湿地用水不足

由于水资源缺乏，众多支流常年干枯；由于农业综合开发，使天然湿地变成人工湿地；加上石油开采、码头兴建、海水养殖、旅游开发、城市扩张，都使辽河口地区的天然湿地面积呈萎缩趋势。据 1977 年、2015 年两期影像表明，辽河口自然保护区内湿地面积已减少了 33.75 km^2，以年均约 1 km^2 的速度在减少。此外，由于流域上游水资源开发强度大，河道径流量减少，河口区重要湿地用水不足。

5.6.2 河流亚健康的主要压力

5.6.2.1 气候条件

在全球气候变暖的大背景下，辽河流域整体气候也趋于暖干。本区 1961—2009 年多年平均气温为 7.2℃，气温倾向率为 0.32℃/10a，增温幅度远高于全球和中国的同期增温幅度。1961 年以来辽河流域处于持续增温状态，尤其是 20 世纪 80 年代后期增温现象更为明显。流域多年平均降水量为 606 mm，呈现下降趋势，降水量倾向率为−12.2 mm/10a。其中 6—9 月降水量占全年总降水量的 75%以上。12 月—翌年 3 月降水量总和仅占全年的 2%。特别是自 2000 年以来连续数年的干旱，致使河滨湿地植被退化，河流流量减少，

局部河道断流，水质环境恶化。此外，在流域下游平原区风速高、风力大也造成了较为严重的土壤侵蚀，河岸带土地沙化呈拓展趋势。

5.6.2.2 工农业废污水排放

改革开放以来，随着辽河流域的开发和工业化、城市化加速，辽河干流沿岸社会经济得到快速发展，流域工业布局、农业灌溉、城市建设颇具规模。但同时流域工农业废污水排放量却不断增加，水环境问题日益突出，1996 年被列入全国“三河三湖”重点治理“黑名单”。目前，经过“十一五”“十二五”流域水污染治理，河流水质有所改善，但由于历史欠账太多，辽河干流河段及城市区域水体污染依然严重。

5.6.2.3 水利工程建设影响

目前辽河干流已建石佛寺、盘山闸等大型水利工程以及 11 座橡胶坝，东辽河已建二龙山水库，支流已建清河水库、柴河水库、闹得海水库、榛子岭水库、南城子水库。这些水利工程的修建改变了河流天然状况，造成下泄流量减少，改变下游河道水文情势，进而影响鱼类资源的洄游、繁殖及索饵，限制了鱼类生存空间。此外，水利工程建设导致了河周湿地水流、来水频率、洪水持续时间不同，进而影响湿地面积和生态系统多样性。

5.6.2.4 农业耕作与非法捕捞影响

目前，辽河干流沿岸主要土地利用类型为：草地、牛轭湖湿地、农田及蔬菜大棚、沼泽地、居民建设用地、水域（河流、水库、坑塘、滩地等）。其中，面积比例最大的土地利用类型为农田（水田、旱田、菜地），面积比例约为 41.22%；居民建设用地（居民点、交通用地、工矿用地）面积比例较小，约占 3.8%；漫滩草地比例为 17.82%；沼泽地比例为 16.53%。河流水体和滩地面积约占保护区面积的 14.98%。自辽河保护区成立以来，辽河干流河滩地大面积退耕换湿、退耕还河，实行土地撂荒和自然封育，沿江滩地草甸逐步恢复，农业活动影响进一步减弱。

尽管早在 2010 年辽宁省就启动了辽河流域的污染综合治理和保护工程，提出了将辽河干流水体、河流湿地和珍稀野生动植物资源列为主要保护对象。但是调查发现，辽河沿岸目前尚有一些村民在辽河保护区范围内，采用“绝户网”、电网鱼，对辽河的渔业资源产生很大破坏。

6 辽河流域重要河流健康保护对策

6.1 典型河流健康评价结果分析

辽河是辽宁省的母亲河，开发历史长久。辽河流域是我国重要的老工业基地、粮食基地、牧业基地和林业基地。人多水少、水资源时空分布不均、水土资源与生产力布局不匹配的基本水情决定了辽河流域的河流水环境与水生态保护将继续面临巨大的压力。多年来，受经济开发影响，辽河流域水污染十分严重，1996 年被列入全国“三河三湖”重点治理的“黑名单”。

为改善辽河水环境，流域内各省区不断加大辽河治理力度，先后实施了以造纸企业为重点的工业源整治、以污水处理厂建设为重点的生活源整治、以功能恢复为重点的河道生态整治等多项工程。2010 年辽宁省划定了辽河保护区，颁布了《辽宁省辽河保护区条例》，对辽河实行封闭管理。随着国家水生态文明政策的实施，辽河干流沿岸铁岭市被列入全国水生态文明试点城市，并开展了城市水资源、水环境、水生态、水管理、水文化等五大体系建设。经过多年努力，辽河流域水质得到显著改善，2013 年已摘掉“三河三湖”重度污染的“黑帽子”，辽河干流河流生态环境得到明显恢复。但目前，辽河流域仍处于工业化和城镇化的转型发展阶段，经济社会发展与水资源保护的矛盾仍然突出，水资源短缺、水功能区水质达标率低、水生态恶化等问题尚未得到根本改善。

根据本次评价，辽河干流河流健康评价赋分为 42 分，属于亚健康接近不健康状态的河流。

6.2 河流健康保护及修复目标

保护辽河干流、浑太河等辽河流域重要河流的蜿蜒性、自然性和多样性，维护河流生态系统的连通性和完整性。

近期保护和管理目标：考虑到河流管理的可行性和可操作性，通过立法、水系规划、截污治污、河流生态修复以及重点工程实施等改善流域重要河流干流水环境，并对水文格局和形态结构进行一定程度的修复。

远期保护和管理目标：采用高功能和高保护的目标原则，从流域重要河流水质改善、水文格局修复、形态结构修复以及河岸带重建等方面达到河流生态状况的全面改善，恢复保护河流生态系统的完整性和可持续性。

6.3 河流健康管理对策

6.3.1 已采取的河流健康管理对策

与 21 世纪初相比，目前辽河流域重要河流的健康状况有一定程度的提升。在水质改善、生态流量满足程度、水生生物保护等方面均有体现，这与多年来国家和当地政府实施的河流相关保护政策和措施密不可分。

6.3.1.1 河流保护相关法律法规和政策

我国的水污染防治工作开始于 20 世纪 50 年代，《中华人民共和国水污染防治法》于 1984 年颁布实施，于 2008 年 2 月 28 日修订，增加了水污染防治的原则，明确县级以上地方人民政府应当对本行政区域的水环境质量负责，明确国家实行水环境保护目标责任制和考核评价制度，将水环境保护目标完成情况作为对地方人民政府及其负责人考核评价的内容，对地方人民政府是否切实承担起防治水污染的职责提出了更高要求；提出了水环境生态保护补偿机制；规定了超标排污或超过重点水污染物排放总量控制指标排污的行为应当承担的法律后果；规定了排污许可制度；增加了“农业和农村水污染防治”“船舶水污染防治”两方面的内容；规定了更严格的饮用水水源保护要求等。

2007 年，水利部提出松辽流域限制排污总量意见，为流域水污染治理及限制入河排污管理提供了坚实的依据和基础。

2011 年，国务院批复《全国重要江河湖泊水功能区划》（包含辽河流域），成为核定辽河流域纳污能力、制定相关规划的重要基础和依据。

2011 年，中央 1 号文件《中共中央　国务院关于加快水利改革发展的决定》对水的重要性高度概括为“水是生命之源、生产之要、生态之基”，明确要求实行最严格水资源管理制度，建立“四项制度”，确立和落实水资源管理“三条红线”。

2012 年，国务院发布《国务院关于实行最严格水资源管理制度的意见》，对最严格水资源管理制度作出了全面的部署和具体的安排，提出实行最严格水资源管理制度的指导思想、基本原则、主要目标以及管理和保障措施。（水利部水资源司，2012）

2015 年 4 月 2 日，国务院发布《关于印发水污染防治行动计划的通知》，要求以改善水环境质量为核心，按照“节水优先、空间均衡、系统治理、两手发力”原则，贯彻“安全、清洁、健康”方针，强化源头控制，水陆统筹、河海兼顾，对江河湖海实施分流域、分区域、分阶段科学治理，系统推进水污染防治、水生态保护和水资源管理。

2016 年 12 月，为进一步加强河湖管理保护工作，落实属地责任，中共中央办公厅、国务院办公厅印发了《关于全面推行河长制的意见》，要求全面建立省、市、县、乡四级河长体系。立足不同地区不同河湖实际，统筹上下游、左右岸，实行一河一策、一湖一策，解决好河湖管理保护的突出问题。各级河长负责组织领导相应河湖的管理和保护工作，包括水资源保护、水域岸线管理、水污染防治、水环境治理等，牵头组织对侵占河道、围垦湖泊、超标排污、非法采沙、破坏航道、电毒炸鱼等突出问题依法进行清理整治，协调解决重大问题。

2017 年 10 月，党的十九大确定了习近平新时代中国特色社会主义思想，提出了建设美丽中国的新目标、新要求和新部署，将生态文明建设列入新时代坚持和发展中国特色社会主义的基本方略。

在辽河流域内，为保护河流水系，各级地方政府也制定了相关的法规制度。2010 年，为了加强辽河保护区污染防治、资源保护和生态建设，辽宁省颁布了以辽河干流为核心的《辽宁省辽河保护区条例》，对辽河干流实行统一管理。辽河还是国内较早实施“河长制”管理的河流，从行政层面协调辽河流域的经济建设和河道综合整治的关系，加强水环境治理。辽河流域的“河长制”始于 2008 年，任命各市县的市长、县长为本辖区内河流的河长或段长，对河流治理和河流水质实行河（段）长负责制，“河长制”加强了管理责任的落实，结合相应的惩罚和奖励等问责机制，经过多年运行，收到显著成效。“河长制”实施以来，对流域内的造纸厂、印染厂、糠醛厂、酒精厂等污染严重的企业进行了整顿和部分关停；新建了一批污水处理厂，并已投入使用；全流域范围内启动了生态治理工程，结合河口湿地建设，对辽宁省全省 40 多条污染较重的支流进行了综合整治。

6.3.1.2 鱼类保护措施

水质改善方面：辽河流域水质污染历史久远，因长期重度污染，于 1996 年被国务院列入全国“三河三湖”重点治理“黑名单”。历届辽宁省委、省政府都力推辽河治理，特别是 2008 年以来，辽宁省举全省之力，对辽河进行全流域整治，对 417 家造纸企业全部停产治理，对辽河沿岸的食品、化工、印染、糠醛等高污染行业开展专项整治，集中建设污水处理厂，从根本上解决了辽河工业污染和城市生活污染排放的问题，辽河水质得到一定程度的改善。

增殖放流方面：2010 年 9 月，铁岭市辽河干流首次开展渔业增殖放流活动，共放流了 10 万尾鳙鱼鱼苗、30 万尾鲢鱼鱼苗。此后，辽宁省在辽河干流沈阳康平段、铁岭段、盘锦段先后多次开展渔业增殖放流活动。流域渔业增殖放流取得了较好的经济效益、社会效益和生态效益。

种质资源保护方面：辽河干流在河口地区设立国家级水产种质资源保护区 1 个，在流域鱼类种质资源保护方面提供了有利的基础。

禁渔方面：2010 年辽河保护区管理局成立后，先后两次发布禁渔公告，设定 2011 年 2 月 1 日—2013 年 1 月 31 日，2017 年 8 月 1 日—2020 年 7 月 31 日为禁渔期。公告要求禁渔期内在辽河保护区干流水域内，除科学研究需要外，禁止从事任何渔业捕捞作业行为，渔船、网具要撤出作业场所；禁止收购、运输、储藏、经营和销售禁渔区的渔货物；禁止并严厉查处炸鱼、毒鱼、电鱼等严重破坏渔业资源的活动。

6.3.1.3 湿地保护措施

2007 年，辽宁省第十届人民代表大会常务委员会第三十二次会议通过了《辽宁省湿地保护条例》，使辽宁省成为目前中国少数使用湿地保护条例的省份之一，辽宁省湿地保护管理工作有序推进。近 5 年来，辽宁省在辽河、浑太河河流沿岸建立了多个沿江湿地公园和沿江湿地保护区，实施了湿地保护和恢复重建等工作，在一定程度上减缓了流域湿地退化的趋势。辽宁省在辽河干流建立了辽河保护区，实行河岸带自然封育政策；在河口地区建立了辽河口国家级自然保护区，保护河口湿地资源。湿地保护区是集生物多样性保护、科学研究、宣传教育、生态旅游与湿地可持续利用等多项功能于一体，对沿江湿地生态系统、自然景观资源和栖息于其中的珍稀濒危野生动植物起到了很大的保护作用。同时，由于湿地的净化作用，沿江湿地对于进入河流干流的地表径流具有一定的污染治理作用，对干流河流水质保护起到了一定作用。

6.3.1.4 生态流量泄放措施

《辽河流域综合规划（2012—2030）》中提出：科学调度二龙山水库，保证太平站非汛期 0.52 亿 m^3 和汛期 0.79 亿 m^3 的最小生态环境需水量；实施生态流量监控措施，保证辽中站冰冻期 0.30 亿 m^3、非汛期 2.78 亿 m^3 和汛期 4.17 亿 m^3 的最小生态环境需水量，以维持河流自净能力，防止河流断流和河道萎缩，维持河流水生生物繁衍生存。

6.3.1.5 水资源管理体系逐步健全

辽河流域不断加强流域及区域的水污染防治和水资源保护力度，构建了水资源管理“三条红线”控制指标体系、水功能区分级分类管理体系及城市水源地核准和安全评估制度；建立了入河排污口监督管理制度、省界水体水质监测制度；制定了重要江河湖泊分阶段限制排污总量意见，加强工业点源和城市生活污水治理；开展了辽河干流、凌河干流河流生态修复以及丹东、大连、铁岭等水生态文明城市建设试点工作，流域水资源保护及水生态文明建设工作逐步得到加强。

2003 年起，实施了东北黑土区水土流失综合防治试点工程。在开展综合治理的同时，流域内各级政府相继出台了《水土保持条例》等地方性法规和规范性文件，建立了监督管理机构和监测机构，初步开展了水土保持监督执法和水土流失监测工作。

6.3.2 河流健康管理对策

为实现辽河流域重要河流健康可持续发展，应采取多项对策进行河流健康管理。通过河岸带修复与管理工作保护河流河岸带自然性和完整性，充分发挥缓冲带功能。加强河流入河排污口监督管理，改善河流水质促进生态安全。科学配置流域水资源，通过流域内大、中型水库的生态调度保证未来流域社会经济发展用水增加情况下重点断面的生态流量，保障流域内重要湿地的生态用水需求。通过鱼类栖息环境营造、人工增殖放流以及设禁渔期和常年禁渔区实现河流干流鱼类资源及其栖息地的保护与修复。

6.3.2.1 制定相关法规政策

坚持不懈深入宣传贯彻国家和地方政府颁布的河流生态环境保护相关法律、法规和政策，落实水功能区限制纳污红线，从严监控水功能区，有效控制入河排污总量。加大执法力度，严禁私捕滥捞等违法作业，对珍稀濒危野生鱼类严格进行保护。制定和颁布实施适应流域河流生态环境保护的相关地方性法规和政策，结合“河长制”工作安排，实现河流水系健康管理“一河一策”。

6.3.2.2 水利工程的生态调度

优化辽河流域水资源配置，强化节水措施提高用水效率，保障主要支流控制断面流量及过程和河道外生态用水，以维持河流自净能力，防止河道萎缩，维持河流水生生物繁衍生存。同时，应加强东辽河、柳河、绕阳河等主要支流已建大型水库等水利工程的联合调度工作，以满足流域主要河段的生态需水，从而达到流域水生态保护与修复的目的。

遵循水量、水质统一调度原则，完善水库调度，适时加大水库下泄量，防止水体富营养化。对水质状况较差的水库，应根据水库来水情况，调整水库下泄流量，避免污染水量聚集。枯水期应加强流域水库联合调度，通过水流稀释和降解作用改善严重污染河段水质。

6.3.2.3 水生生物保护

在水生态敏感江段及常年禁渔区禁止设置入河排污口和从事采沙活动。大中型水库、水电站以及引水工程，涉及国家级水产种质资源保护区，或对水生生物资源生存和水域生态环境保护带来较严重的不利影响，应当进行专题论证并提出鱼类增殖和过鱼设施等有效保护措施。进一步加大科学研究力度，根据鱼类研究成果提出适宜的禁渔区和禁渔期，为鱼类繁殖、育肥和洄游提供良好的生境。

重点在辽河口地区营造多样化鱼类栖息环境。在完善流域现有增殖放流站的基础上，根据鱼类的栖息节律增加鱼类人工增殖放流规模，以增加保护鱼类的入河系数和回归率，努力恢复鱼类资源。

6.3.2.4 河岸带修复与管理

河岸带主要由堤岸和河漫滩组成，是多种生物的主要栖息地，且作为拦截陆域污染的屏障具有保护河流水质的作用。对遭破坏的重要河滨带、河流廊道，有针对性地提出生态修复方案，拟定相应措施，改善提高河流景观的空间异质性和生物多样性。对河岸带非法采沙、违章建筑等行为进行查处取缔，清除行洪障碍物，并进行河岸带修复建设实行堤外河滩地退耕还草、退耕还湿，有条件的河段开展间隔式植被缓冲带建设，并将已有混凝土构件护岸、干砌石护岸逐步改造为柔性护岸，在硬性护岸材料之间的空隙和缝隙内覆土并种植本地水生植物。

辽河流域应继续加强干支流河流廊道的生态修复，进一步完善林灌草相结合的河岸缓冲带，有效控制农业径流污染，改善流域重要河流水质，维护和修复河流生态功能。

6.3.2.5 水质修复

污染源控制和治理是水污染防治的核心工作和重要前提。辽河流域水污染源防治包括点源治理、农业面源控制等方面。入河排污口属于点源范畴，实施入河排污口的管理是保护与修复河流水环境的重要措施之一。对于违规的入河排污口，参照《中华人民共和国水污染防治法》，由县级以上地方人民政府责令限期拆除、恢复原状，逾期不拆除、不恢复原状的，强行拆除、恢复原状，并处罚款。加大城镇污水处理厂的建设力度和速度，提高污水收集和处理率，控制污水达标排放。加大管理与维护力度，同时重视水利与环保部门等政府各部门间的协作、联动等配合工作，以保证流域水资源和水环境保护等管理工作顺利而有效地进行。积极推进乡村污水生态处理与再利用、乡村生活垃圾治理、畜牧业粪便治理与再利用等工程治理面源污染。

6.3.2.6 湿地生态系统恢复

湿地是位于陆生生态系统和水生生态系统之间的过渡性地带，拥有众多动植物资源，是重要的多功能生态系统。辽河流域是我国重要的沼泽湿地集中分布区之一，拥有阿鲁科尔沁、辽河口等多个国家重要湿地。流域内湿地主要分布于辽河口地区，在中国乃至国际上均具有重要的地位。目前，流域内湿地保护区面临着围垦、填海造陆、石油资源开发以及农业与湿地争水矛盾。应在各省生态红线划定时，将天然湿地划入红线区域进行保护，禁止占压和开垦天然湿地，退耕还湿，建立河流植被缓冲带以修复河流湿地水质。优化流域水资源配置，加强农业节水提高用水效率，协调区域生产、生活、生态用水，保障主要支流控制断面流量及过程和河道外生态用水，实施重要湿地补水工程，保护辽河口等流域重要湿地生态用水安全。

6.3.2.7 强化灌区管理

辽河流域是我国粮食主产区和商品粮生产基地。辽河平原河流沿岸分布有多处大型灌区，基本农田面积很大。部分灌区存在管理体制尚不健全，管理措施不当，管理设施陈旧，量水设备不健全，用水户节水观念淡薄，大灌大排、活水串灌现象仍未完全杜绝等问题。按照《全国新增 1 000 亿斤粮食生产能力规划（2009—2020）》，2020 年我国新增粮食生产能力要达到 1 000 亿斤，需要东北地区承担 30%以上的任务。建设国家粮食主产区，不可破坏湿地和草地，也不可盲目的扩大耕地面积，而是要采取内涵式发展方式，逐步解决现有耕地上影响粮食产量和质量的涝灾、干旱、水土流失和土地肥力下降等问题。应在林草、湿地面积不再减少的前提下，合理发展农田灌溉面积。

应大力发展现代高效节水农业。加强灌区续建配套和节水改造工程，对灌渠进行清淤改造，完善灌区水利工程设施，更新陈旧破损设备，提高灌区用水效率和用水保证率。通过鼓励科研、加大投资等方式对灌区回归水进行生态处理以减少污染物入河量，积极发展绿色农业，深化保护性耕作，推广测土配方施肥技术，提高水质。积极推进农业清洁生产与污染物减排、滨水缓冲区污染生态防治等工程。

6.3.2.8 科学配置水资源

随着辽河流域社会经济用水量的增加，以及流域各类水利水电工程的兴建，流域内重要河流的水文情势发生了较大变化，部分河段和重要湿地的生态需水要求并不能得到满足。在节水体系建设的基础上，科学、合理配置流域水资源，将生态、生态、生活用水合理分配，保障重要城市、重点地区、重要生态目标的用水需求。遵循“三生”用水协调的原则，生态环境需水应与生活、生产需水相协调，在生态系统需水阈值区间内，结合区域经济社会发展的实际情况，统筹生态需水和经济社会需水，合理确定生态用水比例。合理分配水资源，各业同步发展。

6.3.2.9 实行流域生态补偿

为了保护辽河流域水资源与水环境，辽宁省政府及各地方政府从 20 世纪 90 年代就开始探索流域内的生态补偿机制，先后出台了《辽宁省辽河流域水污染防治专项资金筹集与使用管理办法》（1999 年）、《辽宁省跨行政区域河流流出市断面水质目标考核暂行办法》（2008 年）、《辽宁省人民政府关于对东部生态重点区域实施财政补偿政策的通知》（2008 年）、《辽宁省关于切实做好湿地生态效益补偿试点等工作的通知》（2014 年）、《辽宁省人民政府办公厅关于健全生态保护补偿机制的实施意见》（2016 年）等相关政策，计划到 2020 年，实现全省森林、草原、湿地、荒漠、海洋、水流、耕地等重点领域和禁止开发区域、重点生态功能区、生态保护红线等重要区域生态保护补偿全覆盖。2014—2015 年财政部、国家林业局将辽宁省盘锦双台河口国家级自然保护区纳入国家湿地生态效益补偿试点范围，两年共拨付辽宁省专项资金 7 500 万元，用于对湿地保护区内履行湿地保护义务的耕地承包经营权人补偿和保护区及周边区域开展生态修复、环境整治等方面补助。按照“谁保护、谁受益，谁污染、谁补偿”的原则，应继续探索辽河流域水环境生态补偿工作，建立以政府为主导的流域水生态补偿机制，补偿范围涵盖河流水系的水质、水量、湿地保护等多方面，进行多角度的生态补偿，并将生态补偿工作纳入政府日常考核工作，促进生态补偿常态化。

6.3.3 河流健康评价定期评估制度推进对策

6.3.3.1 加强组织领导和协调

河湖健康管理工作涉及部门多，流域机构要加强组织领导和协调，做好系统内与水文、水资源、水生态、水环境等部门的合作与协调；系统外与林业、环保、农业等相关部门的合作与沟通。强化水资源生态调度和管理，切实做好生态补水、调水调沙等工作，保证主要河道和重点湿地的生态用水需求。

6.3.3.2 定期开展河流健康评价工作，不断完善健康评价技术体系

由于流域环境的复杂性，需要定期开展重要河流的健康评价工作，以评估河流管理、保护成效。对河流健康评价关键技术进行专题研究，进一步完善河流健康评价指标、标准、方法体系。

6.3.3.3 进一步增强流域水文、水质、水生态调查监测能力

建立松辽流域水生态监测体系，重点监测重要断面水质和水量、水生生物及重要生境要素，为流域水生态保护与修复提供科学依据。培养流域内健康评价专业技术人才，特别是水生生物监测人才，加强与专业机构与科研院所的交流和合作。

6.3.3.4 开展公众参与，强化宣传教育

建立贯穿于河流管理全过程的公众参与激励机制和有效的公众参与程序，对于识别管理者、公众在不同时期对于河流健康、河流管理的认知等，促进河流管理适应性的增强具有重要的作用。扩大公民对河流健康评价的知情权、参与权和监督权，促进河流水环境保护和生态建设决策的科学化、民主化；鼓励社会团体和公民积极参与河流水生态系统保护与修复工作；鼓励非政府组织参与循环经济政策研究和技术推广，开展社会宣传等社会公益活动；加强河流健康宣传工作，努力提高民众生态保护意识。

参考文献

[1] 蔡庆华，唐涛，刘健康. 河流生态学研究中的几个热点问题[J]. 应用生态学报，2003，14（9）：1573-1577.

[2] 蔡守华，胡欣. 河流健康的概念及指标体系和评价方法[J]. 水利水电科技进展，2008，28（1）：23-27.

[3] 曹忠杰，蔡景平，邵子玉. 遥感影像中辽河干流水土保持环境[J]. 水土保持研究，2005，12（2）：29-32.

[4] 陈静生. 河流水质全球变化研究若干问题[J]. 环境化学，1992，11（2）：43-51.

[5] 陈景星. 中国花鳅亚科鱼类系统分类的研究[A]. 鱼类学论文集（第一辑），1981，21-32.

[6] 陈宜瑜，等. 中国动物志，硬骨鱼纲，鲤形目（中卷）[M]. 北京：科学出版社，1998.

[7] 陈俊贤，蒋任飞，陈艳. 水库梯级开发的河流生态系统健康评价研究[J]. 湖泊科学，2015，46（3）：334-340.

[8] 陈凯，于海燕，张汲伟，等. 基于底栖动物预测模型构建生物完整性指数评价河流健康[J]. 应用生态学报，2017，28（6）：1993-2002.

[9] 陈颖，刘淼. 辽河干流河岸带围栏封育技术研究[C]. 第四届中国湖泊论坛论文集，2014：76-79.

[10] 陈艳丽. 辽宁省主要河流水生态状况评价及保护对策[J]. 水生态学杂志，2014，35（5）：28-33.

[11] 陈毅，张可刚，郭纯青，等. 河流生态健康评价研究——以潮白河为例[J]. 水利科技与经济，2011，17（2）：9-12.

[12] 崔树彬，刘俊勇，陈军. 对中国河流健康评价的探讨[J]. 水利发展研究，2006，（2）：7-11.

[13] 董哲仁. 河流保护的发展阶段及思考[J]. 中国水利，2004，17：16-17，32.

[14] 董哲仁. 河流健康的内涵[J]. 中国水利，2005（4）：15-18. a

[15] 董哲仁. 河流生态修复[M]. 北京：中国社会科学出版社，2013.

[16] 董哲仁. 国外河流健康评估技术[J]. 水利水电技术，2005，36（1）：15-19.

[17] 董崇智. 中国淡水冷水性鱼类[M]. 哈尔滨：黑龙江科技出版社，2000.

[18] 冯琳. 和田河流域中游生态系统健康评价研究[J]. 新疆农业科学 2010，47（2）：357-362.

[19] 冯文娟，李海英，徐力刚，等. 河流健康评价：内涵、指标、方法与尺度问题探讨[J]. 灌溉排水学报，2015，34（3）：34-39.

[20] 傅春，李云翊. 基于层次分析法的抚河抚州段河流健康综合评价[J]. 南昌大学学报（工科版）2017，39（1）：1-7.

[21] 高凡，蓝利，黄强. 变化环境下河流健康评价研究进展[J]. 水利水电科技进展，2017，37（6）：81-87.

[22] 高学平，赵世新，张晨. 河流系统健康状况评价体系及评价方法[J]. 水利学报，2009，40（8）：962-968.

[23] 高永胜，王浩，王芳. 河流健康生命评价指标体系的构建[J]. 水科学进展，2007，18（2）：252-257.

[24] 高宇婷，高甲荣，顾岚，等. 基于模糊矩阵法的河流健康评价体系[J]. 水土保持研究，2012，19（4）：196-199.

[25] 耿雷华，刘恒，钟华平. 健康河流的评价指标和评价标准[J]. 水利学报，2006，37（3）：253-258.

[26] 龚雷婷. 太湖流域典型入湖河流的健康评价[D]. 南京：南京大学，2012.

[27] 谷红梅，郭嘉，张泽中. 基于ERDAS的辽河干流中下游植被覆盖度监测研究[J]. 水电能源科学，2015，33（3）：132-134.

[28] 郭娜. 河流生态系统健康指标体系与评价方法研究——以辽河保护区为例[D]. 沈阳：沈阳大学，2017.

[29] 郭占平. 辽河干流生态综合治理模式及示范应用[J]. 水利发展研究，2015，（5）：35-42.

[30] 韩玉玲，夏继红，陈永明，等. 河道生态建设-河流健康诊断技术[M]. 北京：中国水利水电出版社，2012.

[31] 何兴军，李琦，宋令勇. 河流生态健康评价研究综述[J]. 地下水，2011，33（2）：63-66.

[32] 黄亮亮，吴志强，蒋科，等. 东苕溪鱼类生物完整性评价河流健康体系的构建与应用[J]. 中国环境科学，2013，33（7）：1280-1289.

[33] 黄玉瑶. 内陆水域污染生态学：原理与应用[M]. 北京：科学出版社，2001.

[34] 霍堂斌，刘曼红，姜作发，等. 松花江干流大型底栖动物群落结构与水质生物评价[J]. 应用生态学报，2012，23（1）：247-254.

[35] 贾磊. 多元因子分析模型在河流健康评价中的应用——以苏子河水质特性研究为例[J]. 长江科学院院报，2016，33（9）：87-32.

[36] 吉林省水产科学研究所. 黑龙江水系（包括辽河水系及鸭绿江水系）渔业资源调查报告[R]. 黑龙江人民出版社. 1986.

[37] 蒋红. 王文君. 朴长戈等. 岷江上游鱼类完整性指标现状调查评价[J]. 水利发电学报，2014，33（6）：97-104.

[38] 津田松苗. 污水生物学[M]. 东京：北隆馆，1964.

[39] 孔红梅，赵景柱，姬兰柱，等. 生态系统健康评价方法初探[J]. 应用生态学报，2002，13（4）：486-490.

[40] 乐佩琦. 中国濒危动物鱼类红皮书[M]. 北京：科学技术出版社，1999.

[41] 冷龙龙. 大型底栖动物快速生物评价指数在河流健康评价中的比较与应用（硕士学位论文）[D]. 济南：山东农业大学，2016.

[42] 李国英. 黄河治理的终极目标是“维持黄河健康生命”[J]. 人民黄河，2004，26（1）：1-3.

[43] 李虹，丁爱中，张淑荣，等. 基于溶解氧监测的沣河河流代谢及河流健康评价研究[J]. 北京师范大学学报（自然科学版），2013. 49（4）：395-399.

[44] 李思忠. 中国淡水鱼类的分布区划[M]. 北京：科学技术出版社，1981.

[45] 李忠国. 宋永会. 辽河保护区治理与保护理论[M]. 北京：中国环境出版社，2013.

[46] 骊威. 辽河保护区水生态功能分区（硕士学位论文）[D]. 长春：吉林农业大学，2013.

[47] 廖静秋，黄艺. 应用生物完整性指数评价水生态系统健康的研究进展[J]. 应用生态学报，2013，24（1）：295-302.

[48] 刘保元，王士达，王永明，等. 利用底栖动物评价图们江污染的研究[J]. 环境科学学报，1981. 1（4）：337-347.

[49] 刘斌，张远，渠晓东等. 辽河干流自然保护区鱼类群落结构及其多样性变化[J]. 淡水渔业，2013，43（3）：49-55.

[50] 刘昌明，刘晓燕. 河流健康理论初探[J]. 地理学报，2008，63（7）：683-692.

[51] 刘恒，涂敏. 对国外河流健康问题的初步认识[J]. 中国水利，2005（4）：19-23

[52] 刘强. 辽河干流河岸带沉积物重金属污染特征研究（硕士学位论文）[D]. 沈阳：辽宁大学，2013.

[53] 刘立权. 辽河干流输沙水量研究（博士学位论文）[D]. 大连：辽宁师范大学，2013.

[54] 刘永，郭怀成，载永立，等. 湖泊生态系统健康评价方法研究[J]. 环境科学学报，2004，24（4）：723-729.

[55] 刘勇丽，刘录三，汪星，等. 水生植物在河流健康评价中的应用研究进展[J]. 生态科学，2017，

36（3）：207-215.

[56] 马克明，孔红梅，关文彬，等. 生态系统健康评价：方法与方向[J]. 生态学报，2001，21（12）：2106-2116.

[57] 马汪莹. 辽河保护区生态系统服务价值变化评估（硕士学位论文）[D]. 石家庄：河北师范大学，2015.

[58] 毛建忠，赵萍萍，李春永，等. 我国河流健康评价指标体系研究进展[J]. 水科学与工程技术，2013，3：1-4.

[59] 美国环境保护局，李云生等译. 美国流域水环境保护规划手册[M]. 北京：中国环境科学出版社，2010.

[60] 孟庆闻，等. 鱼类分类学[M]. 北京：中国农业出版社，1995.

[61] 裴雪娇，牛翠娟，高 欣，等. 应用鱼类完整性评价体系评价辽河流域健康[J]. 生态学报，2010，30（21）：5736-5746.

[62] 彭勃，王化儒，王瑞玲，等. 黄河下游河流健康评估指标体系研究[J]. 水生态学杂志，2014，35（6）：81-87.

[63] 杞桑，林美心，黎康汉. 应用大型底栖动物试评广州市荔湾区的水体污染状况[J]. 环境科学，1982，3（3）：54-57.

[64] 齐雨藻，黄伟建，骆育敏，等. 用硅藻群集指数（DAI-po）和河流污染指数（RPId）评价珠江广州河段的水质状况[J]. 热带亚热带植物学报，1998，6（4）：329-335.

[65] 秦鹏，王英华，王维汉，等. 河流健康评价的模糊层次与可变模糊集耦合模型[J]. 浙江大学学报（工学版），2011，45（12）：2169-2175.

[66] 渠晓东，刘志刚，张远. 标准化方法筛选参照点构建大型底栖动物生物完整性指数[J]. 生态学报，2012，32（15）：4661-4672.

[67] 全国水力资源复查工作领导小组. 中华人民共和国水力资源复查成果[M]. 北京：中国电力出版社，2003.

[68] 山成菊，董增川，樊孔明，等. 组合赋权法在河流健康评价权重计算中的应用[J]. 河海大学学报（自然科学版），2012，40（6）：622-628.

[69] 沈强，俞建军，陈晖，等. 浮游生物完整性指数在浙江水源地水质评价中的应用[J]. 水生态学杂志，2012. 33（2）：26-31.

[70] 盛萧，黄小追，徐海升，等. B-IBI 在东江河流健康评估中的应用研究[J]. 华南师范大学学报（自

然科学版），2016，48（2）：52-60.

[71] 松辽水利委员会. 辽河流域防洪规划[R]. 2007.

[72] 松辽水利委员会. 辽河流域综合规划[R]. 2011.

[73] 松辽流域水资源保护局松辽水环境科学研究所. 松辽流域主要河湖水生态保护与修复规划[R]. 2010.

[74] 松辽流域水资源保护局. 2015 年松辽流域地表水资源质量年报[R]. 2015.

[75] 水利部松辽水利委员会. 松辽流域水资源公报（2015）[R]. 长春：水利部松辽水利委员会，2016[2017-05-08]. http：//www. slwr. gov. cn/szy2011/.

[76] 孙雪岚，胡春宏. 河流健康评价指标体系初探[J]. 泥沙研究，2007，（4）：22-27.

[77] 唐涛，蔡庆华，刘建康. 河流生态系统健康及其评价[J]. 应用生态学报，2002，13（9）：1911-1194.

[78] 涂响，彭剑锋，段亮，等. 辽河保护区干流自然生境恢复措施研究[J]. 环境工程技术学报，2013，3（6）：503-507.

[79] ΓB 尼科里斯基著（高岫译）. 黑龙江流域鱼类[M]. 北京：科学出版社，1960.

[80] 温会君. 辽河干流橡胶坝联合调度方案编制方法[J]. 农业工程学，2012，（9）：274，276.

[81] 任慕莲. 黑龙江鱼类[M]. 哈尔滨：黑龙江人民出版社，1980.

[82] 日本水道协会. 上水试验法[M]. 东京：日本水道协会出版社，1970.

[83] 解玉浩. 东北地区淡水鱼类[M]. 沈阳：辽宁科学技术出版社，2007

[84] 王备新，杨莲芳，胡本进，等. 应用底栖动物完整性指数 B-IBI 评价溪流健康[J]. 生态学报，2005，25（6）：1481-1490.

[85] 王超，朱党生，程冰. 地表水功能区划分系统的研究[J]. 河海大学学报（自然科学版），2002，30（5）：7-11.

[86] 王迪. 辽河保护区生物完整性评价与生态功能分区（硕士学位论文）[D]. 沈阳：沈阳农业大学，2016.

[87] 王锦国，周志芳，袁永生. 可拓评价方法在环境质量综合评价中的应用[J]. 河海大学学报（自然科学版），2002，30（1）：15-18.

[88] 王耕，王利，吴伟. 基于 GIS 的辽河干流饮用水源地生态安全演变趋势[J]. 应用生态学报，2007，18（11）：2548-2553.

[89] 王国胜，徐文彬，林亲铁. 河流健康评价方法研究进展[J]. 安全与环境工程，2006，13（4）：14-17.

[90] 王家骏，仲夏，张涤菲，等. 1996—2005 年辽河干流沈阳段水质污染状况调查[J]. 沈阳医学院学

报，2008，10（4）：238-240.

[91] 王劲修，齐实，张耀启，等. 山西沁河上游河岸植被缓冲带综合评价[J]. 南京林业大学学报：自然科学版，2012，36（1）：152-155.

[92] 王强，袁兴中，刘红，等. 基于河流生境调查的东河河流生境评价[J]. 生态学报，2014，34（6）：1548-1558.

[93] 王薇，李传奇. 维持河流健康生命研究[J]. 人民黄河，2005，27（7）：1-4.

[94] 汪兴中，蔡庆华，李凤清，等. 南水北调中线水源区溪流生态系统健康评价[J]. 生态学杂志，2010，29（10）：2086-2090.

[95] 吴阿娜，杨凯，车越等. 河流健康状况的表征及其评价[J]. 水科学进展，2005，16（4）：602-608.

[96] 吴阿娜. 河流健康评价：理论、方法与实践（博士学位论文）[D]. 上海：华东师范大学，2008

[97] 吴计生，梁团豪，霍堂斌等. 嫩江下游尼尔基——三岔河口段河流健康评价[J]. 水资源保护，2015，34（1）：34-39.

[98] 武玉峰. 辽宁省典型河流健康问题分析及保护对策[J]. 水利规划与设计，2015，（9）：42-104

[99] 文伏波，韩其为，许炯心. 河流健康的定义与内涵[J]. 水科学进展，2007，18（1）：140-150.

[100] 翁士创，朱远生，杨静等. 水文变化评估及其在珠江河流健康评估中的应用[C]. 中国环境科学学会学术年会论文集，2011.

[101] 伍献文. 中国经济动物志——淡水鱼类[M]. 北京：科学出版社，1963.

[102] 伍献文. 中国鲤科鱼类志（上，下卷）[M]. 上海：上海科学技术出版社，1964，1977.

[103] 吴晓春. 河流生态变更与评价：我国重要江河生态评价实证研究[M]. 北京：中国环境出版社，2015.

[104] 夏自强，郭文献. 河流健康研究进展与前瞻[J]. 长江流域资源与环境，2008，17（2）：251-256.

[105] 熊春晖，张瑞雷，徐玉萍等. 应用底栖动物完整性指数评价上海市河流健康[J]. 湖泊科学，2015，27（6）：1067-1078.

[106] 熊文，黄思平，杨轩. 河流生态系统健康评价关键指标研究[J]. 人民长江，2010，41（12）：7-12.

[107] 徐彩彩，张殷波，张远等. 辽河流域河流的分类[J]. 生态学杂志，2015，34（6）：1723-1730.

[108] 闫峰，刘凌，徐丽娜，等. 隶属度向量分析法在河流健康评价中的应用[J]. 水电能源科学，2012，30（10）：30-32，214.

[109] 杨莲芳，李佑文，戚道光，等. 九华河水生昆虫群落结构和水质生物评价[J]. 生态学报，1992，12（1）：8-15.

[110] 杨文慧，严忠民，吴建华. 河流健康评价的研究进展[J]. 河海大学学报（自然科学版），2005，33（6）：607-611.

[111] 杨婷. 湘江流域河流健康水文条件评价研究（硕士学位论文）[D]. 长沙：湖南师范大学，2010.

[112] 姚杰. 辽河保护区水质调研及湿地工程植物根际微生物群落特征研（硕士学位论文）[D]. 邯郸：河北工程大学，2014.

[113] 殷旭旺，渠晓东，李庆南，等. 基于着生藻类的太子河流域水生态系统健康评价[J]. 生态学报，2012，32（6）：1677-1691.

[114] 尤平，任辉. 底栖动物及其在水质评价和监测上的应用[J]. 淮北煤师院学报，2001，22（4）：44-48

[115] 于志慧，许有鹏，张媛，等. 基于熵权物元模型的城市化地区河流健康评价分析——以湖州市区不同城市化水平下的河流为例[J]. 环境科学学报，2014，34（12）：3188-3193.

[116] 张燕青，胡春宏，王延贵，等. 辽河干流河道演变与维持河道稳定的输沙水量研究[J]. 水利学报，2007，38（2）：176-181.

[117] 张建春，彭补拙. 河岸带研究及其退化生态系统的恢复与重建[J]. 生态学报，2003，23（1）：56-63.

[118] 张觉民. 内陆水域渔业自然资源调查手册[M]. 北京：农业出版社，1991.

[119] 张觉民. 黑龙江省鱼类志[M]. 哈尔滨：黑龙江科技出版社，1995.

[120] 张又，刘凌，闫峰. 基于模糊物元模型的河流健康评价研究[J]. 安徽农业科学，2012，40（1）：382-384，453.

[121] 张远，徐成斌，马溪平等. 辽河流域河流底栖动物完整性评价指标与标准[J]. 环境科学学报，2007，27（6）：919-927.

[122] 章宗涉. 淡水浮游生物研究方法[M]. 北京：科学出版社，1989.

[123] 赵湘桂，蔡德所，刘威，等. 漓江水质硅藻生物监测方法研究[J]. 广西师范大学学报（自然科学版），2009，7（2）：14-147.

[124] 赵彦伟，杨志峰. 河流健康概念、评价方法与方向[J]. 地理科学，2005，25（1）：119-124.

[125] 赵志淼. 辽河保护区健康河岸带和其评价方法研究（硕士学位论文）[D]. 沈阳：沈阳大学，2013.

[126] 翟媛. 河流健康指数公式及其对黄河下游健康诊断（硕士学位论文）[D]. 北京：清华大学，2007.

[127] 郑海涛. 怒江中上游鱼类生物完整性评价（硕士学位论文）[D]. 武汉：华中农业大学. 2006.

[128] 周长发. 中国大陆蜉蝣目的分类[D]. 天津：南开大学，2002.

[129] 周林飞，左建军，陈发先. 基于模糊模式识别的城市河流生态系统健康评价研究[J]. 中国农村水利水电，2011，（4）：41-44，49.

[130] 周振民，李素平，陈朝阳. 河流生态环境需水及其健康评价研究[J]. 中国农村水利水电，2008，(11)：31-33，36.

[131] 中华人民共和国水利部. 河流健康评估指标、标准与方法（试点工作用）（1.0 版）[Z]. 2010.

[132] 周上博，袁兴中，刘红，等. 基于不同指示生物的河流健康评价研究进展[J]. 生态学杂志，2013，32（8）：2211-2219.

[133] 朱党生. 河流开发与流域生态安全[M]. 北京：中国水利水电出版社，2012.

[134] 朱松泉. 中国条鳅志[M]. 南京：江苏科学技术出版社，1989.

[135] 朱卫红，曹光兰，李莹，等. 图们江流域河流生态系统健康评价[J]. 生态学报，2014，34（14）：3969-3977.

[136] Bain MB，Harig AL，LouckS DP，et al. Aquatic ecosystem protection and restoration：Advances in methods for assessment and evaluation[J]. Environmental Science and Policy，2000，3：89-98.

[137] Bere T，Tundisi JG. Applicability of the Pampean Diatom Index（DIP）to streams around Sao Carlos-SP，Brazil[J] Ecological Indicators，2012，13：342-346.

[138] Boulton A J. An overview of river health assessment：philosophies，practice，problems and prognosis[J]. Freshwater Biology，1999，41：469-479.

[139] Breine J，Quataert P，Stevens M，et al. A zone-specific fish-based biotic index as a management tool for the Zee-schelde estuary（Belgium）[J]. Marine Pollution Bulletin，2010，60：1099-1112.

[140] Bunn S E，Calow P，Petts G E. Ecosystem measures of river health and their response to riparian and catchment degradation[J]. Freshwater Biology，1993，41：333-345.

[141] Caimns J J，DickiN K L. A simple method for the biological assessment of the effects of waste discharges on aquatic bottom dwelling organisms[J] Water pollut Control. Fed. ，1971，43：755-772.

[142] Casatti L，Ferreira CP，Langeani FA. Fish-based biotic integrity index for assessment of lowland streams in south-eastern Brazil[J]. Hydrobiologia，2009，623 173-189.

[143] Chandler J R. A biological approach to water quality management[J]. Water pollu t Control，1970，69：415-421.

[144] Chessman BC，Bate N，Gell PA，et al. A diatom species index for bio-assessment of Australian rivers[J]. Marine and Freshwater Research，2007，58：542-557.

[145] Chutter F M. Research on the rapid biological assessment of water quality impacts in stream and rivers. WRC Report No422 /1 /98. Water Research Commission，Pretoria，1998.

[146] Coste M，Boutry S，Rosebery JT，et al. Improvements of the biological diatom index（BDI）: Description and efficiency of the new version（BDI-2006）[J] Ecological Indicators，2009，9：621-650.

[147] Cude C G. Oregon water quality index[J]. Journal of the American Water Resources Association，2001，37（1）：125-137.

[148] Dawson F H，Newman J R，Gravelle M J，et al. Assessment of the trophic status of rivers using macrophytes：evaluation of the Mean Trophic Rank[M]. Environment Agency，1999.

[149] Delgado C，Pardo I，García L. Diatom communities as indicators of ecological status in Mediterranean temporary streams（Balearic Islands，Spain）[J] Ecological Indicators，2012，15：131-139.

[150] Dodkins I，Aguiar F，Rivaes R，et al. Measuring ecological change of aquatic macrophytes in Mediterranean rivers[J]. Limnologica-Ecology and Management of Inland Waters，2012，42（2）：95-107.

[151] Environment Agency. River Habitat Survey：1997 Field Survey Guidance Manual，Incorporating SERCON[R]. Center for Ecology and Hydrology，National Environment Research Council，UK. 1997.

[152] Fabris M，Schneider S，MelzeR A. Macrophyte-based bio-indication in rivers－A comparative evaluation of the reference index（RI）and the trophic index of macrophytes（TIM）[J]. Limnologica-Ecology and Management of Inland Waters，2009，39（1）：40-55.

[153] FairweatheR P G. State of environment indicators of "river health"：exploring the metaphor[J]. Freshwater Biology，1999，41：211-220.

[154] Ferreira MT，Rodríguez-González PM，Aguiar FC，et al. Assessing biotic integrity in Iberian rivers：Development of a multimetric plant index[J] Ecological Indicators，2005，5：137-149.

[155] Franco A，Torricelli P，FranzoI P. A habitat-specific fish-based approach to assess the ecological status of Mediterranean coastal lagoons[J]. Marine Pollution Bulletin，2009，58：1704-1717.

[156] Gabriels W，Lock K，Pauw ND，et al. Multimetric Macro invertebrate Index Flanders（MMIF）for biological assessment of rivers and lakes in Flanders（Belgium）[J]. Limnologica，2010，40：199-207.

[157] Goede R E，Barton B A. Organisimic indices and an autopsy based assessment as indicators of health and condition of fish[J]. American Fisheries Society Symposiu，1990，（8）：93-108

[158] Gómez N，Licursi M. The Pampean diatom index（IDP）for assessment of rivers and streams in Argentina[J]. Aquatic Ecology，2001，35：173-181.

[159] Haase R，NoltE U. The invertebrate species index（ISI）for streams in southeast，Queensland，Australia[J]. Ecological Indicators，2008，8：599-613.

[160] Harrison TD，Whitfield AK. Application of a multimetric fish index to assess the environmental condition of South African estuaries[J]. Estuaries and Coasts，2006，29：1108-1120.

[161] Haslam S M. A proposed method for monitoring river pollution using macrophytes[J]. Environmental Technology Letters，1982，3（1）：19-34.

[162] Hering D，Moog O，Sandin L，et al. Overview and application of the AQEM assessment system[J] Hydrobiologia，2004，516：1-20.

[163] Hermosoa V，Clavero M，Blanco-garrido F. Assessing the ecological status in species-poor systems：A fish-based index for Mediterranean rivers（Guadiana River，SW Spain）[J]. Ecological Indicators，2010. 10：1152-1161.

[164] Ji Yoon KIM and Kwang-GUK AN. Integrated Ecological River Health Assessments，Based on Water Chemistry，Physical Habitat Quality and Biological Integrity[J]. Water，2015（7）：6378-6403.

[165] Kanno Y，Vokoun JC，BeauchenE M. Development of dual fish multi-metric indices of biological condition for streams with characteristic thermal gradients and low species richness[J]. Ecological Indicators，2010，10：565-571.

[166] Karr J R. Assessment of biotic integrity using fish communities[J]. Fisheries，1981，6：21-27.

[167] Karr JK. Biological integrity：A long neglected aspect of water resource management[J] Ecological Applicaons，1991，1（1)：66-84.

[168] Karr J R. Defining and measuring river health[J]. Freshwater Biology，1999，41：221-234.

[169] Kelly M G，Whitton B A. Biological monitoring of eu trophication in rivers[J]. Hydrobiologic，1998，384：55-67.

[170] Kerans BL，Karr JR. A benthic index of biotic integrity（B-IBI）for rivers of the Tennessee Valley[J] Ecological Applications，1994，4：768-785.

[171] Kleynhans C J. The development of a fish index to assess the biological integrity of South African rivers[J]. Water SA，1999，25：265-278.

[172] Kingsford R T. Aerial survey of waterbirds on wetlands as a measure of river and floodplain health[J]. Freshwater Biology，1999，41：425-438.

[173] Kwandrans J，Eloranta P，Kawecka B，et al. Use of benthic diatom communities to evaluate water

quality in rivers of southern Poland[J]. J. App. l Phyco. l， 1998， 10： 193-201.

[174] Ladson A R， White L J， Doolan JA， et al. Development and testing of an index of steam condition for waterway management in Australia[J]. Freshwater Biology， 1999， 41： 453-468.

[175] Marsden M W， Smith M R， Sargent R J. Trophic state of rivers in the Forth catchment， Scotland[J]. Aquat Cons. ， 1997， 2： 211-221.

[176] Mathuriau C， Silva NM， Lyons J， et al. Fish and Macro-invertebrates as Freshwater Ecosystem Bio-indicators in Mexico： Current State and Perspectives[J]. Water Resources in Mexico： Hexagon Series on Human and Environmental Security and Peace， 2011， 7： 251-261.

[177] Meyer J L. Stream health： incorporating the human dimension to advance stream ecology[J]. Journal of the North American Benthological Society， 1997， 16（2）： 439-447.

[178] Mondy CP，Villeneuve B，Archaimbault V. A new macro invertebrate-based multimetric index（I_2M_2） to evaluate ecological quality of French wadeable streams fulfilling the WFD demands：A taxonomical and trait approach[J]. Ecological Indicators， 2012， 18： 452-467.

[179] Noges P， Bund WVE， Cardoso AC， et al. Assessment of the ecological status of European surface waters： A work in progress[J]. Hydrobiologia， 2009， 633： 197-211.

[180] Oberdorff T， Hughes R M. Modification of an index of biotic integrity based on fish assemblages to characterize rivers of the Seine Basin， France[J]. Hydrobiologia， 1992， 228： 117-130.

[181] Oliveira RBS，Baptista DF，Mugnai R. Towards rapid bio-assessment of wadeable streams in Brazil： Development of the Guapiacu Macau Multi-metric Index（GMMI） based on benthic macro invertebrates[J]. Ecological Indicators， 2011， 11： 1584-1593.

[182] Passy SI， Bode RW. Diatom model affinity（DMA）： A new index for water quality assessment[J] Hydrobiologia， 2004. 524： 241-251.

[183] Pavluk T I. Development of an index of trophic completeness for benthic macro- invertebrate communities in flowing waters[J] Hydrobiologia， 2000， 427： 135- 141.

[184] Pinto U， Maheshwari B L. River health assessment in peri-urban landscapes： Application of multivariate analysis to identify the key variables[J]. Water Research， 2011， 45（13）： 3915-3924.

[185] Petersen R C. The RCE： a riparian， channel， and environmental inventory for small streams in the agriculture landscape[J]. Freshwater Biology， 1992， 27： 295 -306.

[186] Roth N， Southerland M， Chaillou J， et al. Maryland biological stream survey： Development of an

index of biotic integrity for fishes in Maryland streams[J]. Environment Monitoring and Assessment，1998，51：89-106.

[187] Schneider S，Melzer A. The Trophic Index of Macrophytes（TIM）- a new tool for indicating the trophic state of running waters[J]. International Review of Hydrobiology，2003，88（1）：49-67.

[188] Schofield N J，Davies P E. Measuring the health of our rivers[J]. Water，1996（5-6）：39-43.

[189] Shilong Piao，Philippe Ciais，Yao Huang，et al. The impacts of climate change on water resources and agriculture in China[J]Nature，2010，467：43-51.

[190] Sladecek V. Diatom as indicators of organic pollution[J]. Acta Hydrochim hydrobiol，1986，14：555-566.

[191] Smith M J，Kay W R，Edward D H D，et al. AusRivAS：Using macro invertebrates to assess ecological condition of rivers in Western Australia[J]. Freshwater Biology，1999，41：269-282.

[192] Stenger-Kovacs C，Lengyel E，Crossetti LO. Diatom eco-logical guilds as indicators of temporally changing stressors and disturbances in the small Torna stream，Hungary[J] Eco-logical Indicators，2013. 24：138-147.

[193] Szoszkiewicz K，Karolewicz K，Lawniczak A，et al. An Assessment of the MTR Aquatic Plant Bio indication System for Determining the Trophic Status of Polish Rivers[J]. Polish Journal of Environmental Studies，2002，11（4）：421-427.

[194] Thierry Oberdorff，Didier Pont，Bernard Hugueny，et al. Development and validation of a fish-based index for the assessment of "river health" in France[J]. Freshwater Biology，2002，47：1720-1734.

[195] Townsend C R，Riley R H. Assessment of river health：accounting for perturbation pathways in physical and ecological space[J]. Freshwater Biology，1999，41：393-405.

[196] Vugteveen P，Leuven R S E W，Huljbregts M A J，et al. Redefinition and elaboration of river ecosystem health：perspective for river management[J]. Hydrobiologia，2006，565：289-308.

[197] Woodiwiss F S. The biological system of stream classification used by the Trent River Board[J]. Chem. Ind.，1964，5：443-447.

[198] Wright J F，Armitage P D，Furse M T. Prediction of invertebrate communities using stream measurements[J]. Regular Rivers：Res Manage，1989，4：147-155.

[199] WU NC，Caii QH，Fohrerb N. Development and evaluation of a diatom-based index of biotic integrity（D-IBI）for rivers impacted by run-of-river dams[J] Ecological Indicators，2012，18：108-117.

[200] Zhang Q，Xu C Y，Zhang Z X，et al. Changes of atmospheric water vapor budget in the Pearl River basin and possible implications for hydrological cycle[J]. Theoretical and Applied Climatology，2010，102（1/2）：185-195.

附 图

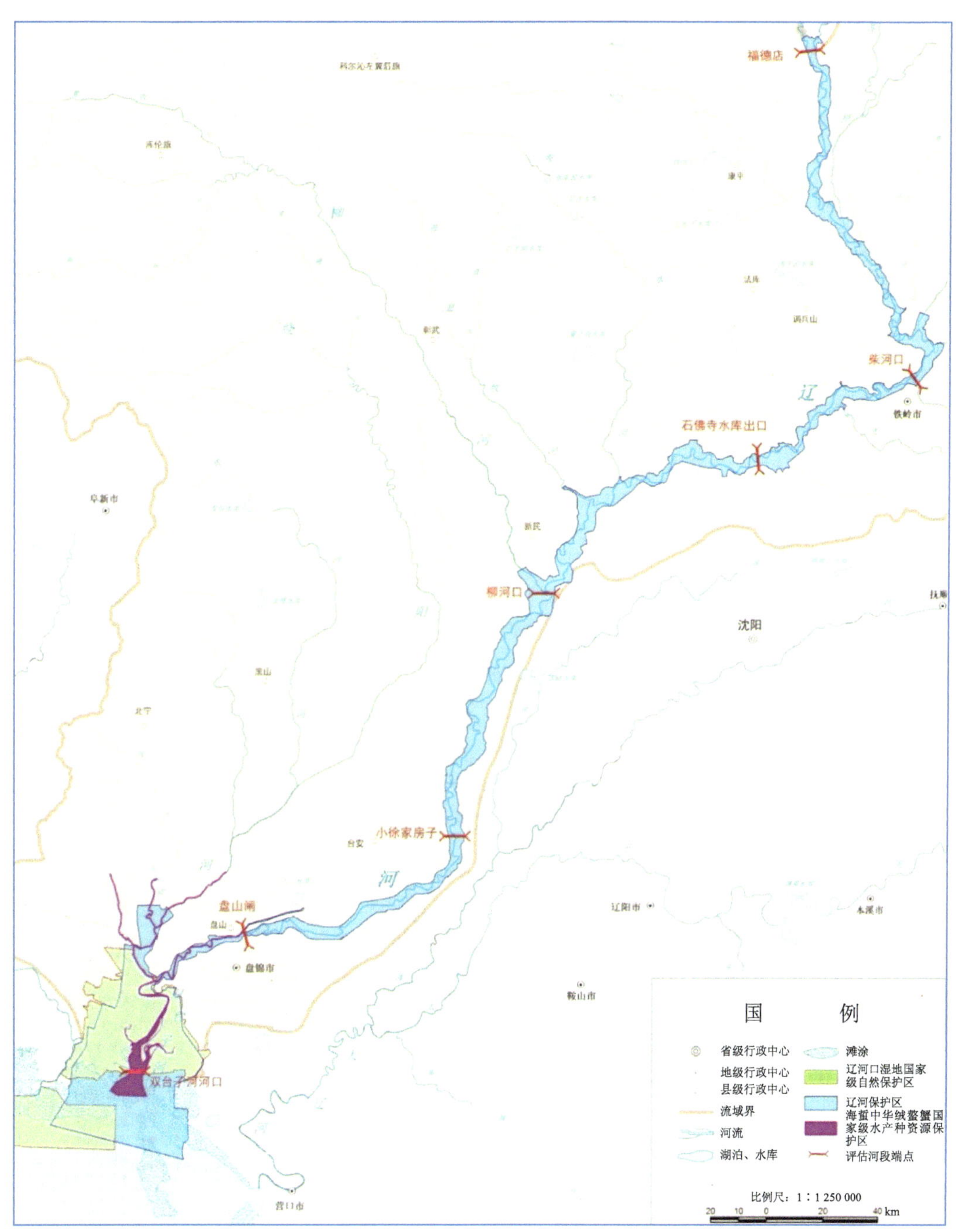

附图 1　辽河保护区及辽河口自然保护区分布示意

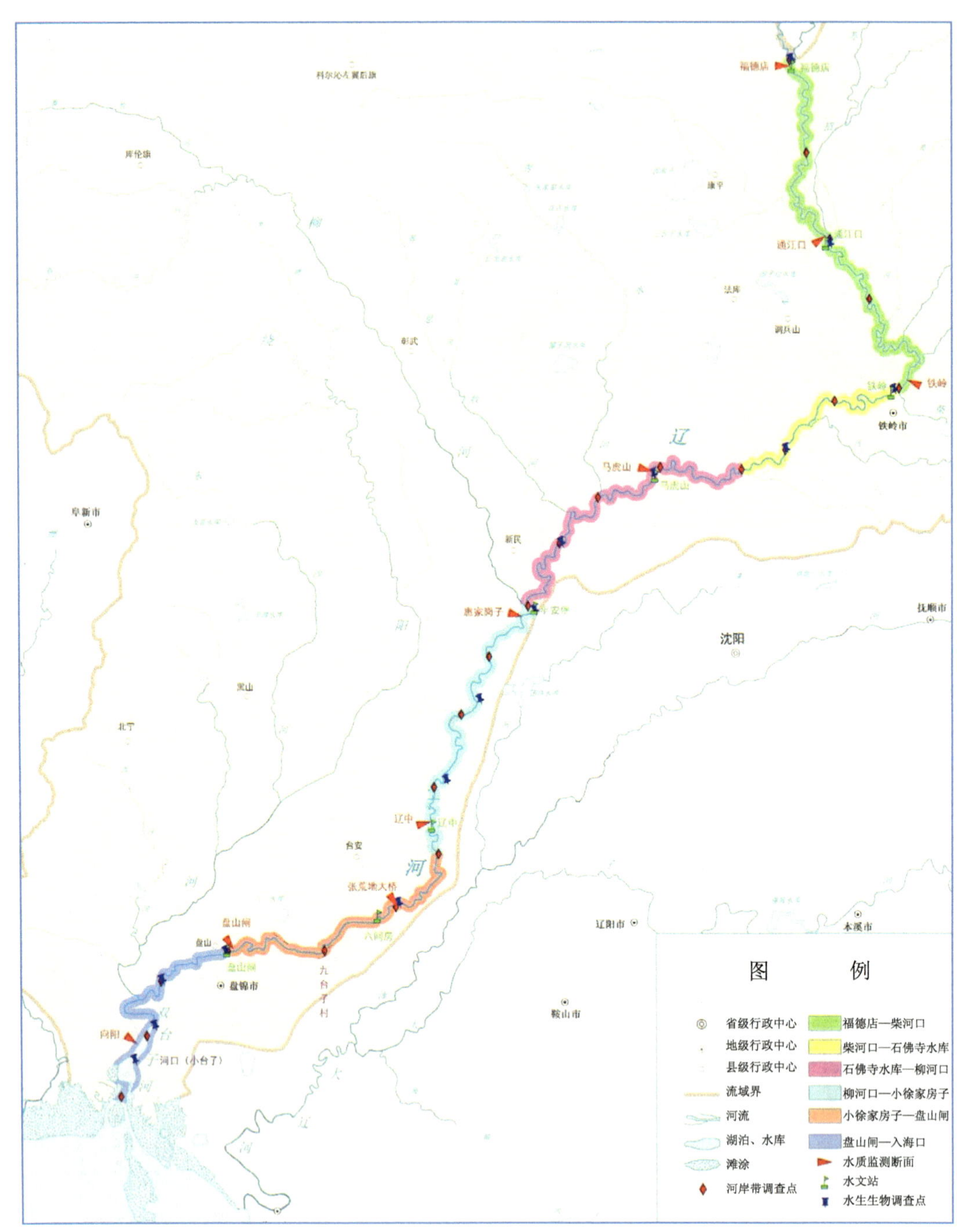

附图 2　辽河干流评估河流分段与监测点分布示意

辽河干流（福德店段）河流调查照片

照片 1　福德店

照片 2　新发堡村

照片 3　招苏台河口

照片 4　丈子沟村

照片 5　柴河口

照片 6　大冯家窝棚

照片 7　珠儿山村

照片 8　石佛寺水库出口

照片 9　马虎山村公路桥

照片 10　秀水河河口

照片 11　G304 公路桥

照片 12　柳河口

照片 13　四法线公路桥

照片 14　李家村

照片 15　下万子村

照片 16　小徐家房子

照片 17　张大镇公路桥

照片 18　九台子村

照片 19　盘山闸

照片 20　盘大公路桥

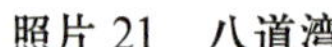

照片 21　八道湾

照片 22　向阳

照片 23　小台子

照片 24　双台子河口